工业和信息化高职高专"十二五"规划教材立项项目

高等职业教育电子技术技能培养规划教材

Gaodeng Zhiye Jiaoyu Dianzi Jishu Jineng Peiyang Guihua Jiaocai

供配电技术

（第2版）

U0269139

曾令琴 主编　陈永利 陈伟 牛鑫 副主编

Supply and Distribution Technology

(2nd Edition)

人民邮电出版社

北　京

图书在版编目（ＣＩＰ）数据

供配电技术 / 曾令琴主编. -- 2版. -- 北京：人
民邮电出版社，2014.2
高等职业教育电子技术技能培养规划教材　工业和信
息化高职高专"十二五"规划教材立项项目
ISBN 978-7-115-32161-9

Ⅰ．①供… Ⅱ．①曾… Ⅲ．①供电－高等职业教育－
教材②配电系统－高等职业教育－教材 Ⅳ．①TM72

中国版本图书馆CIP数据核字(2013)第148781号

内 容 提 要

本书内容包括供配电技术基础知识、供配电系统一次设备、工厂供配电系统电气主接线、供配电二次回路和继电保护、变配电技术与倒闸操作、负荷计算和设备的选择与校验、高层民用建筑供电及安全技术，以及变电站综合自动化，共计 8 章。在知识体系上围绕基本知识、基本理论、运行维护及工程实用技术进行了详尽的论述，并配有贴近实际工程的例题解析及应用举例，为体现理论和实用并重，每章后都设有与知识相呼应的技能训练。

本书编写语言通俗易懂，知识体系深浅适度，适用于应用型高等院校、高职高专院校等电工电子类专业，也可供电视大学、函授学院以及其他从事供配电工作的工程技术人员学习参考。

◆ 主　编　曾令琴
　　副主编　陈永利　陈　伟　牛　鑫
　　责任编辑　李育民
　　执行编辑　王丽美
　　责任印制　杨林杰

◆ 人民邮电出版社出版发行　　北京市丰台区成寿寺路 11 号
　　邮编　100164　电子邮件　315@ptpress.com.cn
　　网址　http://www.ptpress.com.cn
　　北京隆昌伟业印刷有限公司印刷

◆ 开本：787×1092　1/16
　　印张：15　　　　　　　　2014 年 2 月第 2 版
　　字数：363 千字　　　　　2014 年 2 月北京第 1 次印刷

定价：34.00 元
读者服务热线：(010) 81055256　印装质量热线：(010) 81055316
反盗版热线：(010) 81055315
广告经营许可证：京崇工商广字第 0021 号

第2版前言

《供配电技术》自2008年出版使用已近5年。使用过程中，由于课件制作上的特色及内容选取上的合理性，不断受到同行们的好评，但同时我们也发现了教材中存在的一些错漏之处。为了教材能够体现当前供配电技术跨越式发展的新技术和新设备，更好地适应高职教育形势发展的需要，编者在第1版的基础上，根据多年来的教学实践和经验总结，以及到相关企业调研后得到的最新技术进展情况，对第1版内容进行了必要的修订。

本次修订基本上保持原版的体系和特点，对第1版中的错漏之处均进行了修改和增加，并对过时的数据进行了更新。再者，近些年我国供配电技术的发展突飞猛进，基本上就属于跨越式发展的速度，为此编者多次到相关企业进行调研，和企业高管人员进行了零距离接触，从中掌握了供配电技术近年来在工程实践中的一些新技术、新动向和新设备，并及时地把这些内容融入到第2版中。具体修订内容包括以下几个方面。

1. 对已经过时的数据进行更新，以保证教材紧跟"十二五"的步伐及先进性。

2. 本着对使用本书的教师和学生负责任的态度，我们对第1版教材中存在的一些错漏之处进行了全面的修改，以保证教材切实的指导作用。

3．由于变压器、互感器等供配电设备近年来有了较大的改进，为保证这部分内容的先进性，在修订时把原来的内容进行更新，以求跟上设备的发展。

4．对第 3 章中的电气照明平面图和第 4 章的直流绝缘监察装置的内容进行了修订，使之对识、读图技能的提高更具有指导性。

5．为把最新的继电保护技术体现在第 2 版中，对第 4 章的继电保护及接线方式进行了修订，使其内容更加合理、无误和先进。

6．供配电技术的跨越式发展在供配电系统综合自动化中得到了充分的体现，为了及时、全面地把这部分的技术进步展现在课堂上，对第 8 章"变电站综合自动化"的第 1 节和第 2 节进行了全面的修订。

7．编者对供配电技术第 2 版的课件进行了全面的修订，并对教材中的所有习题提供详细解析，以给使用本书的教师提供更好的服务。

本书由河南理工大学万方科技学院曾令琴副教授任主编；济源职业技术学院陈永利、牛鑫，四川信息职业技术学院陈伟任副主编。其中，曾令琴负责编写本书的第 1 章、第 2 章和第 6 章，并负责全书统稿；陈永利编写了第 3 章和第 8 章；牛鑫编写了第 4 章；陈伟编写了第 5 章和第 7 章。另外，温州职业技术学院的赵渝青副教授、黄河水利职业技术学院的范文军副教授、三峡电力职业学院的韩绪鹏讲师也参与了本书的修订。

由于编者实践经验有限，修订后的本书仍难免存在疏漏和不妥之处，恳请广大读者，特别是供配电方面的专家提出宝贵意见，以便我们今后能够将本书进一步完善和补充，让其真正起到精品教材的作用。

编者

2013 年 6 月

前　言

为适应我国电力系统不断发展形势下对人才的需求，培养业务技术、技能水平与综合素质均较高的电力工程技术人员，我们组织编写了《供配电技术》一书。

为使本书更加实用，编写人员前往各类电厂（站）、供电局、变电所、工厂变电室及施工现场进行了大量的现场考查和实地调研，广泛征求电力系统工程技术人员对课程建设的意见，与此同时结合供配电运行人员对岗位技能的要求，和企业工程技术人员进行多次广泛而深入的讨论。本书具有如下特点。

1. 以"掌握概念、强化应用、培养技能"为重点，以"精选内容、降低理论、加强基础、突出应用"为主线。在重点培养实际工作技能的同时，坚持基本知识点的学习，在相关知识的学习中注重培养学生分析问题、解决问题的能力。

2. 结合现场参观、实验环节和课程设计等技能训练，突出对学生综合能力及创新能力的培养。

3. 为便于教师的使用及读者的学习，本书提供课程标准、课程教学大纲及教学课件。利用课件尽量把供配电设备及现场情景引进课堂，向学生充分展示供配电当前的主流技术和未来发展趋势，增加学生的学习兴趣和认知能力。

本书由黄河水利职业技术学院曾令琴任主编，河南职业技术学院李伟、温州职业技术学院赵渝青任副主编。曾令琴编写了第1章、第3章和第6章，郑州铁路职业技术学院朱锦编写了第2章，李伟编写了第4章和第5章，赵渝青编写了第7章和第8章。全书由曾令琴统稿，丛保银主审。

在本书编写过程中，开封火电厂王新华总工、姚玉峰高工及开封供电局秦宝才总工对本书的编写提出了很多宝贵的意见和建议，许多高等院校的同行们对本书也给予了很多帮助，在此一并表示衷心的感谢。

由于编者实践经验有限，书中难免出现疏漏和不妥，恳请广大读者提出宝贵意见。

编　者
2008 年 5 月

目　录

第1章
供配电技术基础知识

　　当前我国经济建设飞速发展，作为先行工业的电力系统，其建设步伐异常迅猛。随着三峡电厂的建成，我国电网将构成以三峡为中心，连接华中、华东、川渝的大规模中部电网，并将初步形成以华北电网为中心，包括西北、东北、山东的大规模北部电网。南方电网也将随着龙滩、小湾水电站的建成及贵州煤电基地的开发，进一步加强我国南部电网，增加云南外送电力的能力，最终形成特大规模全国统一的电网。读者可通过对供配电系统基础知识的学习，了解国内外供配电技术的发展概况及电力系统的组成，熟悉电力系统相关的基本概念，了解电力系统的运行特点，熟悉供电质量及其改善措施，掌握电力用户供配电电压的选择，熟悉工厂供配电系统的基本结构组成。

　　供配电系统是电力系统的一个重要组成部分，包括电力系统中的区域变电所和用户变电所，涉及电力系统电能发→输→配→用的后两个环节，其运行特点、要求和电力系统的基本相同。学习供配电技术，就是让读者了解电力的供应和分配问题，掌握工厂供配电的基本原理、实际应用及运行维护等方面的基础知识和基本技能。

1.1　国内外供配电技术发展概况及电力系统的组成

1.1.1　国内外供配电技术发展概况

自从 20 世纪初发明三相交流电以来，供配电技术便朝着高电压、大容量、远距离、较高自动化的目标不断发展，20 世纪后半叶发展尤其迅速。20 世纪 70 年代，欧美各国对交流 1 000kV 级特高压输电技术进行了大量的研究开发，前苏联于 1985 年建成了世界第一条 1 150kV 的工业性输电线路，日本随后在 20 世纪 90 年代初也建成了 1 000kV 的输电线路。我国在近 50 年的时间内供配电技术也取得了突破性的进展，其输电线路的建设规模和增长速度在世界上也是少有的。目前全国已有东北、华北、华东、华中、西北、南方、川渝 7 个跨省电网，还有山东、福建、新疆、海南、西藏 5 个独立省（区）网，网内 220kV 输电线路合计全长 120 000km，330kV 输电线路 7 500km，500kV 输电线路 20 000km。特别是华中与华东两大电网之间，葛洲坝至上海通过 500kV 直流线路实行互联。

我国大部分能源资源分布在西部地区，东部沿海地区则经济发达，电力负荷增长迅速。在社会主义市场经济的新形势下，加强电网建设、拓展电力市场、提高电力工业整体效益刻不容缓。"十一五"期间，我国电力装机容量连续实现跨越式发展，5 年间的年均增长率为 13.22%，2010 年全国全年发电量达到了 42 280 亿千瓦时，而全国的电力消费量也达到了 41 923 亿千瓦时。发电量与用电量均保持着较高的增长速度，2011 年是我国"十二五"建设的开局之年，国内的电力建设将继续保持较快的增长速度，截至 2011 年底，全国发电设备容量 105 576 万千瓦，比上年增长 9.25%；而全国的电力装机容量为 10.6 亿千瓦，达到了一个新的高度。中国电力工业的这种跨越式发展，使得我国的发电装机容量先后超过法国、加拿大、德国、英国、俄罗斯、日本，跃居世界第二位；我国年发电量已达 4.8 万亿千瓦时，居世界第一位。

根据我国"十二五"规划，到 2015 年中国的装机总容量将在 2010 年底 9.62 亿千瓦的基础上再增加超过 5 亿千瓦的装机，达到 15 亿千瓦，其中仅煤电机组就将达到 10 亿千瓦以上。这是"十二五"末的数字，已经是 1995 年预测数字的两倍。那么到了 2020 年"十三五"末的数字又会是多少呢？按目前的态势来看，可能会超过一些专家估计的 16.4 亿千瓦的发电装机总容量，甚至可能达到 18 亿千瓦。年发电量会达到 82 800 亿千瓦时，照此推算下去，到 2030 年中国的发电装机总容量及发电量又将如何呢？

"十二五"期间，我国将建设连接大型能源基地与主要负荷中心的"三纵三横"特高压骨干网架和 16 项直流输电工程（其中特高压直流 14 项），形成大规模"西电东送"、"北电南送"的能源配置格局，基本建成以特高压电网为骨干网架、各级电网协调发展，具有信息化、自动化、互动化特征的坚强智能电网，形成"三华"（华北、华中、华东）、西北、东北三大同步电网，使国家电网的资源配置能力、经济运行效率、安全水平、科技水平和智能化水平得到全面提升。预计 2015 年全国装机容量将达到 14.7 亿千瓦，"十二五"期间年均增长 8.9%，"十三五"年均增长 4.6%，2030 年将达到 24.7 亿千瓦。"西电东送、南北互供、全国联网"的发展战略，为我国电力系统的发展带来了极大的发展空间。

1.1.2 电力系统

电能是一种使用方便、清洁、易于控制和转换的优质能源，由一次性能源转换而来，电能的传输、转换和分配通过电力系统得以实现。因此，在学习供配电技术之前，首先要了解电力系统的相关知识。

电能的生产、输送、分配和消费在同一时间完成，但不能大量存储，因此各个环节必须连接成一个整体。由发电机、升压变电所、高压输电网、降压变电所、高压配电网和电能用户组成的发电、输电、变配电和用电的整体称为电力系统，如图 1.1 所示。

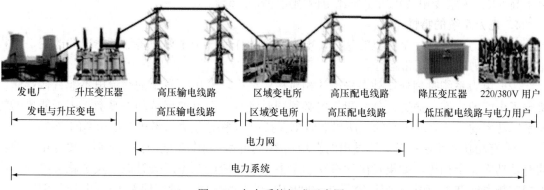

图 1.1　电力系统组成示意图

1. 电力系统的基本概念

（1）动力系统。随着电能应用的普遍化，电力部门通常要把不同类型的发电厂在公共电网上并联运行。由电力系统加上发电厂的动力部分及其热能系统和热能用户组成的电能与热能的整体称为动力系统。动力系统是将电能、热能的生产与消费联系起来的纽带。

（2）电力系统。电力系统是动力系统的一部分，由一个发电厂的发电机及配电装置、变电所、输配电线路及用户的用电设备组成。电力系统的功能是完成电能的生产、输送和分配。

（3）电力网。电力网是电力系统的一部分，是联系发电和用电设施及设备的统称。电力网主要由联结成网的送电线路、变电所、配电所和配电线路组成，属于输送和分配电能的中间环节，电力网简称电网。

电力网按其功能的不同可分为输电网和配电网。输电网的电压等级一般在 110kV 以上，是输送电能的通道；配电网的电压等级一般在 110kV 及以下，是分配电能的通道。随着电力系统规模的扩大，配电网的电压等级将逐渐提高。

按供电范围的大小和电压等级的高低，电力网可分为地方电力网、区域电力网和超高压输电网 3 种类型。一般情况下，地方电力网电压不超过 35kV，区域电力网电压为 110～220kV，电压为 330kV 及以上的为超高压远距离输电网。

2. 电力系统的组成

电力系统通常由许多发电厂并列组成。

电力系统包括发电厂电气部分、电网及电能用户，是一个由输电线路连接形成的整体，按照发电方式的不同，发电厂主要分为火力发电厂、水力发电厂、核电站及其他类型的发电厂等。

3．电力系统额定电压

电网的额定电压等级是根据国民经济发展的需要、技术经济的合理性以及电气设备的制造水平等因素，并经过全面分析论证后，由国家统一制定和颁布的。

国家规定电网的额定电压等级有 220/380V、3 kV、6 kV、10 kV、20 kV、35 kV、66 kV、110 kV、220 kV、330 kV、500 kV。但随着对标准化越来越高的要求，目前供电系统通常以 10 kV、35 kV 为主；输配电系统则以 110 kV 以上为主，而 3 kV、6 kV、20 kV、66 kV 的电压等级已很少使用。发电机过去有 6 kV 与 10 kV 两种，现在以 10 kV 为主，低压用户均是 220/380V。为保证电力设备端电压不超过额定电压的 $\pm 5\%$，允许发电机额定电压比电网额定电压高 5%，末端受电变电所电压比电网额定电压低 5%。

4．电力系统的特性

（1）电力系统是一个有机的整体，电力系统中任何一个主要设备运行情况的改变，都将影响整个电力系统的正常运行。

（2）电力系统时刻处在动态平衡的相对稳定之中。发电厂发出的交流电不能直接存储，决定了电能的生产、输送、分配和使用必须同时进行，而且要保持动态平衡。由于能量的转换是以功率的形式表现出来的，所以要时刻保持电力系统有功功率和无功功率的平衡。

① 有功功率平衡：发电厂发出的有功功率，扣除厂用电和电网损失之后，要与用户消耗的有功功率完全相等。如果发出的有功功率多了，系统的频率就会升高；反之就会降低。我国规定频率标准为 50Hz、装机容量在 3000MW 以上的电网，频率偏差不得超过 ± 0.2Hz。

② 无功功率平衡：无功功率产生于"容性装置"中（如发电机、调相机、电力电容器及高压输电线路的充电电容），消耗在"感性装置"中（异步电动机、电抗器、输电线路的电抗等）。无功功率的平衡体现在电压水平上，无功过剩则电压升高，无功不足则电压降低。电压过高、过低都会对电气设备和电力系统自身的安全产生很大的危害，无功严重不足时还能造成"电压崩溃"使局部电网瓦解。

（3）随机变化、实时调整。电力系统的运行状态是动态变化的，除了设备的计划停送电外，异常和事故对系统的冲击是随机的；正常情况下电力系统的负荷和机组出力的变化也是随机的。

① 电力系统负荷变化的随机性：电力系统的总负荷是由千千万万个电能用户的用电负荷叠加构成的。在高峰（上午和晚上）和低谷（中午和夜间）之间，负荷之差可达最大负荷的 30%～50%。

② 发电出力的随机性：发电机组的出力不是固定不变的，有时需要人为调整。当频率波动时，机组在调整器的作用下出力会有摆动；在主机异常或辅机故障时机组出力也会出现大幅度下降。

由于电力系统上述的随机性，电力系统要求各级调度部门必须运用一切手段不断进行调节和控制，以维持电力系统的电力平衡，保证电力系统的频率和中枢点电压合格。

问题与思考

1．什么是动力系统？什么是电力系统？什么是电力网？

2．某发电厂的发电机总发电量可高达 3000MW，所带负荷仅为 2400MW。问：余下的 600MW 电能到哪儿去了？

3．电力系统为什么要求"无功功率平衡"？如果不平衡，会出现什么情况？

1.2　发电厂、变电所类型

1.2.1　发电厂类型

电能是二次能源，是由其他形式的一次能源转化而来。目前，人类能够用来转化电能的一次能源主要有：煤炭、石油及其产品、天然气等燃烧释放的热能；水由于落差产生的动能；核裂变释放的原子能以及风的动能、太阳能、地热能、潮汐能等。

根据发电厂使用一次能源的不同，目前发电厂类型主要有以下几种。

1．火力发电厂

火力发电厂（简称火电厂）是以煤、石油、天然气为燃料，将燃料燃烧时的化学能转换成热能，再借助汽轮机等热力机械将热能转换成机械能，再由同轴连接的发电机将机械能转换成电能。

火电厂又分为凝汽式电厂和热电厂两种类型。

凝汽式电厂仅向用户供出电能。我国大多数凝汽式电厂一般建在各煤矿、煤炭基地及附近，或建在铁路交通便利的地方，这类火电厂发出来的电能，通过高压输电线路送到负荷中心。

热电厂不仅向用户供电，同时还向用户供蒸汽或热水。由于供热距离不宜太远，因此热电厂多建在城市和用户附近。热电机组的发电出力与热力用户的用热有关，用热量多时热电机组发出的电能相应增加，用热少时热电机组发出的电能相应减少。热电厂的建立能减少烟尘的排放，有利于城市的环境保护。

火电厂的热效率不高，一般为40%左右。

2．水力发电厂

水力发电厂（简称水电厂）其发电原理：将高处江河湖泊的水采用适当的方法引至下游的水电站，利用水的落差使位能转换成动能，推动水轮机旋转，带动与水轮机同轴的发电机运转发出电能。水电厂的发电过程：由拦河大坝维持水的高水位，再经压力管进入螺旋形蜗壳，推动水轮机转动，将水的位能转换为机械能，由水轮机带动发电机旋转，将机械能转换成电能。做过功的水，经过尾水管再往下游排泄。水电厂发出的电能，除小部分用于发电厂使用，大部分经升压变压器升压后输送至用电负荷中心。

水力发电的发电过程要比火力发电过程简单。据统计，目前我国的水力资源开发量还不足10%，在电力供应日趋紧张的今天，大力开发水力资源十分必要。

3．核电站

核电站也称原子能电厂，其发电原理为：利用原子能反应堆代替火电厂的锅炉，原子能反应堆中的核燃料不断发生裂变产生热能，利用这种热能产生高温、高压蒸汽，蒸汽送到汽轮机中，推动与汽轮机同轴的发电机运转发出电能。

核电站用的一次能源主要是二氧化铀，其电能生产过程与火电厂相同，因此发电原理与火电厂基本相同，只是在结构上稍有差异。

核电站的主要优点是：可以大量节省煤炭、石油、天然气等燃料，有利于减少二氧化硫及灰尘等有害物质对城市的污染。

4．其他发电厂

其他发电厂是指以地热、风力、潮汐等为一次能源的发电厂。这类发电厂容量较小，分布在离这些一次能源较近的区域，发电量占总发电量的极小部分。

图 1.2 所示为典型发电厂、站外貌。

火力发电厂

核电站

水力发电厂

风力发电厂

图 1.2　典型发电厂、站外貌

1.2.2　变电所类型

发电厂通常建立在距离一次能源丰富或传输便利的地域，与电力用户有一定的距离。为了经济、可靠、快速地把电能从发电厂输送至用户，必须经过变电所升高电压，因此，升压变电所一般安装在发电厂中，不另设变电所。由于高压危险，距离用户较近时还须把传送的高压降压，电网中的降压变电所的作用就是在传递电能的同时降低电压。所以，变电所是电力供应的中间转运站，用来提高或降低电压，向用电单位输送和分配电能。

从规模上分，变电所有枢纽变电所、地区重要变电所和一般变电所。

1．枢纽变电所

枢纽变电所的一次电压通常为 330kV 和 500kV，二次电压为 220kV 或 110kV。

2．地区重要变电所

地区重要变电所的一次电压通常为 220kV 和 330kV，二次电压为 110kV、35kV 或 10kV。

3．一般变电所

一般变电所的一次电压大多是 110kV，二次电压为 10kV 或以下等级。

为了提高系统的供电质量，变电所一般应建在负荷中心，并尽可能靠近用电多的地方。如果变电所远离用户，不仅电能损耗大，造成用户端电压不足，而且频率会不稳定，影响供电质量。

问题与思考

1．一次能源包括哪些？电能是一次能源吗？

2．枢纽变电所和一般变电所有哪些区别？

3．热电厂和凝汽式电厂有什么不同？这类火力发电厂通常建在哪些地方？

1.3　电力系统中性点运行方式

在电力系统的三相四线供电体系中，三相电源绕组的尾端连接点称为中性点。

电力系统中性点工作方式有中性点直接接地、中性点不接地和中性点经消弧线圈接地3 种。

1.3.1　中性点直接接地方式

中性点直接接地系统称为大接地电流系统，这种系统中，当发生一点接地故障时，即构成了单相接地系统，将产生很大的故障相电流和零序电流。中性点直接接地，中性点上就不会积累电荷而发生电弧接地过电压现象，其各种形式的操作过电压均比中性点绝缘电网要低，如图 1.3 所示。

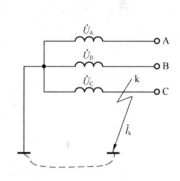

图 1.3　中性点直接接地系统单相接地

中性点直接接地系统发生单相接地短路故障时，单相短路电流非常大，特别是瞬间接地短路时，必须通过继电保护装置动作切除故障部分，再依靠重合闸恢复正常供电。我国110kV 及以上电压等级的电力系统均属于大接地电流系统。

1.3.2　中性点不接地方式

1．中性点不接地系统的正常运行

中性点不接地系统正常运行时，电力系统的三相导线之间及各相对地之间，沿导线全长都分布有电容，这些电容在电压作用下将有附加的电容电流通过。为了便于分析，可认为三相系统是对称的，对地电容电流可用集中于线路中央的电容来代替，相间电容可不予考虑。

设电源三相电压分别为 $\dot{U}_A$、$\dot{U}_B$、$\dot{U}_C$，且三相导线换位良好，各相对地电容相等，如图1.4 所示。此时各相对地分布电压为相电压，三相对地电容电流分别为 $\dot{I}_{AC}$、$\dot{I}_{BC}$、$\dot{I}_{CC}$。可以认为三相系统是对称的，中性点 N 点的电位应为零电位。

2．中性点不接地系统的单相接地

当中性点不接地系统由于绝缘损坏发生单相接地时，各相对地电压和电容电流将发生明显变化。下面以金属性接地故障为例进行分析。

中性点不接地系统单相接地情况如图 1.5 所示。

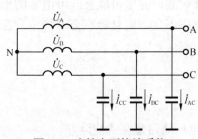

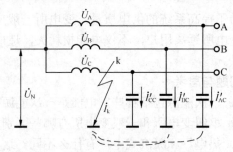

图 1.4　中性点不接地系统　　　　图 1.5　中性点不接地系统单相接地

金属性接地又称为完全接地。设 C 相在 k 点发生单相接地，此时 C 相对地电压为零。

中性点对地电压
$$\dot{U}_N = -\dot{U}_C$$

B 相对地电压
$$\dot{U}'_B = \dot{U}_B - \dot{U}_C$$

A 相对地电压
$$\dot{U}'_A = \dot{U}_A - \dot{U}_C$$

显然，中性点不接地系统发生单相接地故障时，线电压不变而非故障相对地电压升高到原来相电压的 $\sqrt{3}$ 倍，即上升为线电压数值。因此，非故障相对地电压的升高，又造成对地电容电流相应增大，各相对地电容电流分别上升为 $\dot{I}'_{AC}$、$\dot{I}'_{BC}$、$\dot{I}'_{CC}$，C 相在 k 点的对地短路电流为 $\dot{I}_k$，而 $\dot{I}'_{CC} = 0$，则

$$\dot{I}_k = -(\dot{I}'_{AC} + \dot{I}'_{BC})$$

$$\dot{I}'_{AC} = \frac{U'_A}{X_C} = \frac{\sqrt{3}U_A}{X_C} = \sqrt{3}\dot{I}_{AC}$$

$$\dot{I}_k = \sqrt{3}\dot{I}'_{AC} = 3\dot{I}_{AC}$$

以上分析表明，单相接地时接地点的短路电流是正常运行的单相对地电容电流的 3 倍。

3．中性点不接地系统的适用范围

中性点不接地方式一直是我国配电网采用最多的一种方式。该接地方式在运行中如发生单相接地故障，其流过故障点的电流仅为电网对地的电容电流，当 35kV、10kV 电网限制在 10A 以下时，接地电流很小的瞬间，故障一般能自动消除，此时虽然非故障相对地电压升高，但系统还是对称的，故在电压互感器发热条件许可的情况下，允许带故障连续供电 2h，为排除故障赢得了时间，相对提高了供电的可靠性，这也是中性点不接地系统的主要优点。另外，中性点不接地系统不需要任何附加设备，投资小，只要装绝缘监视装置，以便发现单相接地故障后能迅速处理，避免单相故障长期存在，以致发展为相间短路或多点接地事故。在这种系统中，电气设备和线路的对地绝缘应按能承受线电压考虑设计，而且应装交流绝缘监视装置。当发生单相接地故障时，可立即发出信号通知值班人员。

目前，我国中性点不接地系统的适用范围如下。

（1）电压等级在 500V 以下的三相三线制系统。

（2）3～10kV 系统接地电流小于或等于 30A 时。

（3）20～35kV 系统接地电流小于或等于 10A 时。

（4）与发电机有直接电气联系的 3～20kV 系统，如要求发电机带单相接地故障运行，则

接地电流小于或等于 5A 时。

如果系统不满足上述条件，通常采用中性点经消弧线圈或直接接地的工作方式。

1.3.3　中性点经消弧线圈接地方式

中性点经消弧线圈接地方式如图 1.6 所示。

当系统发生单相接地（设 C 相）短路故障时，C
相对地短路电流为 $\dot{I}_k$，流过消弧线圈的电流为 $\dot{I}_L$，且

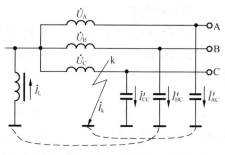

图 1.6　中性点经消弧线圈接地系统单相接地

$$\dot{I}_k + \dot{I}'_{AC} + \dot{I}'_{BC} - \dot{I}_L = 0$$

因此，$\dot{I}_k = \dot{I}_L - (\dot{I}'_{AC} + \dot{I}'_{BC})$。由此可知，单相接地短路电流是电感电流与其他两相对地
电容电流之差，选择适当大小消弧线圈电感 L，可使 $\dot{I}_k$ 值减小。

中性点采用经消弧线圈接地方式，就是在系统发生单相接地故障时，消弧线圈产生的电
感电流补偿单相接地电容电流，以使通过接地点电流减少能自动灭弧。消弧线圈接地方式在
技术上不仅拥有了中性点不接地系统的所有优点，而且还避免了单相故障可能发展为两相或
多相故障、产生过电压损坏电气设备绝缘和烧毁电压互感器等危险。

在各级电压网络中，当发生单相接地故障，通过故障点的总的电容电流超过下列数值时，
必须尽快安装消弧线圈。

① 对 3～6kV 电网，故障点总电容电流超过 30A。

② 对 10kV 电网，故障点总电容电流超过 20A。

③ 对 22～66kV 电网，故障点总电容电流超过 10A。

变压器中性点经消弧线圈接地的电网发生单相接地故障时，故障电流也很小，所以它也
属于小接地电流系统。在这种系统中，消弧线圈的作用就是用电感电流来补偿流经接地点的
电容电流。

问题与思考

1. 中性点不接地系统若发生单相接地故障时，其故障相对地电压等于多少？此时接地点
的短路电流是正常运行的单相对地电容电流的多少倍？

2. 电力系统中性点接地方式有哪几种？采用中性点不接地系统有何优缺点？

1.4　电力系统的供电质量及其改进措施

供电质量是以频率、电压和波形来衡量的。供电质量直接影响工农业等各方面电能用户
的工作质量，同时也影响电力系统自身设备的效率和安全。因此，了解和熟悉供电质量对电
能用户的影响是很有必要的。

1.4.1　用户对供电质量的基本要求

保证供电质量，对于促进工农业生产，降低产品成本，实现生产自动化和工业现代化等
方面有着十分重要的意义。用户对供电质量的评估有以下几个方面。

1．安全性指标

安全性指标是指电能供应、分配和使用过程中，不能发生人身事故和设备事故。

供配电的安全是对系统的最基本要求。供配电系统如果发生故障或遇到异常情况，将影响整个电力系统的正常运行，造成对用户供电的中断，甚至造成重大或无法挽回的损失。

2．可靠性指标

可靠性指标一般以全部平均供电时间占全年时间的百分比来表示。例如全年时间为8 760h，用户平均停电时间为8.76h，则停电时间占全年时间的0.1%，供电可靠性为99.9%。

从某种意义上讲，绝对可靠的电力供配电系统是不存在的。但应能借助保护装置把故障隔离，使事故停止扩大，尽快恢复供配电，维持较高的供电可靠性指标。

3．优质性指标

电压和频率是衡量供电质量的重要指标，电压和频率的过高或过低都会影响电力系统的稳定性，对用电设备造成危害。因此，我国规定电力系统中用户电压的变动范围为：35kV以上供电及对电压质量有特殊要求的用户为±5%～±10%；10kV以下高压供电和低压电力用户为±7%；低压照明用户为±5%～±10%。

4．经济性指标

供电的经济性指标主要体现在发电成本和网络的电能损耗上。为了保证电能的经济合理性，供配电系统要做到技术合理、投资少、运行费用低，尽可能地节约电能和有色金属消耗量。另外还要处理好局部和全局、当前和长远的关系，既要照顾到局部和当前利益，又要有全局观点，按照统筹兼顾、保证重点、择优供应分配的原则，做好企业供配电工作。

综上所述，保证对用户不间断地供给充足、优质而又经济的电能，是现代工矿企业对供配电系统的基本要求。这些基本要求相互联系、相互制约，在考虑满足任何一项要求时，必须兼顾其他方面的要求。

1.4.2 供配电的电能质量

电能质量是指供配电装置正常情况下不中断和不干扰用户使用电能的指标，电能质量表征了供配电系统工作的优劣。电能质量包含几个比较大的方面：频率、电压偏差、电压波动、高次谐波和三相不平衡。除此之外，供配电可靠性、操作性、维护性能等，都是影响供电质量的因素。

1．频率的允许偏差

根据GB/T 15945—95规定，在电力系统正常工作情况下，电能频率的允许偏差为：电网装机容量为300万千瓦以上时，为±0.2Hz；电网装机容量为300万千瓦以下时，为±0.5Hz；在电力系统非正常情况下，供电频率允许偏差不应超过±1.0Hz。

频率的调整主要依靠发电厂调节发电机的转速来实现，在实际供配电系统中频率是不可调的，只能通过提高电压的质量来提高供配电系统的电能质量。

2．电压质量

供配电系统提高电能质量就是提高供电电压的质量。电压质量可分为幅值与波形两个方面。通常以电压偏差、电压波动与闪变、电压正弦波畸变率、负序电压系数来衡量。

（1）电压偏差：以电压实际值与额定值之差ΔU对额定电压的百分值$\Delta U\%$来表示，即

$$\Delta U\% = \frac{U - U_{\mathrm{N}}}{U_{\mathrm{N}}} \times 100\%$$

式中，U 是检测点的电压实际值；U_{N} 是检测点电网电压的额定值。

根据 GB 12325—90《电能质量供电电压允许偏差》规定：在电力系统正常情况下，供电企业供到用户受电端的供电电压允许偏差为：35kV 及 35kV 以上电压供配电，电压正、负偏差的绝对值之和不超过额定值的 10%；10kV 及 10kV 以下三相供配电，为额定值的 ±7%；220V 单相供配电为额定值的 +7%、−10%。在供配电系统非正常情况下，用户受电端的电压最大允许偏差不应超过额定值的 ±10%。

（2）电压波动与闪变：电压在某一段时间内急剧变化而偏离额定值的现象，称为电压波动。周期性电压急剧变化引起电源光通量急剧波动而造成人的视觉感官不舒适的现象，称为闪变。

（3）电压正弦波畸变率：由于电力系统中存在大量的非线性供用电设备，电压波形偏离正弦波，这种现象称为电压正弦波畸变。电压波形的畸变程度用电压正弦波畸变率来衡量。电压正弦波畸变率也称为电压谐波畸变率。

（4）负序电压系数：负序电压系数表示三相电压不平衡程度。通常以三相基波负序电压有效值与额定电压有效值之比的百分数来表示。

1.4.3　提高电能质量的措施

工矿企业改善电能质量通常采用以下措施。

① 就地进行无功功率补偿，及时调整无功功率补偿量。

② 调整同步电动机的励磁电流，使其超前或滞后运行，产生超前或滞后的无功功率，以达到改善系统功率因数和调整电压偏差的目的。

③ 正确选择有载或无载调压变压器的分接头（开关），以保证设备端电压稳定。

④ 尽量使系统的三相负荷平衡，以降低电压偏差。

⑤ 采用电抗值最小的高低压配电线路方案。架空线路的电抗约为 0.4Ω/km；电缆线路的电抗约为 0.08Ω/km。条件许可下，应尽量优先采用电缆线路供电。

工矿企业抑制电压波动的措施有以下几项。

① 对负荷变动剧烈的大型电气设备，采用专用线路或专用变压器单独供电。

② 减小系统阻抗。使系统电压损耗减小，从而减小负载变化时引起的电压波动。

③ 在变、配电所配电线路出口加装限流电抗器，以限制线路故障时的短路电流，减小电压的涉及范围。

④ 对大型感应电动机进行个别补偿，使其在整个负荷范围内保持良好的功率因数。

⑤ 在低压供配电系统中采用电力稳压器稳压，确保用电设备的正常运行。

目前，随着先进的电子技术、控制技术、网络技术的应用与发展，利用计算机实现对供配电系统的实时监控，在计算机屏幕上自动显示电压波动信息、波动幅值及频率、显示电压波动地点、显示抑制措施等。

问题与思考

1．衡量电能质量的两个重要指标是什么？

2．用户电能的频率是通过什么环节进行调整的？在供配电系统中频率可调吗？

3．什么是电压波动与闪变？电压正弦波畸变是什么原因造成的？

1.5 供配电电压的选择

工厂供配电电压的高低，对提高电能质量及降低电能损耗均有重大的影响。在输送功率一定的情况下，若提高供电电压，就能减少电能损耗，提高用户端电压质量。但从另一方面讲，电压等级越高，对设备的绝缘性能要求越高，投资费用越高。因此，供配电电压的选择主要取决于用电负荷的大小和供电距离的长短。各级电压电力网的经济输送距离的参考值如表 1-1 所示。

表 1-1　　　　　　　　　各级电压电力网的经济输送容量与输送距离

额定电压/kV	传输方式	输送功率/kW	输送距离/km
0.38	架空线路	≤100	≤0.25
0.38	电缆线路	≤175	≤0.35
6	架空线路	≤2 000	3～10
6	电缆线路	≤3 000	≤8
10	架空线路	≤3 000	5～15
10	电缆线路	≤5 000	≤10
35	架空线路	2 000～100 000	20～50
66	架空线路	3 500～30 000	30～100
110	架空线路	10 000～50 000	50～150
220	架空线路	100 000～500 000	200～300

1.5.1 供配电系统电力变压器的额定电压

① 电力变压器连接于线路上时，其一次绕组的额定电压应与配电网的额定电压相同，比供电电网额定电压高 5%。

② 电力变压器的二次绕组额定电压是指当变压器的一次绕组加额定电压时，二次绕组开路时的空载电压。考虑到变压器在满载运行时，二次绕组内约有 5% 的电压降，另外，二次侧供电线路较长等原因，变压器的二次绕组端电压应比供电电网电压高 10%，其中 5% 用来补偿变压器峰荷时绕组内部的压降，另外的 5% 用于补偿变压器二次绕组连接的配电线路的电压损耗。

1.5.2 电压等级划分及适用范围

1. 高、低压的划分

按照电力行业标准 DL408—1991《电力安全工作规范（发电厂和变电所电气部分）》规定：低压指设备对地电压在 250V 及 250V 以下；高压指设备对地电压在 250V 以上。此划分主要是从人身安全角度着眼制定的。

实际上，我国的一些设计、制造和安装规程通常是以 1kV 为界限来划分高、低压的。因此，通常工厂所指的高压即为 1kV 及以上电压。

2．电压的适用范围

220kV 及以上电压为输电电压，用来完成电能的远距离输送。

110kV 及以下电压，一般为配电电压，用来完成对电能的降压处理并按一定的方式分配至电能用户。35～110kV 配电网为高压配电网，10～35kV 配电网为中压配电网，1kV 以下为低压配电网。3kV、6kV、10kV 是工矿企业高压电气设备的供电电压。

供配电系统中的所有设备，都是在一定的电压和频率下工作的，为使供配电设备实现生产标准化、系列化，供配电系统中的电力变压器、电力线路及各种供配电设备，均按规定的额定电压进行设计和制造，电气设备长期在额定电压下运行，其技术与经济指标最佳。

1.5.3　企业对配电电压的选择

工矿企业的生产与国民经济建设发展使用的电能，一般都是取自于电力网输送来的电能，经过配电设备后，馈电分布给各个用户。因此，配电所或配电设置实际上起着电力"转运站"的作用，它上连电源，下接成千上万的电能用户，起着承上启下的枢纽作用。

我国大型工矿企业供配电系统的配电电压应根据用电容量、用电设备特性、供电距离、供电线路的回路数、当地公共电网现状及发展规划等因素，由技术经济比较后确定。用户对配电电压的选择，一般规律是用户所需的功率大，供配电电压等级应相应提高；输电线路长的，也要提高供配电电压等级，以降低线路电压损耗；供电线路的回路数多，通常考虑降低供配电电压等级；用电设备中若波动负荷多，适宜由容量大的电网供电，以提高配电电压等级。这些规律仅是从用户配电角度考虑的，权衡这些规律选择配电电压等级，还要看用户所在地的电网能否方便和经济地提供用户所需要的电压。

工矿企业用户的供配电电压有高压和低压两种，高压供电通常指 6～10kV 及 10kV 以上的电压等级。中、小型企业通常采用 6～10kV 的电压等级，当 6kV 用电设备的总容量较大时，选用 6kV 就比较经济合理；对大型工厂，适宜采用 35～110kV 电压等级，以节约电能和投资。低压供电是指采用 1kV 及以下的电压等级。大多数低压用户采用 380/220V 的电压等级，在某些特殊场合，例如矿井下，由于用电负荷往往离变配电所较远，为保证远端负荷的电压水平，要采用 660V 电压等级。

目前提倡提高低压供配电的电压等级，目的是为了减少线路的电压损耗，保证远端负荷的电压水平，减小导线截面积和线路投资，增大供配电半径，减少变配电点，简化供配电系统。因此，提高低压供配电的电压等级有其明显的经济效益，也是节电的一项有效措施，在世界上已经成为一种发展趋势。

问题与思考

1．供配电电压的选择主要取决于什么？

2．我国工矿企业用户的供配电电压通常有哪些等级？

3．为什么提倡提高低压供配电的电压等级？

1.6　工厂供配电系统的构成

工厂供配电系统是指企业所需的电力能源从进入企业到分配至所有用电设备终端的整个电路组成。工厂供配电系统一般包括工厂总降压变电所、高压配电线路、车间变配电所、低压配电线路及用电设备等环节。

根据用户对供配电系统的基本要求，合理选择和布置工厂供配电系统的电器设备、继电保护、控制方式和测量仪表，可最大限度地提高供配电系统运行的经济性和可靠性。

1.6.1 工厂供配电系统的构成

1．工厂供配电系统的负荷

供配电系统的负荷，按其对供电可靠性的要求，通常分为三级。

一级负荷：若对此负荷停电，将会造成人的生命危险及设备损坏，打乱复杂的生产过程，造成重大设备损坏且难以修复，或给国民经济带来极大损失。因此要求一级负荷由两个独立的电源供电，而对特别重要的一级负荷，应由两个独立的电源点供电。

二级负荷：若对此种负荷停电，将会造成工厂生产机器部分停止运转，或生产流程紊乱且难以恢复，致使产品大量减产，工厂内部交通停顿，造成一定的经济损失，或使城市居民的正常生活受到影响。二级负荷在工矿企业中占有的比例最大，因此应由两个回路供电，也可以由一回专用架空线路供电。

三级负荷：所有不属于一级、二级负荷的其他负荷均属于三级负荷。通常三级负荷对供电无特殊要求，较长时间停电也不会直接造成用户的经济损失，因此，三级负荷可采用简单回路供电。

大、中型工厂中的一级、二级负荷往往占到总负荷的 60%～80%，因此，即便是短时停电也会造成企业相当可观的经济损失。我们学习供配电技术，就是要掌握工厂的负荷分级及其对供电可靠性的要求，在设计新建或改造企业供电系统时，按照实际情况进行方案的拟订和分析比较，使确定的供电方案在技术、经济上最合理。

2．企业供配电系统设备组成

供配电系统一般由电力变压器、配电装置、保护装置、操作机构、自动装置、测量仪表及附属设备构成。

电力变压器在供配电系统中的作用是：将一种电压的电能转变为另一种或几种电压的电能供给用电单位。变电所或配电房中的电力变压器，通常是将高压电能转变为低压电能，馈电给用电设备。

配电装置的作用是接受和分配电能，配电装置包括母线、开关、断路器、操作机构、自动装置、测量仪表、仪用互感器等。供配电系统中的保护装置也属于配电装置，配电装置按其工作电压的不同又可分为高压配电装置和低压配电装置。

1.6.2 工厂供配电系统布置

供配电系统的设备一般包括开关设备、互感器、避雷器、熔断器、连接母线等，并按照一定的顺序连接、布置而成。

大多工矿企业用电单位的供配电系统分为户内式和户外式两种。目前中小型企业的 6～10kV 变配电所多采用户内式结构。户内式变配电所主要由 3 部分组成：高压配电室、变压器室、低压配电室。此外，有的还设有高压电容器室和值班室。户外式的电气设备安装在屋外，一般用于 35kV 及以上电压级。户外配电装置根据电器设备和导体的布置高度及重叠情况，分为中型、半高型和高型等几种布置类型。

1．户内配电装置的特点

① 由于允许安全净距小，因此可以分层布置，从而使占地面积小。

② 维修、巡视和操作在室内进行，不受气候的影响。

③ 外界污秽的空气对电气设备影响较小，可减少维护工作量。

④ 房屋建筑的投资较大。

2．户外配电装置的特点

① 土建工作量和费用较小，建设周期短。

② 扩建比较方便。

③ 相邻设备之间距离较大，便于带电作业。

④ 占地面积大。

⑤ 受外界环境影响，设备运行条件较差，需加强绝缘。

⑥ 不良气候对设备维修和操作有影响。

3．供配电系统布置的总体要求

① 便于运行维护和检修。值班室一般应尽量靠近高、低压配电室，特别是靠近高压配电室，且有直通门或与走廊相通。

② 运行要安全。变压器室的大门应向外开并避开露天仓库，以利于在紧急情况下人员出入和处理事故。门最好朝北开，不要朝西开，以防止"西晒"。

③ 进出线方便。如果是架空线进线，则高压配电室宜位于进线侧。户内供配电的变压器一般宜靠近低压配电室。

④ 节约占地面积和建筑费用。当供配电场所有低压配电室时，值班室可与其合并。但这时低压电屏的正面或侧面离墙不得小于 3m。

⑤ 高压电力电容器组应装设在单独的高压电容器室内，该室一般临近高压配电室，两室之间砌防火墙。低压电力电容器柜装在低压配电室内。

⑥ 留有发展余地，且不妨碍车间和工厂的发展。在确定供配电场所的总体布置方案时应因地制宜，合理设计，通过几个方案的技术经济比较，力求获得最优方案。

4．供配电装置和各设备间距离的要求

为保证供配电系统运行中电气设备及人员的安全和检修维护工作及搬运的方便，供配电装置中带电导体相间、导体相对地面之间都应有一定的距离，以保证设备运行或过电压时空气绝缘不会被击穿，这个距离称为电气间距。

由于户外供配电装置受环境的影响，电气间距比户内供配电装置要大。户外、户内供配电装置的最小电气间距分别如表 1-2 和表 1-3 所示。表中的 A_1 和 A_2 为最小安全净距，其中 A_1 为最基本电气间距。其余各值是在 A_1 和 A_2 的基础上考虑运行维护、检修和搬运工具等活动范围计算而得。

表 1-2　　　　　　　　　　　户外配电装置最小电气间距　　　　　　　　　　单位：mm

名称	额定电压（kV）			
	1～10	35	110	220
带电部分至接地部分（A_1）	200	400	950	1 800
不同相的带电部分之间（A_2）	200	400	1 000	2 000

续表

名称	额定电压（kV）			
	1～10	35	110	220
带电部分到栅栏（B_1）	950	1 150	1 650	2 550
带电部分到网状遮栏（B_2）	300	500	1 000	1 900
无遮栏裸导体至地面（C）	2 700	2 900	3 400	4 300
不同时停电检修的无遮栏裸导体间水平距	2 200	2 400	2 900	3 800

例如，表 1-3 中 B_1 表示带电部分到栅栏的净距，要防止运行人员手臂误入栅栏时发生的触电事故，运行人员的手臂长度一般不大于 750mm，当电压为 35kV 时，

$$B_1 = A_1 + 750 = 300 + 750 = 1\ 050\text{mm}$$

又如，表 1-3 中 C 值是指无遮栏裸导体至地面的高度，要使运行人员举手时不发生触电事故，一般运行人员举手时高度不超过 2 300mm，当电压为 35kV 时，为保证安全，

$$C = A_1 + 2\ 300 = 300 + 2\ 300 = 2\ 600\text{mm}$$

表 1-2 中由于活动在户外，故要考虑 200mm 的施工误差，所以当电压为 35kV 时，

$$C = A_1 + 2\ 300 + 200 = 400 + 2\ 300 + 200 = 2\ 900\text{mm}$$

表 1-3　　　　　　　　　　户内配电装置最小安全电气间距　　　　　　　　单位：mm

名称	额定电压（kV）				
	1～3	6	10	35	110
带电部分至接地部分（A_1）	75	100	125	300	850
不同相的带电部分之间（A_2）	75	100	125	300	900
带电部分到栅栏（B_1）	825	850	875	1 050	1 600
带电部分到网状遮栏（B_2）	175	200	225	400	950
带电部分到板状遮栏（B_3）	105	130	155	330	880
无遮栏裸导体至地面（C）	2 375	2 400	2 425	2 600	3 150
不同时停电检修的无遮栏裸导体间水平距	1 875	1 900	1 925	2 100	2 650
出线套管至户外通道路面	4 000	4 000	2 900	4 000	5 000

问题与思考

1．对供配电系统的基本要求有哪些？

2．供配电系统的负荷是如何划分的？

3．对供配电系统的布置有哪些方面的要求？

4．什么叫电气间距？试根据表 1-2 和表 1-3 分别计算并验证 10kV 户外、户内 B_1 和 C 值的正确性。

第2章
供配电系统一次设备

发电机发出的电能经发电厂输电变压器升压，变为输电线路所需要的较高电压的电能，高压电能在传输过程中，再经配电变压器降压，变为用电设备所需要的较低电压的电能，然后经配电装置和配电线路将电能送至各个用户。电力系统中实现输送、变换和分配电能任务的电路称为一次电路，一次电路中所有的电气设备称为一次设备。一次设备主要包括电力变压器、高压熔断器、高压隔离开关、高压负荷开关、高压断路器、电压互感器、电流互感器等。学习和掌握电气一次设备的结构、功能、使用和维护是从事供配电系统运行、维护和设计的技术人员必须要掌握的重要技术知识。本章将重点介绍高、低压一次设备的结构组成、功能和用途。

学习目标

1. 了解各种高、低压一次设备的分类和用途。
2. 熟悉电力变压器、电流互感器、电压互感器、各种高压开关设备等的结构组成、应用场合、主要性能及使用和维护。

2.1 电力变压器

2.1.1 电力变压器的结构组成及各部件的功能

1. 变压器

电力变压器是一种静止的电气设备，它利用电磁感应原理把某一数值的交流电压转换成频率相同的另一种或几种数值不同的交流电压。目前，我国交流输电的骨干网架为 500kV 电压等级，还要在 500kV 电网基础上发展 1 000kV 特高压输电。这样高的电压，无论从发电机的安全运行方面或是从制造成本方面考虑，都不允许由发电机直接生产，必须用升压变压器将电压升高后才能远距离输送。

从电能用户来讲，为了适应各种用电设备的电压要求，电能输送到用电区域后，必须需通过各级变电站（所）利用电力变压器将电压降低为各类电器所需要的电压值。因此，电力变压器在电力系统中占有极其重要的地位，无论在发电厂还是在变电站，都可以看到各种形式和不同容量的变压器。

按变压器的相数来分，可分为单相变压器和三相变压器。在供配电系统中广泛应用的是三相电力变压器。当容量过大且受运输条件限制时，三相电力系统中也可以用 3 台单相变压器连接成三相变压器组。

按绕组数目来分，又可分为双绕组变压器和三绕组变压器。在一相铁芯上套一个一次绕组和一个二次绕组的变压器称为双绕组变压器。5 600kVA 大容量的变压器有时在一个铁芯上绕 3 个绕组，用以连接 3 种不同的电压，例如在 220kV、110kV 和 35kV 的电力系统中就常采用三绕组变压器。

按冷却介质来分，变压器可分为油浸变压器、干式变压器以及水冷式变压器。干式变压器也叫作空气冷却式变压器，多用于低电压、小容量或防火、防爆场所；油浸式变压器常用于电压较高、容量较大的场所，电力变压器大多采用油浸式变压器。

2. 电力变压器的结构组成

电力变压器主要由铁芯、绕组、油箱、储油柜以及绝缘套管、分接开关和气体继电器等组成。电力变压器实物图如图 2.1 所示。

（a）输电升压变压器　　　　　　　　　　（b）配电降压变压器

图 2.1　电力变压器实物图

3．电力变压器各部分功能

（1）铁芯。铁芯是变压器最基本的组成部分之一。铁芯是用导磁性能很好的硅钢片叠压制成的闭合磁路，变压器的一次绕组和二次绕组都绕在铁芯上。

（2）绕组。绕组也是变压器的基本部件。变压器的一次绕组和二次绕组都是用铜线或铝线绕成圆筒形的多层线圈，压放在铁芯柱上，绕组的匝与匝之间及层与层之间、绕组与绕组之间、绕组与铁芯之间均相互绝缘。

（3）油箱。油箱是变压器的外壳，油箱内充满了绝缘性能良好的变压器油，铁芯和绕组安装和浸放在油箱内，靠纯净的变压器油对铁芯和绕组起绝缘和散热作用。

（4）储油柜。当变压器油的体积随着油温膨胀或缩小时，储油柜起着储油及补油的作用，以保证油箱内充满变压器油。储油柜的侧面还装有一个油位计，从油位计中可以监视油位的变化。

（5）吸湿器。由一根铁管和玻璃容器组成，内装硅胶等干燥剂。当储油柜内的空气随变压器油的体积膨胀或缩小时，排出或吸入的空气都经过吸湿器，吸湿器内的干燥剂吸收空气中的水分，过滤空气，从而保持变压器油的清洁。

（6）防爆管。防爆管又称喷油管，装于变压器的顶盖上，喇叭形的管子与储油柜或大气连通，管口由薄膜封住。当变压器内部有故障时，油温升高，油剧烈分解产生大量气体，使油箱内压力剧增。这时防爆管薄膜破裂，油及气体由管口喷出，防止变压器的油箱爆炸或变形。

（7）绝缘套管。变压器的各侧绕组引出线必须采用绝缘套管，以便于连接各侧引线。套管有纯瓷、充油和电容等不同类型。

（8）散热器。散热器又称冷却器，其形式有瓦楞形、扇形、圆形和排管等。当变压器上层油温与下层油温产生温差时，通过散热器形成油的对流，经散热器冷却后流回油箱，起到降低变压器温度的作用。为提高变压器油的冷却效果，常采用风冷、强油风冷和强油水冷等措施。散热器的散热面积越大，散热效果越好。

（9）分接开关。分接开关是调整电压比的装置。双绕组变压器的一次绕组及三绕组变压器的一、二次绕组一般都有 3～5 个分接头位置，操作部分装于变压器顶部，经传动杆伸入变压器的油箱。3 个分接头的中间分接头 2 为额定电压的位置，相邻分接头相差±5%；多分接头的变压器相邻分接头相差±2.5%。根据系统运行的需要，按照指示的标记，来选择分接头的位置。

由于变压器高压绕组的电流比低压绕组的电流小，其导线截面也小，绕组绕制时抽抽头比较容易。同时额定电流小的分接开关结构比较简单，容易制造和安装。变压器的高压绕组又在外面，抽头引线引出很方便。对于降压变压器，当电网电压变动时，在高压绕组进行调压就可以适应电网电压的变动，对变压器运行十分有利。调压方式包括无载调压和有载调压两种。

① 无载调压。电力变压器的分接开关通常分有 10 500V、10 000V 和 9 500V 3 个挡。一般在变压器出厂时，分接开关都设置在 10 000V 的挡位上。当输入电压低于 10 000V 时，输出电压会达不到要求，这时就需要把分接开关调到 9 500V 挡位。在操作分接开关前，先把变压器的输入和输出端与系统线路断开（即变压器停电情况下），然后再切换分接开关的方法称为无载调压。

② 有载调压。指电力变压器的分接开关在不切断负载电流的情况下，由一个分接头切换到另一个分接头，从而改变电力变压器输出电压的调压方法。有载调压时不允许将两个分接

头间的一段绕组短路。

因此，在切换分接头的过程中一般采用一种过渡电路，过渡电路中具有限制电流的电抗或电阻。采用电抗式过渡电路的称为电抗式有载分接开关，这种调压装置体积大，消耗材料多，成本高，目前已经不再采用。目前广泛采用"油中切换，电阻过渡"埋入型，即把切换开关埋入变压器油箱内的电阻式有载分接开关。过渡电路采用电阻限流，其分接开关具有体积小、用料少等优点。

（10）气体继电器。气体继电器是变压器的主要保护装置，装在变压器的油箱和储油柜的连接管上。当变压器的内部发生故障时，气体继电器的上接点接信号回路，下接点接开关的跳闸回路。

除上述部分外，变压器还有温度计、热虹吸、吊装环、入孔支架等附件。

很多场合下常常使用干式变压器，没有变压器油，采用风机进行冷却，并具有温度控制功能，通常安装在室内。

2.1.2　电力变压器的连接组别

1．电力变压器的极性

变压器铁芯中的主磁通，在一、二次绕组中产生的感应电动势是交变电动势，并没有固定的极性，这里所说的变压器绕组极性是指一、二次绕组的相对极性。即当一次绕组的某一端在某一瞬间的电位为正时，二次绕组也在同一个瞬间有一个电位为正的对应端，这时把这两个对应端称为变压器绕组的同极性端或同名端。

变压器的同极性端取决于绕组的绕向，绕向改变，极性就改变。极性是变压器并联运行的主要条件之一。如果并联运行的变压器极性一旦接反，在并联变压器的绕组中将会出现很大的短路电流，甚至把变压器烧坏。

2．变压器绕组的连接方式

电力变压器的每一个电压侧都有 3 个绕组，高压侧绕组用 A-X、B-Y、C-Z 作线端标志，低压侧绕组用 a-x、b-y、c-z 作线端标志，若为三绕组变压器，则中压侧绕组用 A_m-X_m、B_m-Y_m、C_m-Z_m 作线端标志。其中短横杠前面为绕组的首端标号，横杠后面为绕组的尾端标号。

电力变压器在电力系统和三相可控整流的触发电路中，都会碰到变压器的极性和连接组别的接线问题。电力变压器绕组的不同引线端具有不同的标示，例如变压器的高压侧和低压侧绕组都接成星形时，就构成了 Y，y 连接；而高压侧接成三角形、低压侧接成星形时，又构成了 D，y 连接；如果高、低压侧均接成三角形，则构成了 D，d 连接；当高压侧接成星形、低压侧接成三角形时，又构成了 Y，d 连接。我国规定的标准连接组别只采用 Y，y 和 Y，d 两种连接方式。

3．变压器的连接组别标号

电力变压器连接组别的表示方法为时钟表示法。

所谓时钟表示法，就是把电力变压器的一次侧和二次侧的电压相量分别视为时钟的分针和时针，一次侧线电压相量作为分针，固定指在时钟 12 点的位置，二次侧的线电压相量作为时针。大写英文字母 Y、D 表示变压器一次侧的接线方式，小写英文字母 y、d 表示二次侧的接线方式。例如"YN，d11"表示一次侧为星形带中性线的接线，Y 表示星形，N 表示带中性线；d11 表示二次侧为三角形接线，其中 11 表示当一次侧线电压相量作为分针指在时钟 12

点的位置时，二次侧的线电压相量在时钟的 11 点位置。即二次侧的线电压 U_{ab} 超前一次侧线电压 U_{AB} 30°。

我国国家标准规定只生产 5 种标准连接组别，分别是 Y，d11；Y，yn0；YN，d11；YN，y0；Y，y0。其用途如下。

（1）Y，d11 组别的三相电力变压器通常用于二次侧电压高于 0.4kV、一次侧电压 35 kV 及以下的配电线路中。

（2）Y，yn0 组别的三相电力变压器一般用于二次侧电压为 400/230V 的三相四线制配电系统中，供电给动力和照明的混合负载。三相动力负载用 400V 线电压，单相照明负载用 230V 相电压。yn0 表示星形连接的中性点引至变压器箱壳的外面再与"地"相接。

（3）YN，d11 组别的三相电力变压器常用于 110kV 及 220kV 以上的中性点需接地的高压或超高压线路中。有时也用于二次侧电压高于 400V、一次侧电压为 35kV 及以下的输配电线路中。

（4）YN，y0 组别的三相电力变压器一般用于一次侧需接地的电力线路中。

（5）Y，y0 组别的三相电力变压器通常用于供电给三相动力负载的线路中。

上述 5 种标准连接组别的电力变压器，其中前 3 种最为常用。

2.1.3　电力变压器台数的选择、容量的确定及过负荷能力

1. 电力变压器台数的选择

在选择电力变压器时，应选用低损耗节能型变压器，如 S9 系列或 S10 系列。对于安装在室内的电力变压器，通常选择干式变压器。如果变压器安装在多尘或有腐蚀性气体严重影响的场所，一般需选择密闭型变压器或防腐型变压器。其台数的选择应考虑下列原则。

（1）满足用电负荷对可靠性的要求。在有一、二级负荷的变电所中，宜选择两台主变压器，当在技术经济上比较合理时，主变压器也可选择多于两台。三级负荷一般选择一台主变压器，如果负荷较大，也可选择两台主变压器。

（2）负荷变化较大时，宜采用经济运行方式的变电所，可考虑采用两台主变压器。

（3）降压变电所与系统相连的主变压器选择原则一般不超过两台。

（4）在选择变电所主变压器台数时，还应适当考虑负荷的发展，留有扩建增容的余地。

2. 变压器容量的确定

（1）单台变压器容量的确定。单台变压器的额定容量 S_N 应能满足全部用电设备的计算负荷 S_e，留有裕量，并考虑变压器的经济运行，即

$$S_N = (1.15 \sim 1.4)S_e \tag{2-1}$$

工厂车间变电所中，单台变压器容量不宜超过 1 000kVA，对装设在二层楼以上的干式变压器，其容量不宜大于 630kVA。

（2）两台主变压器容量的确定。装有两台主变压器时，每台主变压器的额定容量 S_N 应同时满足以下两个条件。

① 当任一台变压器单独运行时，应满足总计算负荷的 60%～70% 的要求，即

$$S_N \geqslant (0.6 \sim 0.7)S_e \tag{2-2}$$

② 任一台变压器单独运行时，应能满足全部一、二级负荷总容量的需求，即

$$S_N \geqslant S_{Ie} + S_{IIe} \tag{2-3}$$

（3）考虑负荷发展留有一定的容量。通常变压器容量和台数的确定与工厂主接线方案相对应，因此在设计主接线方案时，要考虑到用电单位对变压器台数和容量的要求。单台主变压器的容量选择一般不宜大于 1 250kVA；对装在楼上的电力变压器，单台容量不宜大于 630kVA；对居住小区的变电所，单台油浸式变压器容量不宜大于 630kVA。另外，还要考虑负荷的发展，留有安装主变压器的余地。

【例 2-1】 某车间（10/0.4kV）变电所总计算负荷为 1 350kVA，其中一、二级负荷总容量为 680kVA，试确定主变压器台数和单台变压器容量。

解： 由于车间变电所具有一、二级负荷，所以应选用两台变压器。根据式（2-2）和式（2-3）可知，任一台变压器单独运行时均要满足 60%～70%的总负荷量，即

$$S_N \geq (0.6 \sim 0.7) \times 1\ 350 = 810 \sim 945 \text{kVA}$$

且任一台变压器均应满足 $S_N \geq S_{\mathrm{I}e} + S_{\mathrm{II}e} \geq 630 \text{kVA}$

一般变压器在运行时不允许过负荷，所以可选择两台容量均为 1 000kVA 的电力变压器，具体型号为 S9-1000/10。

3．电力变压器的过负荷能力

电力变压器运行时的负荷是经常变化的，日常负荷曲线的峰谷差可能很大。根据等值老化原则，电力变压器可以在一小段时间内允许超过额定负荷运行。

变压器为满足某种运行需要而在某些时间内允许超过其额定容量运行的能力称为过负荷能力。变压器的过负荷通常可分为正常过负荷和事故过负荷两种。

（1）变压器的正常过负荷能力。变压器的正常过负荷能力，是以不牺牲变压器正常寿命为原则来制定的，同时还规定过负荷期间负荷和各部分温度不得超过规定的最高限值。我国的限值为：绕组最热点温度不得超过 140℃；自然油循环变压器负荷不得超过额定负荷的 1.3 倍，强迫油循环变压器负荷不得超过额定负荷的 1.2 倍。

（2）变压器的事故过负荷。事故过负荷又称为短时急救过负荷。当电力系统发生事故时，保证不间断供电是首要任务，加速变压器绝缘老化是次要的。所以，事故过负荷和正常过负荷不同，它是以牺牲变压器寿命为代价的。事故过负荷时，绝缘老化率允许比正常过负荷时高得多，即允许较大的过负荷，但我国规定绕组最热点的温度仍不得超过 140℃。

考虑到夏季变压器的典型负荷曲线，其最高负荷低于变压器的额定容量时，每低 1℃可允许过负荷 1%，但以过负荷 15%为限。正常过负荷允许最高不得超过额定容量的 20%。

对油浸电力变压器事故过负荷运行时间允许值的规定列于表 2-1 和表 2-2 中。

表 2-1 　　　　　　　　油浸自然循环冷却变压器事故过负荷运行时间允许值　　　　　　　　（h：min）

过负荷倍数	环境温度（℃）				
	0	10	20	30	40
1.1	24：00	24：00	24：00	19：00	7：00
1.2	24：00	24：00	13：00	5：50	2：45
1.3	23：00	10：00	5：30	3：00	1：30
1.4	8：30	5：10	3：10	1：45	0：55
1.5	4：45	3：00	2：00	1：10	0：35

续表

过负荷倍数	环境温度（℃）				
	0	10	20	30	40
1.6	3：00	2：05	1：20	0：45	0：18
1.7	2：05	1：25	0：55	0：25	0：09
1.8	1：30	1：00	0：30	0：13	0：06
1.9	1：00	0：35	0：180	0：09	0：05
2.0	0：40	0：22	0：11	0：06	0：＋

*表中"＋"表示不允许运行。

表 2-2　　　　　　　　油浸强迫油循环冷却变压器事故过负荷运行时间允许值　　　　　（h：min）

过负荷倍数	环境温度（℃）				
	0	10	20	30	40
1.1	24：00	24：00	24：00	19：00	7：00
1.2	24：00	24：00	13：00	5：50	2：45
1.3	23：00	10：00	5：30	3：00	1：30
1.4	8：30	5：10	3：10	1：45	0：55
1.5	4：45	3：00	2：00	1：10	0：35
1.6	3：00	2：05	1：20	0：45	0：18
1.7	2：05	1：25	0：55	0：25	0：09

2.1.4　电力变压器的并联运行条件

1. 变压器并联运行的目的

供配电技术中常常采用变压器的并联运行方式，目的是为了提高供电的可靠性和变压器运行的经济性。

例如，某工厂变电所采用两台变压器并联运行时，如果其中一台变压器发生故障或检修时，将其从电网中切除，另一台变压器仍能正常供电，从而提高了供电的可靠性。

电力负荷的变动是经常性的。根据负荷的变动，及时调整投入运行的变压器台数，以减少变压器本身的能量损耗，无疑能够提高供电效率，达到经济运行的目的。

2. 变压器并联运行的条件

为了保证并联运行的变压器在空载时并联回路没有环流，负载运行时各变压器负荷分配与容量成正比，并联运行的变压器必须满足以下条件。

① 并联各变压器的连接组别标号相同。

② 并联各变压器的变比相同（允许有±0.5%的差值）。

③ 并联各变压器的短路电压相等（允许有±10%的差值）。

除上述 3 个条件外，并联运行的变压器的容量比一般不宜超过 3：1。

如果并联变压器的连接组别标号不同，就会在并联运行的回路中产生环流，而且此环流通常是额定电流的几倍，这么大的电流将使变压器很快烧坏。因此，连接组别标号不同的变压器绝不能并联运行。

若将变比不同的变压器并联运行，二次侧电压将造成不平衡，空载时就会因电压差而出现环流，变比相差越大，环流也就越大，从而影响到变压器容量的合理分配，因此并联运行的变压器，其变比不允许超过±0.5%。

如果并联运行的变压器短路电压不同，由于负载电流与短路电压成反比，就会造成负载分配不合理，因此，短路电流差值不允许超过±10%。

问题与思考

1. 电力变压器主要由哪些部分组成？变压器在供配电技术中起什么作用？
2. 变压器并联运行的条件有哪些？其中哪一条应严格执行？
3. 单台变压器容量的确定主要依据什么？若装有两台主变压器，容量又应如何确定？

2.2 高、低压一次设备

2.2.1 电弧的危害及灭弧的方法

1. 电弧对设备造成的危害

当含有感性设备的电路中动、静触头之间的电压不小于 10V 或 20V，它们即将接触或者开始分断时就会在间隙内产生放电现象。当放电电流较小时会产生火花放电现象；如果放电电流大于 80mA 或 100mA，就会发生弧光放电，即产生电弧。

电弧是电气设备运行中经常发生的一种物理现象，其特点是光亮很强和温度很高，电弧对供配电系统的危害极大，主要表现在以下几个方面。

① 电弧延长了开关电器切断电路的时间，如果电弧是短路电流产生的，电弧的存在就意味着短路电流还存在，从而使短路电流危害的时间延长。

② 电弧的高温可烧坏触头，烧毁电气设备及导线、电缆，还可能引起弧光短路，甚至引起火灾和爆炸事故。

③ 强烈的弧光可能损伤人的视力。

因此，在供配电系统中，各种开关电器在结构设计上要保证能迅速熄灭电弧。

2. 常用的灭弧方法

开关电器在分断电流时之所以会产生电弧，其根本原因是触头本身和触头周围的介质中含有大量可被游离的电子。要使电弧熄灭，就必须使触头中的去游离率大于游离率，即离子消失的速率大于离子产生的速率。

根据去游离理论，常用的灭弧方法有以下几种。

（1）速拉灭弧法。在切断电路时，迅速拉长电弧，使触头间电场强度骤降，使带电质子的复合速度加快，从而加速电弧的熄灭。这种灭弧方法是开关电器中普遍采用的最基本的灭弧方法，如高压开关中装的速断弹簧。

（2）冷却灭弧法。降低电弧的温度，可使电弧的电场减弱，导致带电质子的复合增强，有助于电弧的熄灭。这种灭弧方法在开关电器中应用比较普遍。

（3）吹弧灭弧法。利用外力来吹动电弧，使电弧加速冷却，同时拉长电弧，迅速降低电弧中的电场强度，从而加速电弧熄灭。按吹弧的方向分为横吹和纵吹；按外力的性质分为气吹、油吹、电动力吹、磁吹等方式等，如图 2.2 所示。

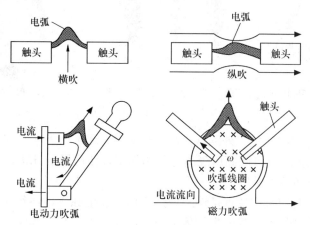

图 2.2　灭弧方式示意图

（4）短弧灭弧法。利用金属栅片把电弧分割成若干个相互串联的短弧，以提高电弧电压，使触头间的电压不足以击穿所有栅片间的气隙而使电弧熄灭。

（5）狭沟灭弧法。将电弧与固体介质所形成的狭沟接触，使电弧冷却而灭弧。由于电弧在固体中，其冷却条件加强，同时电弧在狭缝中燃烧产生气体，使内部压力增大，去游离作用加强，有利于电弧的熄灭。如在熔断器的熔管内充填石英砂和用绝缘栅的方法，都是利用此原理。

（6）真空灭弧法。由于真空具有较强的绝缘强度，不存在气体游离的问题，因此处于真空中的触头间的电弧在电流过零时就能立即熄灭而不致复燃。真空断路器就是利用真空灭弧法的原理。

（7）六氟化硫灭弧法。六氟化硫具有优良的绝缘性能和灭弧性能，其绝缘强度为空气的 3 倍，介质恢复速度是空气的 100 倍，使灭弧能力大大提高。六氟化硫断路器就是利用六氟化硫灭弧法。

上述灭弧方法，在各种电气设备中可以采用不同的具体措施来实现。电气设备的灭弧装置可以采用一种灭弧方法，也可以综合采用几种灭弧方法，以达到提高灭弧能力的目的。

2.2.2　高、低压熔断器

1. 高压熔断器

高压熔断器是用来防止高压电气设备发生短路和长期过载的保护元件，是一种结构简单，应用最广泛的保护电器。一般由纤维熔管、金属熔体、灭弧填充物、指示器、静触座等构成。

供配电系统中，对容量小而且不太重要的负载，广泛使用高压熔断器，作为输电、配电线路及电力变压器的短路及过载保护。高压熔断器按使用场所的不同可分为户内式和户外式两大类，如图 2.3 所示。

（a）RW4 型户外跌落式高压熔断器　　（b）PRW 系列喷射式熔断器　　（c）PN 型户内高压熔断器

图 2.3　高压熔断器实物图

图 2.3（a）所示为 RW4 型户外跌落式高压熔断器，通常用于 6～10kV 交流电力线路及设备的过负荷及短路保护，也可起高压隔离开关的作用，还可用于 12kV、50～60Hz 配电线路和电力变压器的过载和短路保护。

跌落式高压熔断器的结构特点是熔断器熔管内衬以消弧管，熔丝在过负荷或短路时，熔断器依靠电弧燃烧使产气管分解产生气体来熄灭电弧。熔丝一旦熔断，熔管靠自身重量绕下端的轴自行跌落，造成明显可见的断开间隙。根据运行需要，符合一定的条件时，还可利用高压绝缘棒来操作熔管的分合和断开，也可接通小容量空载变压器和空载线路等。因跌落式高压熔断器具有明显可见的分断间隙，所以也可以作为高压隔离开关使用。这种高压熔断器由于没有专门的灭弧装置，其灭弧能力不强，灭弧速度不快，不能在短路电流到达冲击值前熄灭电弧，因此，这类熔断器属于"非限流"型熔断器。

图 2.3（b）所示为 PRW 系列喷射式高压熔断器，通常用于交流 50Hz、35kV 及 35kV 以下配电线路、变压器的过负载和短路保护以及用于隔离电源。PRW 系列喷射式高压熔断器采用防污瓷瓶，防污等级高，熔管采用逐级排气式。开断大电流时，熔管上端的泄压片被冲开，形成双端排气；开断小电流时，该泄压片不动作，形成单端排气；开断更小电流时，靠钮扣式熔丝上套装的辅助灭弧管吹灭电弧，从而解决了开断大、小电流的矛盾，是高压跌落式熔断器的新型换代产品。

图 2.3（c）所示为 PN 型户内高压熔断器，属于"限流"型熔断器。其中 PN1 型通常用于高压电力线路及其设备的短路保护；PN2 型则只能用作电压互感器的短路保护，其额定电流仅有 0.5A 一种规格。PN 型户内高压熔断器的熔体中焊有低熔点的小锡球，当过负荷时，锡球受热熔化而包围铜熔丝，铜锡合金的熔点较铜低，使铜丝在较低的温度下熔断，称为"冶金效应"。PN 型户内高压熔断器的灭弧能力很强，能在短路电流未达冲击值前完全熄灭电弧，且在不太大的过负荷电流下动作，从而提高了保护的灵敏度。

2．低压熔断器

低压熔断器主要用于实现低压配电系统的短路保护，有的低压熔断器也能实现过载保护。低压熔断器的产品实物图如图 2.4 所示。

图 2.4（a）所示为 RT0 型有填料管式熔断器，是我国统一设计的一种有"限流"作用的低压熔断器，广泛应用于要求断流能力较高的场合。RT0 型有填料管式熔断器由瓷熔管、栅状铜熔体和触头底座等几部分组成。瓷熔管内填有石英砂。此种熔断器灭弧、断流能力都很强，熔断器熔断后，红色熔断指示器立即弹出，以便于检查。

图 2.4（b）、（c）和（d）所示为 RM10 型密闭管式低压熔断器，由纤维管、变截面锌熔片和触头底座等几部分组成。短路时，变截面锌熔片熔断；过负荷时，由于电流加热时间长，熔片窄部散热较好，往往不在窄部熔断，而在宽窄之间的斜部熔断。因此，可根据熔片熔断部位，大致判断故障电流的性质。

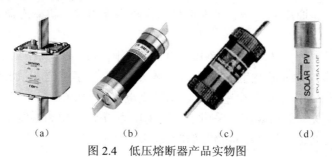

（a）　　　　　（b）　　　　　（c）　　　　　（d）

图 2.4　低压熔断器产品实物图

2.2.3　高、低压开关设备

1．高、低压隔离开关

（1）高压隔离开关：主要用于隔断高压电源，以保证其他设备和线路的安全检修。高压隔离开关产品实物图如图 2.5 所示。

（a）GN19系列户内式高压隔离开关　　（b）GW系列户外高压隔离开关　　（c）GW46型剪刀式高压隔离开关

图 2.5　高压隔离开关产品实物图

图 2.5（a）所示的 GN19 系列户内式高压隔离开关通常配以拐动机构进行操作，在有电压而无负载的情况下分、合电路。常用操动机构的规格型号为 CS 系列和 CJ2 系列。其中 CS6、CS8、CS11、CS15、CS16 型为手动杠杆操动机构，CJ2 为电动机操动机构。

户外式高压隔离开关一般采用绝缘钩棒手工操作。

图 2.5（b）所示为 GW5 系列户外高压隔离开关，由图示 3 个单极组成，每极主要由底架、支柱绝缘子、左右触头、接地闸刀等部分组成。两个支柱绝缘子分别安装在底座的转动轴承上，呈"V"形布置。轴线交角为 50°，两轴承座下为伞齿轮啮合，左右触头安装在支柱绝缘子上部由轴承座的转动带动支柱绝缘子同步转动，实现两触头的断开和闭合，3 个单极由连动拉杆实现三极联动。GW5 系列户外高压隔离开关按附装接地开关不同可分为不接地、单接地、双接地 3 种类型。接地开关按承受的断路电流能力又分 I、II、III型，分别配用转动角度 90° 的 CS17F、CS17DF 型手动操动机构。该操动机构上设有机械联锁和电磁联锁，以保证操作顺序准确无误。为满足用户需要，本系列产品设有 5 种不同安装形式，即水平安装、倾斜

25°安装、倾斜 50°安装、侧装（倾斜 90°安装）和倒装。为满足用户对布置使用方面的不同需要，本产品分为"交叉式联动、串列式联动"、"并列式联动"和"单极式联动"4 种规格。

图 2.5（c）所示为 GW46 型剪刀式高压隔离开关。其适用于垂直断口管母线或软母线的场合，而且该产品具有通流能力强、绝缘水平高、防腐能力好、机械寿命长、钳夹范围大、外形美观等特点。

高压隔离开关的型号含义：如 GN8-10/600 型高压隔离开关，其中第 1 个字符 G 表示隔离开关，第 2 个字符 N 表示户内式（户外式为 W），第 3 个字符位表示设计序号，第 4 个字符位表示额定电压 10kV，最后一个字符位表示额定电流为 600A。

（2）低压隔离开关。低压隔离开关用于额定电压为 0.5kV 电力系统中，在有电压无负载的情况下接通或隔离电源。其产品实物图如图 2.6 所示。

图 2.6　低压隔离开关部分产品实物图

如图 2.6 所示的低压隔离开关均采用绝缘钩棒进行操作。其正常应用条件为：海拔高度不超过 1 000m；周围空气温度上限为+40℃（一般地区），下限为-30℃（一般地区或-40℃高寒地区）；风压不超过 700Pa（相当于风速 34m/s）；地震烈度不超过 8 度；无频繁剧烈震动的场所。普通型低压隔离开关安装场所应无严重影响隔离开关绝缘和导电能力的气体、蒸汽，化学性沉积、盐雾、灰尘及其他爆炸性、侵蚀性物质等。防污型低压隔离开关适用于重污染地区，但不应有引起火灾及爆炸的物质。

2．高、低压负荷开关

（1）高压负荷开关。高压负荷开关主要用于 10kV 配电系统接通和分断正常的负荷电流。高压负荷开关为组合式高压电器，通常由隔离开关、熔断器、热继电器、分励脱扣器及灭弧装置组成。

FN5 型户内交流高压负荷开关-熔断器组合电器是我国吸收国外先进技术，结合我国的供电要求，自行设计研制而成的一种高压负荷开关。

FN7 型是一种新型产气式户内高压负荷开关，适用于交流 50Hz、额定电压 10kV 的三相交流电力系统中，用于开断负荷电流、关合短路电流。

FZW 型是一种户外式真空隔离负荷开关，适用于交流 50Hz、40.5kV 级三相电力系统中，主要用来开断、关合负荷电流，断开后具有明显的隔离断口，此设备需和熔断器配合使用。

高压负荷开关的型号含义：以 FN3-10RT 为例，第 1 个字符 F 表示负荷开关，第 2 个字符 N 表示户内式（W 表示户外式），第 3 个字符表示设计序号为 3，第 4 个字符表示额定电压 10kV，R 表示带熔断器（G 表示改进型），T 表示带热脱扣器。组合式高压负荷开关产品实物图如图 2.7 所示。

（a）FN5型户内高压负荷开关

（b）FN7型真空组合式高压负荷开关

（c）FZW型真空隔离负荷开关

图 2.7　组合式高压负荷开关产品实物图

（2）低压负荷开关。低压负荷开关主要功能是能够有效地通断低压线路中的负荷电流，并对其进行短路保护。低压负荷开关的产品外形图如图 2.8 所示。

3．高、低压断路器

（1）高压断路器的用途及其基本要求。高压断路器是电力系统中最重要的控制和保护电器。无论被控电路处在何种工作状态（例如空载、负载或短路故障状态），断路器都应可靠地动作。断路器在电网中有两方面的作用。一是控制作用，根据电网运行的需要，将一部分电力设备或线路投入或退出运行；二是保护作用，即在电力设备或线路发生故障时，通过继电保护装置作用于断路器，将故障部分从电网中迅速排除，保证电网的无故障部分正常运行。因此，对断路器具有以下几个基本要求。

图 2.8　低压负荷开关

① 在合闸状态时应为良好的导体。

② 在分闸状态时应具有良好的绝缘性。

③ 在开断规定的短路电流时，应有足够的开断能力和尽可能短的开断时间。

④ 在接通规定的短路电流时，短时间内断路器的触头不能产生熔焊等情况。

⑤ 在制造厂给定的技术条件下，高压断路器要能长期可靠地工作，有一定的机械寿命和电气寿命。

除满足上述要求外，高压断路器还应满足结构简单、安装和检修方便、体积小、重量轻等方面的要求。

（2）高压断路器的类型及型号。高压断路器可分为户外型和户内型两种；根据断路器采用的灭弧介质的不同，又可分为油断路器、压缩空气断路器、六氟化硫断路器、真空断路器和磁吹断路器等。

高压断路器因为有完善的灭弧系统，所以既能切换正常负载，又能排除短路故障。高压断路器做短路保护时不像熔断器那样熔断，故障排除后可自动恢复原状。大多数高压断路器都能够快速进行自动重合闸操作，这对于排除线路临时短路而及时恢复正常运行是非常重要的。

油断路器又有多油和少油之分，其区别是多油断路器的油既起灭弧作用又起绝缘作用，因而多油断路器用油量多，体积和重量都大；少油断路器中的油只起灭弧作用，所以油少、体积小，爆炸时火灾小，故少油断路器的应用比多油断路器广。

目前供配电技术中应用最多的是六氟化硫断路器和真空高压断路器，其户外高压断路器产品实物如图2.9所示。

（a）六氟化硫高压断路器　　　　　（b）真空高压断路器

图2.9　高压断路器产品实物图

利用 SF_6 气体做灭弧和绝缘介质的断路器称为六氟化硫断路器。六氟化硫断路器的特点是分断能力强、噪声小且无火灾危险，适用于频繁操作。

真空断路器体积小、重量轻、灭弧工艺材料要求高，适用于要求频繁操作的场合。近年来随着真空技术、灭弧室技术、新工艺、新材料及新操动技术的不断发展和进步，目前真空断路器的生产呈现大容量化、低过电压化、智能化和小型化。今后，断路器会继续向着专用型、多功能、低过电压、智能化等方向发展。

高压断路器的型号含义：例如 SN4-20G/8000-3000 型，其中第 1 个字符 S 表示少油断路器（L 表示六氟化硫断路器，Z 表示真空断路器，Q 表示自产气断路器，C 表示磁吹断路器）；第 2 个字符 N 表示户内式（W 表示户外式）；第 3 个字符 4 表示设计系列序号；第 4 个字符位代表额定电压 20kV；第 5 个字符位表示工作特性，G 代表改进型（W 代表防污型，R 代表带合闸电阻型，F 代表分相操作型）；第 6 个字符位代表额定电流 8 000A；最后一个字符代表额定断流容量为 3 000MVA。

（3）低压断路器。低压断路器具有完善的触头系统、灭弧系统、传动系统、自动控制系统以及紧凑牢固的整体结构。其部分产品实物图如图2.10所示。

图2.10　低压断路器部分产品实物图

当线路上出现短路故障时，低压断路器的过电流脱扣器动作，断路器跳闸；当出现过负荷时，因电阻丝产生的热量过高而使双金属片弯曲，热脱扣器动作，断路器跳闸；当线路电压严重下降或失压时，其失压脱扣器动作，断路器跳闸；如果按下脱扣按钮，则可使断路器远距离跳闸。

低压断路器按使用类别可分为选择型和非选择型两类。非选择型断路器一般为瞬时动作，只起短路保护作用，也有长延时动作，只起过负荷保护作用。选择型断路器有两段式保护、三段式保护和智能化保护。两段式保护为瞬时-长延时特性或短延时-长延时特性；三段式保护为瞬时-短延时-长延时特性；智能化保护，其脱扣器由微处理器或单片机控制，保护功能更多，选择性更好。

常见的低压断路器系列有 DZ10、DZ20、DW10 等。

DZ10 系列塑壳断路器适用于交流 50Hz、380V 或直流 220V 及以下的配电线路中。DZ10 系列用来分配电能和保护线路及电源设备的过载、欠电压和短路，以及在正常工作条件下不频繁分断和接通线路。

DZ20 系列塑料外壳式断路器适用于交流 50Hz，额定绝缘电压 660V，额定工作电压 380V（400V）及以下，其额定电流最大为 1 250A。一般作为配电用，额定电流 200A 和 400A 型的断路器亦可作为保护电动机用。在正常情况下，断路器可分别作为线路不频繁转换及电动机的不频繁起动之用。

DW10 系列万能式断路器适用于交流 50Hz、电压最大为 380V、直流电压最大为 440V 的电气线路中，用作过载、短路、失压保护以及正常条件下的不频繁转换。当断路器在直流电路中串联使用时，电压允许提高到 440V。

2.2.4　互感器

互感器也称为仪用变压器，是电压互感器和电流互感器的统称。其功能主要是将高电压或大电流按比例变换成标准低电压 100V 或标准小电流 5A（或 1A），以便实现测量仪表、保护设备及自动控制设备的标准化、小型化。因此，电力工业中发展什么电压等级和规模的电力系统，必须发展相应电压等级和准确度的互感器，以供电力系统测量、保护和控制的需要。同时互感器还可用来降低对二次设备的绝缘要求，并将二次设备以及二次系统与一次系统高压设备在电气方面很好地隔离，从而保证了二次设备和人身的安全。

互感器常分为电磁式和电容式，其中电磁式互感器得到了比较充分的发展，如铁芯式电流互感器以干式、油浸式和气体绝缘式多种结构适应了电力建设发展的需求。然而随着电力传输容量的不断增长，电网电压等级的不断提高及保护要求的不断完善，一般的铁芯式互感器结构已逐渐暴露出与之不相适应的弱点，其固有的体积大、磁饱和、铁磁谐振、动态范围小，使用频带窄等弱点，已难以满足新一代电力系统自动化、电力数字网等的发展需要。

随着以微处理器为基础的数字保护装置、电网运行监视与控制系统的发展，互感器输出值仅需要数伏，为适应这种极小功率输出的电参数采集新要求，必须调整互感器结构。目前，许多科技发达国家已把目光转向利用光学传感技术和电子学方法来发展新型的电子式互感器，除了包括光电式的互感器，还包括其他各种利用电子测试原理的电压、电流传感器。国际电工协会已发布了电子式互感器的标准，分别是：

IEC60044-7：1999 Instrument transformer part7.electromic voltage transformer.

IEC60044-8：2002 Instrument transformer part8.electromic current transformer.

在中压领域，电子式电压互感器通常采用电阻分压器、电容分压器或阻容分压器的原理。电子式电流互感器一般采用空心电流互感器（Rogowski 线圈）和具有小铁芯的轻载电流互感器，其二次输出均为小电压信号。

在高压领域，电子式电压互感器一般采用同轴式电容分压器或光电电压互感器，电流互感器采用上述两种原理或光电电流互感器原理。

电子式互感器和传统的电磁式互感器相比较具有下列优点。

（1）优良的绝缘性能以及便宜的成本价格。

（2）不含铁芯，消除了磁饱和及磁谐振等问题。

（3）抗电磁干扰性能好，低压边无开路高压危险，低压边短路无过热危险。

（4）动态范围大，测量精度高。

（5）频率响应范围宽。

（6）体积小、重量轻、节约空间。

（7）适应电力计量和保护的数字化、微机化和自动化发展的潮流。

显然，电子式互感器有着传统电磁式互感器无法比拟的优点，它结构简单、灵敏度高，是一种传统电磁式互感器的理想替代产品，必将在未来的电力工业中得到广泛的应用。

1．互感器与系统连接

互感器的一次侧、二次侧与系统的连接方式如图 2.11 所示。

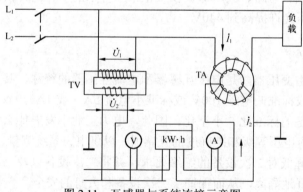

图 2.11　互感器与系统连接示意图

图 2.11 中 TV 为电压互感器，其一次绕组与一次侧电网相并联，二次绕组与二次测量仪表或继电器的电压线圈相连接；图 2.11 中 TA 是电流互感器，其一次绕组串联于被测量电路中，二次绕组与二次测量仪表和继电器的电流线圈相串联。

2．电压互感器

电压互感器是一种把高压变为低压并在相位上与原来保持一定关系的仪器。电压互感器部分产品实物图如图 2.12 所示。

电压互感器的工作原理、构造及接线方式都与变压器相同，只是容量较小，通常仅有几十或几百伏安。电压互感器能够可靠地隔离高电压，保证测量人员、仪表及保护装置的安全，同时把高电压按一定比例缩小，使低压绕组能够准确地反映高电压量值的变化，以解决高电压测量的困难。电压互感器的二次电压均为标准值 100V。

图 2.12　电压互感器部分产品实物图

（1）电压互感器的工作特点。电压互感器一次侧电压取决于一次侧所连接的电网电压，不受二次侧电路影响。

电压互感器正常运行时，二次侧负载是测量仪表、继电器的电压线圈，由于其匝数多、电抗大，通过的电流极小，近似工作在开路状态。电压互感器运行中，二次侧绕组不允许短路！若二次侧发生短路，将会产生很大的短路电流，损坏电压互感器。为避免二次绕组出故障，一般在二次侧出口处安装熔断器或自动空气开关，用于过载和短路保护。

（2）电压互感器的接线方式。供配电技术中，通常需要测量供电线路的线电压、相电压及发生单相接地故障时的零序电压。为了测量这些电压，电压互感器的二次绕组需与测量仪表、继电器等相连接，常用的接线方式如图 2.13 所示。

其中图 2.13（a）所示方案为一个单相电压互感器的接线。当需要测量某一相对地电压或相间电压时可采用此方案。实际应用中这种接线方案用得较少。

如图 2.13（b）所示方案是把两台单相互感器接成不完全三角形，也称 V/V 接线，可以用来测量线电压，或供电给测量仪表和继电器的电压线圈，这种接线方式广泛应用于变配电所 20kV 以上中性点不接地或经消弧线圈接地的高压配电装置中。这种接线方案不能测量相电压，而且当连接的负载不平衡时，测量误差较大。因此仪表和继电器的两个电压线圈应接于 U_{ab}、U_{bc} 两个线电压，以尽量使负载平衡，从而减小测量误差。

如图 2.13（c）所示方案是用三台单相三绕组电压互感器构成 YN，yn 型的接线形式，广泛应用于 3～220kV 系统中，其二次绕组用于测量线电压和相电压。在中性点不接地或经消弧线圈接地的装置中，这种方案只用来监视电网对地绝缘状况，或接入对电压互感器准确度要求不高的电压表、频率表、电压继电器等测量仪器。由于正常状态下此种方案中的电压互感器的原绕组经常处于相电压下，仅为额定电压的 0.866 倍，测量的误差值大大超过了正常值，所以此种接线方案不作供给功率表和电度表之用。

在 3～60kV 电网中，通常采用 3 只单相三绕组电压互感器或者一只三相五柱式电压互感器的接线形式，如图 2.13（d）所示。这种接线方案中，一次电压正常时，开口两端的电压接近于零，当某一相接地时，开口两端将出现近 100V 的零序电压，使电压继电器动作，发出信号，起电网的绝缘监视作用。

必须指出，不能将三相三柱式电压互感器应用于测量 3～6kV 电网中。当系统发生单相接地短路时，在互感器的三相中将有零序电流通过，产生大小相等、相位相同的零序磁通。在三相三柱式互感器中，零序磁通只能通过磁阻很大的气隙和铁外壳形成闭合磁路，零序电流很大，使互感器绕组过热甚至损坏设备。而在三相五柱式电压互感器中，零序磁通可通过两侧的铁芯构成回路，磁阻较小，所以零序电流值不大，不会对互感器造成损害。

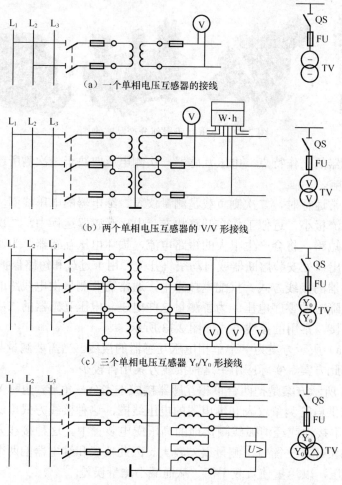

（a）一个单相电压互感器的接线

（b）两个单相电压互感器的 V/V 形接线

（c）三个单相电压互感器 Y_0/Y_0 形接线

（d）三个单相三绕组电压互感器或一个三相五芯柱三绕组电压互感器 $Y_0/Y_0/\triangle$ 形接线

图2.13 电压互感器四种常用接线方式

（3）电压互感器的配置原则。首先，电压互感器的配置应满足测量、保护、同期和自动装置的要求；其次，在保护运行方式发生改变时，应能保证保护装置不失压、同期点两侧都能方便地取得电压。其配置原则如下。

① 母线。6～220kV 电压等级的每组主母线，其三相上均应安装电压互感器，旁路母线侧安装与否，应视回路出线外侧装设电压互感器的需要而确定。

② 线路。实用中为供同期和自动重合闸使用时，需要监视和检测线路断路器外侧有无电压，这时可在线路断路器外侧装一台单相电压互感器。

③ 发电机。通常在发电机出口处装两组电压互感器。其中一组为由 3 只单相电压互感器构成的 D，y 接线方式电压互感器，用来自动调节励磁装置；另一组电压互感器采用三相五柱式或 3 只单相接地专用电压互感器，接成 Y，y，D 接线，辅助绕组接成开口三角形，供测量

仪表、同期和继电保护设备相连，供绝缘监视用。当互感器负荷太大时，可增设一组不完全三角形连接的互感器，专供测量仪表使用，50MW 及以下发电机中性点还常设一个单相电压互感器，用于定子接地保护。

④ 变压器。变压器低压侧有时为了满足同步或继电保护的要求，常常设有一组电压互感器。

3．电流互感器

电流互感器是一种把大电流变为标准 5A 小电流并在相位上与原来保持一定关系的仪器。部分电流互感器产品实物图如图 2.14 所示。

图 2.14　电流互感器部分产品实物图

电流互感器的结构特点是：一次绕组匝数很少，二次绕组匝数很多。有的电流互感器没有一次绕组，而是利用穿过其铁芯的一次电路作为一次线圈。

（1）电流互感器的工作特点。电流互感器一次侧电流取决于一次侧所串联的电网电流，二次侧绕组与仪表、继电器等电流线圈相串联，形成二次侧闭合回路。由于电流互感器的二次电路中均为电流线圈，因此阻抗很小，工作时二次回路接近于短路状态。

电流互感器运行中，二次侧绕组不允许开路！倘若电流互感器二次侧发生开路，一次侧电流将全部用于激磁，使互感器铁芯严重饱和。交变的磁通在二次线圈上将感应出很高的电压，其峰值可达几千伏甚至上万伏，这么高的电压作用于二次线圈及二次回路上，将严重威胁人身安全和设备安全，甚至会使线圈绝缘过热而烧坏，保护设施很可能因无电流而不能正确反映故障，对于差动保护和零序电流保护则可能因开路时产生不平衡电流而产生误动作，因此电流互感器的运行规定：电流互感器应当严禁开路运行，且配置不可过少。所以《安全运行规定》中规定，电流互感器在运行中严禁开路。为避免这类故障发生，一般在电流互感器的二次侧出口处安装一个开关，当二次侧回路检修或需要开路时，首先把开关闭合。

（2）电流互感器的接线方式。电流互感器的常见接线方式如图 2.15 所示。

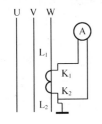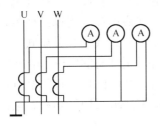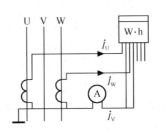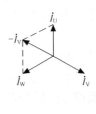

（a）单相式连接　　　　　（b）星形连接　　　　　　（c）不完全星形连接

图 2.15　电流互感器常用的接线方式

图 2.15（a）所示方式为单相式接线。单相式连接只能测量一相的电流但却可以监视三相运行情况，通常用于三相对称电路中，例如三相电动机负载电路。

图 2.15（b）所示方式是把电流互感器连接成星形，可用于测量可能出现三相不对称的电路电流，以监视三相电路的运行情况。

图 2.15（c）所示方式只适用于两台电流互感器的线路，可用来测量两相电流。如果通过公共导线，还可以测量第三相的电流。由相量图可知，通过公共导线上的电流是所测量两相电流的相量和。这种接线方式常用于发电厂、变电所 6～10kV 馈线回路中，测量和监视三相系统的运行情况。

（3）电流互感器的配置原则。首先，应在每条支路的电源侧装设足够数量的电流互感器，供各支路测量、保护使用。其次，由于电流互感器一般与电路中的断路器紧邻布置，所以安装时应与保护和测量用的电流互感器分开，且尽量把电能计量仪表互感器与一般测量用的互感器分开，电能计量仪表互感器必须使用 0.5 级互感器，其正常工作电流是普通电流互感器额定电流的 2/3 左右。

电流互感器的配置原则如下。

① 保护用电流互感器的安装位置应尽量扩大保护范围，以消除主保护的不保护区。对大电流接地系统而言，一般应三相配置，以反映单相接地故障；小电流接地系统的发电机、变压器支路也要三相配置，以便监视不对称程度，其余支路一般配置 A、C 两相。

② 为了减轻内部故障时发电机的损伤，自动调节励磁装置的电流互感器应布置在发电机定子绕组的出线侧，以便于分析和在发电机并入系统前发现内部故障；用于测量仪表的电流互感器通常安装在发电机中性点侧。

③ 配备差动保护的元件，应在元件各端口配置电流互感器，当各端口属于同一电压等级时，互感器变比应相同，接线方式也要相同。

④ 为了防止支持式电流互感器套管闪络造成母线故障，通常电流互感器应布置在断路器的出线侧或变压器侧。

（4）电流互感器使用注意事项。

① 电流互感器工作时，绝不允许二次侧开路。

② 电流互感器的二次侧有一端必须可靠接地。

③ 连接电流互感器时应注意接线端子的极性不允许接反。

4．电压、电流互感器的发展

随着电力系统朝着超高压、大容量发展的趋势，传统的电磁感应式或电容分压式的互感器逐渐暴露出与电力系统的安全运行，提高电能测量的精度以及提高电力系统自动化程度方面种种不相适应的弱点。固有体积大、磁饱和、铁磁谐振、绝缘结构复杂、动态范围小、使用频带窄，以及爆炸的危险性，同时传统的电磁感应式或电容分压式的互感器需耗费大量的铜材，远距离传送会造成电位的升高等。因此，寻求更理想的电压、电流互感器是时代的必须。

目前，电力系统中广泛应用的是以微处理器为基础的数字保护装置、计量测试仪表、运行监控系统以及发电机励磁控制装置，这些设备都要求采用低功率、紧凑型的电压、电流互感器来代替常规的电压、电流互感器。

电子式互感器的出现，克服了传统互感器绝缘复杂，重量重、体积大，CT（电流互感器）动态范围小、易饱和，电磁式 PT（电压互感器）易产生铁磁谐振，CT 二次输出不能开路等诸多缺点。电子式互感器绝缘简单、体积小、重量轻，CT 动态范围宽、无磁饱和，PT 无谐振现象，CT 二次输出可以开路。

目前开发、应用中的电子式 CT、PT 可分成以下两类。

① 有源式互感器。有源式互感器是基于电磁感应原理，但无铁芯的 Rogowski 线圈 CT，电容（电阻、电感）分压式 PT。有源式互感器先将高电压大电流变换成小电压信号，就近经 A/D 变换成数字信号后通过光缆送出至接收端。由于高压端电子设备需要供电，称为有源式互感器。

② 无源式互感器。利用光学材料的电光效应、磁光效应将电压电流信号转变成光信号，经光缆送到低压区，解调成电信号或数字信号，用光纤送给二次设备。因高压区不需电源，称为无源式互感器。

与传统的电压、电流互感器相比，光学电压、电流互感器优势十分明显：良好的绝缘性能，较强的抗电磁干扰能力，测量频带宽，动态范围大，与现代技术紧密结合，而且体积小、重量轻、维修方便、价格相对便宜。光学电压、电流互感器充分利用了电光晶体的各种优异特性和现代光电技术的优点，信号处理部分采用先进的 DSP 技术，充分发挥了其实时性、快速性和便于进行复杂算法处理等特点。同时方便与主机间的通信，以及电力系统的联网通信。

问题与思考

1．高压熔断器在电网线路中起什么保护作用？

2．高压隔离开关在电力线路中起什么作用？高压负荷开关与高压隔离开关有什么不同？

3．高压开关电器中熄灭电弧的基本方法有哪些？

4．目前我国经常使用的高压断路器根据灭弧介质的不同分为哪些类型？其中高压真空断路器和六氟化硫断路器具有哪些特点？

5．电压互感器和电流互感器在高压电网线路中的作用各是什么？在使用它们时各应注意哪些事项？

2.3　低压配电屏和组合式成套变电所

2.3.1　低压配电屏

常见的低压配电屏有 GGD 型和 PGL 型。

1．GGD 型低压配电屏

GGD 型低压配电屏适用于交流频率 50Hz、额定工作电压为 380V、额定工作电流 3 150A 的发电厂、变电站、厂矿企业等配电系统。型号含义如下：

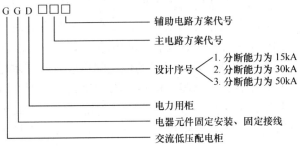

GGD 型低压配电屏用于电力用户的动力、照明及配电设备的电能转换、分配与控制。它具有分断能力高，动热稳定性好，结构新颖、合理，电气方案切合实际，系列性、适用性强，防护等级高等优点。其实物外形如图 2.16（a）所示。

（a）GGD型低压配电屏　　　　　　　　（b）PGL型低压配电屏

图 2.16　常见低压配电屏实物图

GGD 型低压配电屏的柜体采用通用柜的形式，构架用 8MF 冷弯型钢局部焊接组装而成。构架零件及专用配套零件由型钢定点生产厂配套供货，从而保证了柜体的精度和质量。通用 GGD 型低压配电屏的零部件按模块原理设计，有 20 模安装孔，通用系数高，可通过工厂批量生产，既缩短生产周期又提高工作效率，通常作为更新换代的产品使用。

2．PGL 型低压配电屏

PGL 型低压配电屏是 1981 年以后由天津电气传动设计研究所设计的产品，1984 年完成并通过产品鉴定，是目前国内统一的低压配电屏产品。其型号含义如下：

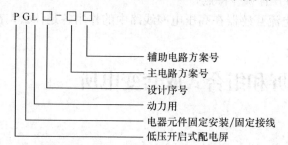

PGL 型低压配电屏一般作为发电厂、变电站、厂矿企业的动力配电及照明供电设备使用，适用于交流 50Hz、额定工作电压不超过 380V，额定工作电流 1 600A 及以下的低压配电系统中。其实物外形如图 2.16（b）所示。

PGL 型低压配电屏可以取代目前生产的 BSL 系列产品，具有结构设计合理、电路配置安全、防护性能好等特点。与 BSL 产品相比其分断能力高、动热稳定性好、运行安全可靠。PGL 型低压配电屏辅助电路方案与主电路方案相对应，每个主电路方案对应一个或数个辅助电路方案，用户可在选取主电路方案后，从对应的辅助电路方案中选取合适的电气原理图。

PGL 型低压配电屏具有开启式、双面维护的低压配电装置，基本结构用角钢和薄钢板焊接而成，屏面上方仪表板为开启式的小门，可装设指示仪表，屏面中段可安装开关的操作机构，屏面下方有门。屏上装有母线防护罩，组合安装的屏左右两端有侧壁板。屏之间有钢板弯制而成的隔板，这样就减少了由于一个单元（一面屏）内故障而扩大事故的可能性。母线系垂直放置，用绝缘板固定于配电屏顶部，中性母线装在屏下部。另外，PGL 型低压配电屏具有良好的保护接地系统，主接地点焊接在下方的骨架上，仪表门也有接地点与壳体相连。这样就构成了一个完整的接地保护电路。这个接地保护电路的可靠性高，产品防止触电的能力大大加强。

PGL1 型产品，其分断能力为 15kA（有效值）。PGL2 型产品，其分断能力为 30kA。由不同线路方案的配电屏组成，根据需要可单独或并列使用。

2.3.2　组合式成套变电所

组合式成套变电所又称箱式变电所，各个单元都由生产厂家成套供应、现场组合安装而成。这种成套变电所不必建造变压器室和高低压配电室等，从而减少大量的土建投资，便于深入负荷中心，简化供配电系统。由于组合式成套变电所全部采用无油或少油电器，因此运行更加安全可靠，降低了维护工作量。

组合式成套变电所分为户内式和户外式两大类。目前户内式主要用于高层建筑和民用建筑群的供电；户外式则一般用于工矿企业、公共建筑和住宅小区供电。组合式成套变电站的实景图如图 2.17 所示。

（a）户内组合式成套变电所　　　　　　　　（b）户外组合式成套变电所

图 2.17　组合式成套变电所实景图

图 2.17（a）所示为某城市一个区域中心的户内组合式成套变电所。这种变电所的进线一般采用电缆。高压设备一般为负荷开关熔断器组合环网开关柜，这些开关设备均具有全面的防误操作联锁功能。低压成套设备设计有配电、动力、照明、计量、无功补偿等功能。户内为满足防火要求，均采用干式变压器。组合式成套变电所对高压开关柜在电气和机械联锁上都采取了所谓的"五防"措施，即：①防止误合闸、误分断断路器；②防止带负荷分、合隔离开关；③防止向已经接地的部位送电；④防止带电挂接地线；⑤防止误入带电间隔。组合式成套变电所虽然投资大，但可靠性高，运行维护方便，安装工作量小，自动化程度高，基本上可实现无人值守，因此被广泛使用。

图 2.17（b）所示为国内预装箱式户外组合成套变电站，这种箱式变电站为统一的矩形，其高度一般为 2.2m。箱式成套变电站各制造厂根据用户的使用环境和地形特征，可以组成各种不同的箱体形状，外形设计通常与外界环境相协调。箱体的颜色与箱体的外形一样，其色调可与外界环境相协调，如安装在街心花园或花丛中的箱变，箱体可配以绿色；安装在路边或建筑群中的箱变，可与周围建筑相协调。箱体的材料可以用经过防腐处理的金属（如普通钢板、热镀锌钢板、铝合金板及夹层彩色钢板），也可选用具有耐老化、防燃，且具有防止产生危险静电荷作用的非金属（如玻璃纤维增加塑料板、复合玻璃钢板预制成型板、水泥预制成型板以及特种玻璃纤维增强水泥预制板等）。

问题与思考

试述高压开关柜在电气和机械联锁上采取的"五防"措施。

技能训练一　变电所的送电与停电操作

1. 线路送电和停电的操作顺序

变配电所对线路送电时，应采取的操作顺序是：拉开线路各端接地闸刀或拆除接地线，先合母线侧隔离开关或刀开关，再合线路侧隔离开关或刀开关，最后合高、低压断路器。

变配电所对线路停电时，应采取的操作顺序是：拉开线路两端开关，拉开线路侧闸刀，拉开母线侧闸刀，在线路上可能来电的各端合上接地闸刀或挂接地线。

2. 送电与停电操作的注意事项

（1）切勿空载时让末端电压升高至允许值以上。

（2）投入或切除线路时，勿使电网电压产生过大波动。

（3）勿使发电机在无负荷情况下投入空载线路而产生自励磁。

3. 变配电所主变压器停送电的操作顺序规定

变配电所中的主变压器停送电操作顺序是：停电时，一般从负荷侧的开关拉起，依次拉到电源侧的开关，而且一定要按照先拉高、低压断路器，再拉线路侧隔离开关，最后拉母线侧隔离开关或刀开关顺序；送电时，则要按照先送电源侧，后送负荷侧的逆过程操作。这种操作顺序规定原因如下。

（1）从电源侧逐级向负荷侧送电时，如有故障，便于确定故障范围，及时作出判断和处理，以免故障扩大。

（2）多电源情况下，若先停负荷侧，则可以防止变压器反充电；若先停电源侧，遇到故障时可能会造成保护装置的误操作或拒动，延长故障切除时间，并可能扩大故障范围。

（3）当负荷侧母线电压互感器带有低周减荷装置，而未装电流闭锁时，一旦先停电源侧开关，由于大型同步电动机的反馈，可能使低频减载装置产生误动作。

技能训练二　电力变压器的运行维护

1. 变压器运行前的检查事项

变压器在投入运行前，应进行下列项目的检查。

（1）是否有试验合格证。如果发现试验检查合格证签发日期超过 3 个月，应重新测试绝缘电阻，此阻值应大于允许值且不小于原试验值的 70%。

（2）变压器的绝缘套管是否完整，有无损坏裂纹现象，外壳有无漏油、渗油现象。

（3）变压器的高、低压引线是否完整可靠，各处接点是否符合要求。

（4）变压器一、二次侧熔断器是否符合要求。

（5）引线与外壳及电杆的距离是否符合要求，油位是否正常。

（6）防雷保护是否齐全，接地电阻是否合格。

2. 变压器的常见故障分析

变压器在运行中，由于内部或外部的原因会发生一些异常情况，影响变压器的正常工作，甚至造成事故的发生。按变压器故障原因，一般可分为磁路故障和电路故障。磁路故障一般指铁芯、轭铁及夹件间发生的故障。常见的有硅钢片短路、穿心螺栓及轭铁夹紧件与铁芯之间的绝缘损坏以及铁芯接地不良引起的放电等。电路故障主要指绕组和引线故障，常见的有线圈的绝缘老化、受潮、切换器接触不良、材料质量及制造工艺不良、过电压冲击及二次系统短路引起的故障等。

（1）变压器故障分析方法。

① 直观法。变压器控制屏上一般装有监测仪表，容量在 560kVA 以上的还装有气体继电器、差动保护继电器、过电流保护等装置。通过这些仪表和保护装置可以准确地反映变压器的工作状态，及时发现故障。

② 试验法。出现匝间短路、内部绕组放电或击穿、绕组与绕组之间的绝缘被击穿等故障时，变压器外表特征不明显，因此不能完全靠外部直观法来判断，必须结合直观法进行试验测量，以正确判断故障的性质和部位，变压器故障试验常用的两种方法如下。

● 测绝缘电阻。用 2 500V 的绝缘电阻表测量绕组之间和绕组对地绝缘电阻，若其值为零，则说明绕组之间或绕组对地之间可能有击穿现象。

● 绕组的直流电阻试验。如果变压器的分接开关置于不同分接位置时，测得的直流电阻值相差很大，可能是分接开关接触不良或触点有污垢等；测得的低压侧相电阻与三相电阻平均值之比超过 4%时，或线电阻与三线电阻平均值之比超过 2%时，说明匝间可能发生短路或引线与套管的导管间接触不良；测得一次侧电阻极大时，表明高压绕组断路或分接开关损坏；二次侧三相电阻测量误差很大时，则可能是引线铜皮与绝缘子导管断开或接触不良。

（2）变压器的常见故障。

① 变压器铁芯对局部短路或熔毁。

造成的原因可能是：铁芯片间绝缘严重损坏；铁芯或轭铁的螺栓绝缘损坏；接地方法不当。

处理方法：用直流伏安法测片间绝缘电阻，找出故障点并进行修理；调换损坏的绝缘胶纸管；改正接地错误。

② 变压器运行中有异常响声。

造成的原因可能是：铁芯片间绝缘损坏；铁芯的紧固件松动；外加电压过高；过载运行。

处理方法：吊出铁芯检查片间绝缘电阻，进行涂漆处理；紧固松动的螺栓；调整外加电压；减轻负载。

③ 变压器绕组匝间、层间或相间短路。

造成的原因可能是：制作绕组时，导线表面有毛刺或尖棱，绕组绝缘扭伤或损坏，接头焊接不良从而使绕组匝间短路；某些绕组设计上有缺陷，例如太厚，造成内部积聚热量，使绝缘受烘烤变脆，以致发生匝间、层间或相间短路。

处理方法：吊出铁芯，修理或调换线圈；减小负载或排除短路故障后修理绕组；修理铁芯，修复绕组绝缘；用绝缘电阻表测试并排除故障。

④ 变压器高低绕组间或对地击穿。

造成的原因可能是：变压器受大气过电压的作用；绝缘油受潮；主绝缘因老化而有破裂、折断等缺陷。

处理方法：调换绕组；干燥处理绝缘油；用绝缘电阻表测试绝缘电阻，必要时更换绝缘电阻。

⑤ 变压器漏油。

造成的原因可能是：变压器油箱的焊接有裂纹；密封垫老化或损坏；密封垫不正或压力不均匀；密封填料处理不好，硬化或断裂。

处理方法：吊出铁芯，将油放掉，进行补焊；调换密封垫；调正垫圈，重新紧固；调换填料。

⑥ 变压器油温突然升高。

造成的原因可能是：过负载运行；接头螺钉松动；线圈短路；缺油或油质变差。

处理方法：减小负载；停止运行，检查各接头并加以紧固；停止运行，吊出铁芯，检查绕组；加油或调换全部变压器油。

⑦ 变压器油色变黑，油面过低。

造成的原因可能是：长期过载，油温过高；有水漏入或有潮气侵入；油箱漏油。

处理方法：减小负载；找出漏水处或检查吸潮剂是否生效；修补漏油处，加入新油。

⑧ 变压器气体继电器动作。

造成的原因可能是：信号指示未跳闸；信号指示开关未跳闸；变压器内部故障；油箱漏油。

处理方法：变压器内进入空气，造成气体继电器误动作，查出原因加以排除；变压器内部发生故障，查出故障加以处理。

⑨ 变压器着火。

造成的原因可能是：高、低压绕组层间短路；严重过载；铁芯绝缘损坏或穿心螺栓绝缘损坏；套管破裂，油在闪络时流出来，引起盖顶着火。

处理方法：吊出铁芯，局部处理或重绕线圈；减小负载；吊出铁芯，重新涂漆或调换穿心螺栓；调换套管。

⑩ 变压器分接开关触头灼伤。

造成的原因可能是：弹簧压力不够，接触不可靠；动静触头不对位，接触不良；短路使触点过热。

处理方法：测量直流电阻，吊出变压器后检查处理。

技能训练三　变电所值班人员对电气设备的巡查

值班人员当值期间，应按规定的巡视路线、时间对全所的电气设备进行认真的巡视检查。在巡视检查时，应遵循下列原则和规定。

1. 遵守《电业安全工作规程》（发电厂和变电所电气部分）中高压设备巡视的有关规定。

2. 为了防止巡视设备时漏巡视设备，每个变电所应绘制出设备巡视检查路线图，并报上级主管部门批准。运行人员应按规定的巡查路线进行巡查。

3. 巡查时要集中精神，发现故障应分析起因，并采取适当措施限制其事故蔓延，遇有严重威胁人身和设备安全情况时，应按上级主管部门制定的《变电所运行规程》、《倒闸操作规程》及《事故处理规程》进行处理。

4. 对备用设备的运行维护要求等同于运行中的设备。

5. 有下列情况时，必须增加检查次数。

（1）雷雨、大风、浓雾、冰雪、高温等天气时。

（2）出线和设备在高峰负荷时。

（3）设备产生一般缺陷又不能消除，需要不断监视时。

（4）新投入或修试后的设备。

在进行室内配电装置巡查时，除按上述规定外，还应满足下列要求。

（1）高压设备发生接地时，不得靠近故障点 4m 以内，进入上述范围必须穿绝缘靴。接触设备的外壳时，必须带绝缘手套。

（2）进出高压室，必须随手将门关上。

（3）高压室钥匙至少应有 3 把，其中一把按值移交。

室外配电装置是将所有电气设备和母线都装设在露天的落地基础、垂直支架或门型构架上。

（1）母线及构架。室外配电装置的母线有硬母线和软母线两种。软母线多为钢芯铝铰线，三相呈水平布置，用悬式绝缘子挂在母线构架上。采用软母线时，相间及对地距离要适当增加。硬母线常用的有矩形和管形母线，固定于支柱绝缘子上。采用硬母线可节省占地面积。

室外配电装置的构架，可由钢筋混凝土制成。目前，我国在各类配电装置中推广应用一种以钢筋混凝土环形杆和钢梁组成的构架。

（2）电力变压器。采用落地布置，安装在双梁形钢筋混凝土基础上，轨道中心距等于变压器的滚轮中心距。当变压器油重超过 1 000kg 时，按照防火要求，在设备下面应设置储油池或周围设挡油墙，其尺寸应比设备的外廓大 1m，并应在池内铺设厚度不小于 0.25m 的卵石层。主变压器与建筑物的距离不应小于 1.25m。

（3）断路器。断路器安装在高 0.5～1m 的混凝土基础上，其周围应设置围栏。断路器的操动机构须装在相应的基础上。

（4）隔离开关和电流、电压互感器。这几种设备均采用高式布置，高度要求与断路器相同。

（5）避雷器。一般 110kV 以上的避雷器多采用落地式布置，即安装在 0.4m 高的基础上，四周加围栏。磁吹避雷器及 35kV 的阀型避雷器体形矮小，稳定性好，一般可采用高位布置。

（6）电缆沟。其结构与屋内配套电气设备的装置相同。

（7）道路。根据运输设备和消防及运行人员巡查电气设备的需要，在配电装置的范围内铺有道路。电缆沟盖板可作为巡视小道。

对室外配电装置进行巡视时须注意以下事项。

（1）遇有雷雨时，如要外出进行检查，必须穿绝缘靴，并不得靠近避雷针和避雷器。

（2）高压设备发生接地时，不得靠近故障点 8m 以内，进入上述范围必须穿绝缘靴；接触设备的外壳时，应带绝缘手套。

第3章
工厂供配电系统电气主接线

工厂供配电系统是指接受发电厂电源输出的电能，并进行检测、计量、变压等，然后向工厂及其用电设备分配电能的系统。工厂供配电系统通常包括厂内变配电所、所有高低压供配电线路及用电设备。为实现对用户的输电、受电、变电和配电功能，在工厂变配电所中，必须把各种高、低压电气设备按一定的接线方案连接起来，组成一个完整的供配电系统。工厂供配电系统中直接参与电能的输送与分配的接线称为电气主接线，它由母线、开关、配电线路、变压器等组成。

电气主接线是工厂供配电系统的重要组成部分，电气主接线表明供配电系统中电力变压器、各电压等级的线路、无功补偿设备以最优化的接线方式与电力系统的连接，同时也表明各种电气设备之间的连接方式。电气主接线的形式，影响着企业内部配电装置的布置、供电的可靠性、运行灵活性和二次接线、继电保护等问题，对变配电所以及电力系统的安全、可靠、优质和经济运行指标起着决定性作用。同时，电气主接线也是电气运行人员进行各种操作和事故处理的重要依据，只有了解、熟悉和掌握变配电所的电气主接线，才能进一步了解电路中各种设备的用途、性能、维护检查项目和运行操作步骤等。因此，学习和掌握供配电系统电气主接线的相关知识和技能，对供配电技术人员至关重要。

学习目标

1. 了解供配电系统电气主接线设计的基本要求。

2. 了解工厂供配电系统的基本类型，熟悉对供配电线路导线和电缆的选择。

3.1　35kV/10kV 变配电所电气主接线

3.1.1　变配电所对电气主接线的评价和基本要求

1. 变配电所对电气主接线的评价

工厂变配电所对电气主接线的设计一般从可靠性、灵活性和经济性等方面进行评价。

（1）可靠性。电气主接线的可靠性是接线方式和一次、二次设备可靠性的综合。在主接线设计时，通常采用定性分析来比较各种接线的可靠性，一般比较以下几项。

① 断路器停电检修时，对供电的影响程度。

② 进线或出线回路故障，断路器拒动时，停电范围和停电时间。

③ 母线故障或母线检修时，停电范围和停电时间。

④ 母线联络断路器故障的停电范围和停电时间。

⑤ 全部停电的概率。

（2）灵活性。主接线的灵活性主要体现在正常运行或故障情况下都能迅速改变接线方式，具体情况如下。

① 满足调度正常操作灵活的要求。调度员根据系统正常运行的需要，能方便、灵活地切除或投入线路、变压器或无功补偿，使供配电系处于最经济、最安全的运行状态。

② 满足输电线路、变压器、开关设备停电检修或设备更换方便灵活的要求。

③ 满足接线过渡的灵活性。一般变电站都是分期建设，从初期接线到最终接线的形成，中间要经过多次扩建。主接线设计时要考虑接线过渡过程中停电范围最少，停电时间最短，一次、二次设备接线的改动最少，设备的搬迁最少或不进行设备搬迁。

④ 满足事故处理的灵活性。变电站内部或系统发生故障后，能迅速地隔离故障部分，保障电网的安全稳定。

（3）经济性。经济性是在满足接线可靠性、灵活性要求的前提下，尽可能地减少与接线方式有关的投资。主要考虑以下几个方面。

① 采用简单的接线方式，少用设备，节省设备上的投资。在投产初期回路数较少时，更有条件采用设备用量较少的简化接线方式。

② 在设备形式和额定参数的选择上，要结合工程情况恰到好处，避免以大代小、以高代低。

③ 在选择接线方式时，要考虑到设备布置的占地面积大小，要力求减少占地面积，节省配电装置征地的费用。

工厂供配电系统电气主接线的可靠性、灵活性和经济性是一个综合的概念，不能单独强调其中的某一种特性，也不能忽略其中的任一种特性。

2. 变配电所对电气主接线的基本要求

（1）应符合国家有关标准和技术规范的要求，能充分保证人身和设备的安全。

（2）应满足电力负荷，特别是一、二级负荷对供配电的可靠性要求。

（3）应能适应必要的各种运行方式，便于切换操作和检修，且适应负荷的发展。

（4）在满足上述要求的前提下，尽量使主接线简单、投资少、运行费用低，并且节约电能和有色金属消耗量。

3.1.2 变配电所对电气主接线的选择原则及主要配置

1. 变电所电气主接线选择的主要原则

（1）变电所主接线要与变电所在系统中的地位、作用相适应。即根据变电所在系统中的地位与作用确定对主接线的可靠性、灵活性和经济性的要求。

（2）变电所主接线的选择应考虑电网安全与稳定运行的要求，还应满足电网出现故障时应急处理的要求。

（3）各种配电装置接线的选择，要考虑该配电装置所在的变电所性质、电压等级、进出线回路数、采用的设备情况、供电负荷的重要性和本地区的运行习惯等因素。

（4）近期接线与远景接线相结合，方便接线的过渡。

（5）在确定变电所主接线时要进行技术经济比较。

2. 电气主接线中的主要设备配置

（1）隔离开关的配置。原则上，各种接线方式的断路器两侧应配置隔离开关，作为断路器检修时的隔离电源设备；各种接线的送电线路侧也应配置隔离开关，作为线路停电时隔离电源之用。此外，多角形接线中的进出线、接在母线上的避雷器和电压互感器等也要配置隔离开关。

（2）接地开关和接地器的配置。为保障电气设备、母线、线路停电检修时人身和设备的安全，在主接线设计中要配置足够数量的接地开关或接地器。

（3）避雷器、阻波器、耦合电容器的配置。为保持主接线设计的完整性，按常规要在主接线图上标明避雷器的配置。在6～10kV配电装置的母线和架空线进线处一般都要装设避雷器。各级电压配电装置的阻波器、耦合电容均要根据系统通信的要求配置。

（4）电流、电压互感器的配置。首先应使变电所内各主保护的保护区与后备保护的保护区之间互相覆盖或衔接，以消除保护死区。小接地短路电流系统一般按两相式配置电流互感器，220kV变电所的10kV出线、所用变压器和无功补偿设备通常要在主变压器回路配置两组电流互感器。电压互感器的配置方案，与电气主接线有关，目前国内500kV和220kV变电所，采用双母线接线时通常要在每段母线上装设公用的三相电压互感器，为线路保护、变压器保护、母线差动保护、测量表计同期提供母线二次电压。

（5）在确定变电所主接线时要进行技术经济比较。

3.1.3 电气主接线有关基本概念

高压配电所担负着从电力系统受电并向各车间变电所及某些高压用电设备配电的任务。如图3.1所示配电所主接线方案具有一定的代表性。下面按照电源进线、母线出线的顺序，对该配电所的各部分作一简要介绍。

① 电源进线。图示配电所共有两路10kV电源进线，一路是架空线1WL，一路是电缆线2WL。最常见的进线方案是一路电源来自发电厂或电力系统变电站，作为正常工作电源，另一路取自邻近单位的高压联络线，作为备用电源，也可两路电源同时供电。

② 母线。图3.1中的粗实线称为母线，是配电装置中用来汇集和分配电能的导体。因为该配电所只采用一路电源工作，一路电源备用，因此母线分段开关通常是闭合的，高压并联电容器对整个配电所进行无功补偿。一旦工作电源发生故障或母线检修时，切除该路进线后，

投入备用电源即可恢复对整个配电所的供电。如果装设备用电源自动投切装置，则供电可靠性将进一步提高，但这时进线断路器的操作机构必须是电磁式或弹簧式。

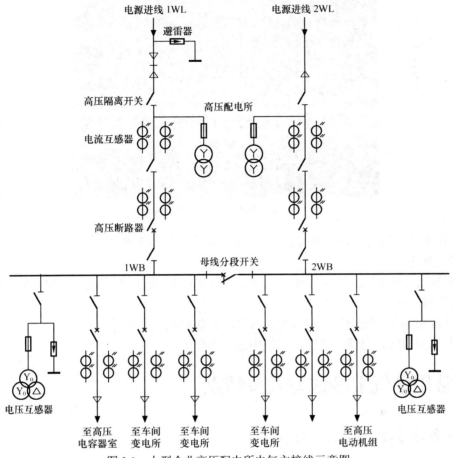

图 3.1　大型企业高压配电所电气主接线示意图

③ 检测、保护设置。为了测量、监视、保护和控制主电路设备的工作情况，每段母线上都接有电压互感器，进线和出线上都接有电流互感器，且电流互感器均有两个二次绕组，其中一个接测量仪表，另一个接继电保护装置。为了防止雷电过电压侵入高压配电所时击毁其中的电气设备，各段母线上都装设了避雷器。避雷器和电压互感器同装设在一个高压柜内，且共用一组高压隔离开关。

④ 高压配电进出线。此高压配电所共有 6 路高压配电出线，分别由左段母线 1WB 经隔离开关-断路器供车间变电所和供无功补偿用的高压并联电容器组；由右段母线 2WB 经隔离开关-断路器供高压电动机用电和供车间变电所。由于高压配电线路都是由高压母线分配，因此其出线断路器需在母线侧加装隔离开关，以保证断路器和出线的安全检修。

电气主接线图一般绘成单线图，只是在局部需要表明三相电路不对称连接时，才将局部绘制成三线图。电气主接线中有中性线时，可用虚线表示，使主接线清晰易看。在大、中型企业变配电所的控制室内，为了表明其主接线实际运行状况，通常设有电气主接线的模拟图，如图 3.2 所示。

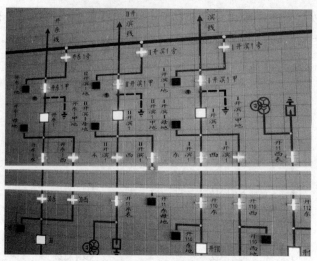

图 3.2　变电站电气主接线模拟图示例

模拟图中的各种电气设备所显示的工作状态，与实际运行状态是完全相对应的。

问题与思考

1. 变配电所对电气主接线的设计一般从哪些方面进行评价？变配电所对电气主接线的基本要求有哪些？

2. 供配电系统中的电气主接线中，通常配置哪些电气设备？

3. 什么是母线？母线在供配电系统中起什么作用？

3.2　常用电气主接线方式及特点

3.2.1　单母线接线和单母线分段接线

1．单母线接线

单母线接线的特点是只设一条汇流母线，电源线和负荷线均通过一台断路器接到母线上。单母线接线是母线制接线中最简单的一种接线方式，其优点是接线简单、清晰，采用设备少、造价低、操作方便、扩建容易。单母线接线的缺点是可靠性不高，当发生任一连接元件故障或断路器拒动及母线故障时，都将造成整个供电系统停电。

单母线接线可作为最终接线，也可以作为过渡接线。只要在布置上留有位置，单母线接线可过渡到单母线分段接线、双母线接线、双母线分段接线。

单母线接线方式如图 3.3（a）所示。

2．单母线分段接线

单母线分段是为了消除单母线接线的缺点而产生的一种接线。如图 3.3（b）所示就是单母线分段接线方式。用断路器将母线分段，分段后母线和母线隔离开关可分段轮流检修。对重要用户，可从不同母线段引出双回路供电。当一段母线发生故障、任一连接元件故障或断路器拒动时，由继电保护动作断开分段断路器，将故障限制在故障母线范围内，非故障母线继续运行，整个配电装置不会全停。

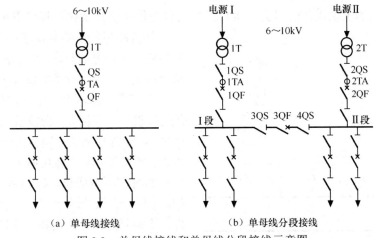

图 3.3　单母线接线和单母线分段接线示意图

T—变压器；QS—断路器；TA—电流互感器；QF—隔离开关

母线分段后，可提高供电的可靠性和灵活性。在正常运行时，分段断路器可以接通也可以断开运行。当分段断路器断开运行时，分段断路器除装有继电保护装置外，还应装有备用电源自动投入装置，分段断路器断开运行，有利于限制短路电流。

单母线分段还可以采用双回路供电，即从不同段上各自引入一路电源进线，形成两个电源供电，以保证供电的可靠性。

单母线分段接线，与单母线接线相比，虽然提高了供电可靠性和灵活性，但当电源容量较大和出线数目较多时，尤其是单回路供电的用户较多时，当一段母线或母线隔离开关故障或检修时，必须断开接在该分段上的全部电源和出线，造成该段单回路供电的用户停电。而且，任一出线断路器检修时，该回路必须停止工作。因此，一般认为单母线分段接线应用在 6～10kV，出线在 6 回及以上时，每段所接容量不宜超过 25MW。

3.2.2　双母线接线

1．普通双母线接线

为克服单母线分段隔离开关检修时该段母线上所有设备都要停电的缺点，引入双母线接线。双母线接线就是将工作线、电源线和出线通过一台断路器和两组隔离开关连接到两组母线上，而且两组母线都是工作线，每一回路都可通过母线联络断路器并列运行。

与单母线接线相比，双母线接线的优点是供电可靠性大，可以轮流检修母线而不使供电中断，当一组母线故障时，只要将故障母线上的回路倒换到另一组母线，就可迅速恢复供电，另外还具有调度、扩建、检修方便等优点。双母线接线的缺点是：每一回路都增加了一组隔离开关，使配电装置的构架及占地面积、投资费用都相应增加；同时由于配电装置的复杂性，在改变运行方式倒闸操作时容易发生误操作，且不易实现自动化；尤其是当母线故障时，须短时切除较多的电源和线路，这在特别重要的大型发电厂和变电站是不允许的。

双母线接线示意图如图 3.4 所示。

2．双母线带旁母接线

双母线带旁母接线就是在双母线接线的基础上，增设旁路母线。其特点是具有双母线接线的优点，当线路侧或主变压器侧的断路器检修时，仍能继续向负荷供电，但旁路的倒换操作作比较复杂，增加了误操作的机会，也使保护及自动化系统复杂化，投资费用较大。

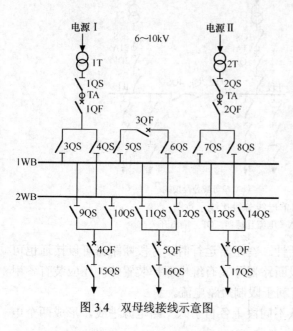

图 3.4　双母线接线示意图

加旁路母线虽然解决了在断路器和保护装置检修时不停电的问题，但旁路母线也带来了投资费用较大、占用设备间隔较多等诸多问题。

近年来，随着供配电技术的飞速发展，系统可靠性进一步提高，新技术、新设备大量投入使用，继电保护装置实现微机自动化，这些都使得设备维护工作量大幅度减少，母线连续不检修运行的时间不断增长。特别是双重化配置的保护，可以一套保护运行，另一套保护停用更换插件，不需要旁路保护代替。目前 220kV 及以下新设计的变电站，一般都按无人值守方式设计。因此，旁路母线的作用已经逐渐减弱，作为电气主接线的一个重要方案，带旁路母线的接线已经完成了它的历史使命，新建工程中基本上不再采用带旁路母线的接线方式，因此，双母线带旁母的接线方式很快将成为一种过去式。

3.2.3　桥式接线

桥式接线有内桥和外桥接线两种，如图 3.5 所示。

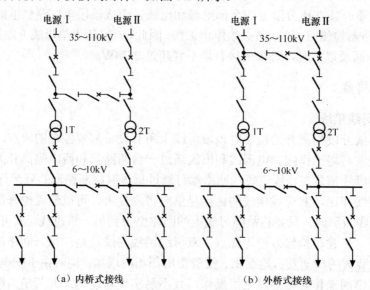

（a）内桥式接线　　　　　　（b）外桥式接线

图 3.5　桥式接线

当线路只有两台变压器和两回输电线路时可采用桥式接线。桥式接线所需的断路器数目较多。其中内桥式接线适用于电压为 35kV 及以上、电源线路较长、变压器不需要经常操作的配电系统中；外桥式接线则一般应用于电压为 35kV 及以上、在运行中变压器经常切换、输电线路比较短的系统中。

3.2.4　10kV/0.4kV 变电所的电气主接线

中型工厂的车间变电站和小型工厂变电所以及常在马路边看到的新型组合式变电所,通常都是将 6～10kV 的高压降为一般用电设备或用户所需要的低压 380/220V 的终端变电站,其变压器的容量一般不超过 1 000kVA,其电气主接线方案比较简单。

1. 只装有一台主变压器的小型变电所主接线图

只装有一台主变压器的小型变电所,其高压侧一般采用无母线的接线方式,根据其高压侧采用的开关电器不同,有以下 4 种比较典型的电气主接线方案。

(1) 变压器容量在 630kVA 及以下的户外变电所。对于户外变电所、箱式变电站或杆上变压器,高压侧可以用户外高压跌落式熔断器,跌落式熔断器可以接通和断开 630kVA 及以下的变压器空载电流,如图 3.6 所示。这种主接线受跌落式熔断器切断空载变压器容量的限制,一般只适用于 630kVA 及以下容量的变电所中。

在检修变压器时,拉开跌落式熔断器可以起到隔离开关的作用;在变压器发生故障时,又可作为保护元件自动断开变压器。其低压侧必须装设带负荷操作的低压断路器。这种电气主接线方案相当简单经济,但供电可靠性不高,当主变压器或高压侧停电检修或发生故障时,整个变电所将停电。如果稍有疏忽,还会发生带负荷拉闸的严重事故。所以,这种电气主接线方案只适合于小容量的三级负荷。

(2) 变压器容量在 320kVA 及以下的户内外附设式车间变电所。对于户内结构的变电所,高压侧可选用隔离开关和户内式高压熔断器,如图 3.7 所示。隔离开关用于检修变压器时切断变压器与高压电源的联系,但隔离开关仅能切断 320kVA 及以下变压器的空载电流,因此停电时要先切除变压器低压侧的负荷,然后才可拉开隔离开关。高压熔断器能在变压器故障时熔断而断开电源。为了加强变压器低压侧的保护,变压器低压侧出口处总开关尽量采用低压断路器。这种电气主接线仍然存在着在排除短路故障时恢复供电的时间较长,供电可靠性不高等缺点,一般也只适用于三级负荷的变电所。

图 3.6　630kVA 及以下户外变电所接线　　　图 3.7　320kVA 及以下车间变电所接线

(3) 变压器容量在 560～1 000kVA 时的变电所。变压器高压侧选用负荷开关和高压熔断器时,负荷开关可在正常运行时操作变压器,熔断器可在短路时保护变压器。当熔断器不能满足断电保护条件时,高压侧应选用高压断路器。这种接线方式由于负荷开关和熔断器能带负荷操作,从而使得变电所的停、送电操作简便灵活得多,其接线方式如图 3.8(a) 所示。

(4) 变压器容量在 1 000kVA 以下的变电所。变压器高压侧选用隔离开关和高压断路器的接线方案，其中隔离开关作为变压器、断路器检修时的隔离电源用，需要装设在断路器之前，而高压断路器则作为正常运行时接通或断开变压器并在变压器故障时切断电源用。这种接线方案如图3.8（b）所示。

图 3.8（b）所示接线方案，一般也只适用于三级负荷；但如果变电所低压侧有联络线与其他变电所相连时，或另有备用电源时，则可用于二级负荷。如果变电所有两路电源进线，则供电可靠性相应提高，可供二级负荷或少量一级负荷。

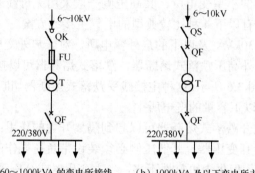

(a) 560～1000kVA 的变电所接线　　　(b) 1000kVA 及以下变电所主接线

图 3.8　560～1 000kVA 的电气主接线方案

2. 装有两台主变压器的变电所主接线图

装有两台主变压器的变电所，分别有以下 3 种方案的电气主接线。

（1）高压无母线、低压单母线分段。对于一、二级负荷或用电量较大的变电所，应采用两独立回路作电源进线，如图 3.9 所示。

这种电气主接线的供电可靠性较高，当任一主变压器或任一电源进线停电检修或发生故障时，该变电所通过闭合低压母线分段开关，即可迅速恢复对整个变电所的供电。如果两台主变压器高压侧断路器装设互为备用的备用电源自动投入装置，则任一主变压器高压侧断路器因电源断电或失压而跳闸时，另一台主变高压侧的断路器在备用电源自动投入装置作用下自动合闸，恢复整个变电所的供电。这时该变电所可供一、二级负荷。

（2）高压采用单母线、低压单母线分段。这种主接线适用于装有两台及以上主变压器或具有多路高压出线的变电所，供电可靠性也较高，其接线方式如图 3.10 所示。

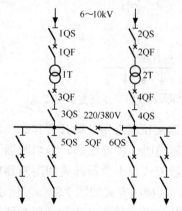

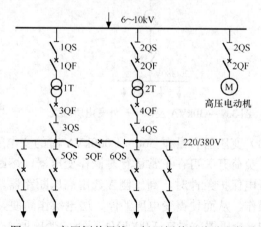

图 3.9　高压无母线、低压侧单母线分段接线　　图 3.10　高压侧单母线、低压侧单母线分段接线

在这种接线方式中，任一主变压器检修或发生故障时，通过切换操作，即可迅速恢复对整个变电所的供电。但在高压母线或电源进线进行检修或发生故障时，整个变电所仍会停电。这时只能供电给三级负荷。如果有与其他变电所相连的高压或低压联络线，则可供电给一、二级负荷。

（3）高低压侧均为单母线分段。高低压侧均为单母线分段的变电所主接线图如图 3.11 所示。

高低压侧均为单母线分段的主接线，其两段高压母线在正常时可以接通运行，也可以分段运行。任一台主变压器或任一路电源进线停电检修或发生故障时，通过切换操作，均可迅速恢复整个变电所的供电，因此供电可靠性相当高，通常用来供电给一、二级负荷。

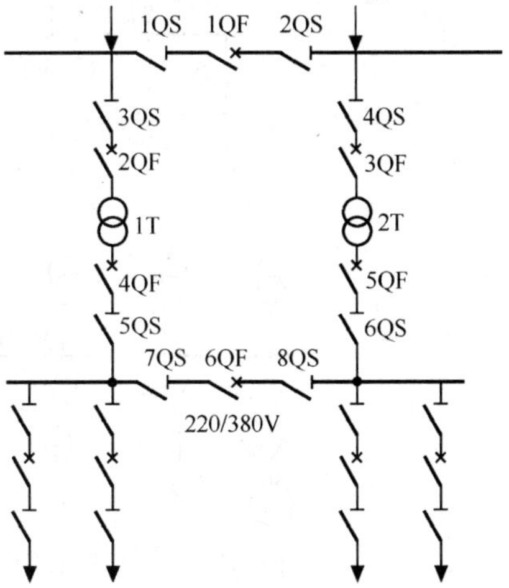

图 3.11　高、低压侧均为单母线分段接线

工厂中的双电源变电所，其工作电源常常一路引至本厂或车间的低压母线，备用电源则引至邻近车间 220/380V 配电网。如果要求带负荷切换或自动切换，在工作电源的进线上，均需装设低压断路器。

问题与思考

1．常见的典型电气主接线方式包括哪些？单母线分段接线有何特点？

2．与单母线接线相比，双母线接线有何优点？双母线带旁母的接线方式是否很普遍？

3．10kV/0.4kV 变电所的电气主接线有哪些形式？各适用于什么场合？

4．内桥式接线和外桥式接线各适用于哪些电压等级及场合？

3.3　低压配电网的基本接线方式

低压配电网通常是系统末端的终端变电所，其高压侧有电力传送，一般采用以下几种较为简单的电气接线方案。

1．放射式接线

在高压放射式接线方式中，放射式线路之间互不影响，因此供电的可靠性较高，其接线形式如图 3.12 所示。

低压放射式接线的特点是每个负荷由一单独线路供电，因此发生故障时影响范围小、可靠性高、控制灵活且易于实现集中控制。但缺点是线路多、所用开关设备多且投资大，因此这种接线多用于供电可靠性要求较高的设备。

2．树干式接线

树干式接线的特点是多个负荷由一条干线供电，采用的开关设备较少，但干线发生故障时，影响范围较大，所以供电可靠性较低，且在实现自动化方面适应性较差，其接线形式如图 3.13 所示。这种接线方式比较适用于供电容量较小，而分布较均匀的用电设备组，如机械加工车间、小型加热炉等。若要提高树干式接线的供电可靠性，可采用双干线供电或两端供电的接线方式。

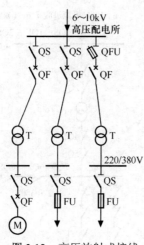

图 3.12　高压放射式接线

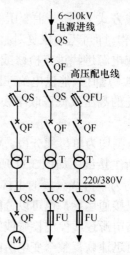

图 3.13　高压树干式接线

3．变压器-干线式接线

变压器-干线式接线是一种比较特殊的接线形式，在变压器低压侧不设低压配电屏，只在车间墙上装设低压断路器。总干线采用载流量很大的母线贯穿整个车间，再从干线经熔断器引至各分支线，这样大容量的设备可直接在总干线上，而小容量设备则接在分干线上，因此，非常灵活的适应设备位置的调整，其接线方式如图 3.14 所示。

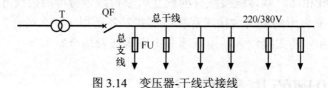

图 3.14　变压器-干线式接线

变压器-干线式接线方式主要应用于设备位置经常调整的机械加工车间。

4．环形接线

低压环形接线供电的可靠性高，任一线路发生故障或检修时，都不会造成供电中断，或者是暂时中断供电。只要完成切换电源的操作，就能恢复供电。环形接线，可使电能损耗或电压损失减少，既能节约电能又容易保证电压质量。但它的保护装置及其整定配合相当复杂，如果配合不当，容易发生误动作而扩大故障停电范围。环形接线方式如图 3.15 所示。

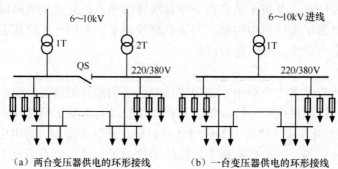

（a）两台变压器供电的环形接线　　　（b）一台变压器供电的环形接线

图 3.15　低压环形接线

5．链式接线

链式接线是后面设备的电源引自前面设备的端子。特点是线路上无分支点，适用于距配电屏较远而彼此相距较近的不重要的小容量用电设备。链式相连的设备一般不宜超过 5 台，总容量不宜超过 10kW。链式接线示意图如图 3.16 所示。

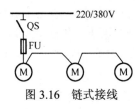

图 3.16　链式接线

问题与思考

1．比较放射式与树干式供配电接线的优缺点，并说明它们的适用范围。

2．车间的低压电力线路主要有哪些接线方式？通常哪种方式应用最普遍？为什么？

3.4　供配电线路母线、导线和电缆的选择

母线、导线和电缆都是用来输送和分配电能的导体。在供配电系统中，它们选择的恰当与否，关系到供配电系统能否安全、可靠、优质、经济地运行。

3.4.1　母线、导线和电缆形式的选择

1．硬母线

工厂变电所中，硬母线通常用来汇集和分配电流，因此也被称为汇流排，简称母线。

母线材料一般用铜、铝和钢。其中铜的电阻率较低、机械强度较大、抗腐蚀能力较强，因此是最好的母线材料。但价格贵，所以仅用在空气中含有腐蚀性气体的屋外配电装置中。铝的电阻率略高于铜，但铝较轻、相对铜价格便宜，所以广泛应用于工厂企业的变电所。钢的电阻率大，在交流电路中使用它将产生涡流和磁滞损耗，电压损失也较大，但机械强度较大且最便宜，因此常用于工作电流不大于 200～300A 的电路中，尤其在接地装置中，接地母线普遍采用钢母线。

母线的排列方式应考虑散热条件好，且短路电流通过时具有一定的热、动稳定性。常用的排列方式有水平布置和垂直布置两种。

母线截面形状应力求使集肤效应系数小、散热好、机械强度高和安装简便。容量不大的工厂变电所多采用矩形截面的母线。另外，母线表面涂漆可以增加热辐射能力，而且有利于散热和防腐。因此，电力系统统一规定：交流母线 A、B、C 三相按黄、绿、红标示，接地的中性线用紫色标示，不接地的中性线用蓝色标示，以方便识别各相的母线。

2．架空导线

架空导线又称为软母线是构成工厂供配电网络的主要元件，在屋外配置中也常采用架空导线作母线。

通常架空导线选用裸导线，按其结构不同可分为单股线和多股绞线。绞线又有铜绞线、铝绞线和钢芯铝绞线之分。在工厂中最常用的是铝绞线；在机械强度要求较高的 35kV 及以上架空线路多采用钢芯铝绞线。

高压架空线路，一般采用铝绞线；当挡距较大、电杆较高时，宜采用钢芯铝绞线。沿海地区及有腐蚀性介质的场所，可采用铜绞线或防腐铝绞线。低压架空线路，一般采用铝绞线。

3．电力电缆

电力电缆广泛应用于工厂配电网络，其结构主要由导体、绝缘层和保护层 3 部分组成。

其中导体一般由多股铜线铝线绞合而成，以便于弯曲，线芯成扇形，以减小电缆的外径。绝缘层用于将导体线芯之间及线芯与大地之间良好地绝缘。保护层用来保护绝缘层，使其密封并具有一定的强度，以承受电缆在运输和敷设时所受的机械力，也可防止潮气侵入。

电缆的主要优点是供电可靠性高，不易受雷击、风害等外力破坏；可埋于地下或电缆沟内，使形象整齐美观；线路电抗小，可提高电网功率因数。缺点是投资大，约为同级电压架空线路投资的 10 倍；而且电缆线路一旦发生事故难于查找原因和检修。

高压电缆线路，在一般环境和场所，可采用铝芯电缆；在振动剧烈、有爆炸危险、高温及对铝有腐蚀的特殊场所，常采用铜芯电缆。埋地敷设的电缆，应采用有外保护层的铠装电缆；但在无机械损伤可能的场所，采用钢丝铠装电缆即可。敷设在电缆沟、桥架或穿管的电缆，一般采用裸铠装电缆或塑料护套电缆。

低压电缆线路一般采用铝芯电缆，特别重要的或有特殊要求的线路可采用铜芯电缆。低压 TN 系统中应采用四芯或五芯电缆。

低压穿管线路，一般采用铝芯绝缘线；但特别重要的或有特殊要求的线路，可采用铜芯绝缘线。

3.4.2 母线、导线和电缆截面的选择

1. 母线、导线和电缆截面选择的条件

为了保证供配电线路安全、可靠、优质、经济地运行，供配电线路的母线、导线和电缆截面的选择必须满足以下几个条件。

（1）通过正常最大负荷电流时产生的温度，不应超过其正常运行时的最高允许温度。

（2）通过正常最大负荷电流时产生的电压损耗，不应超过正常运行时允许的电压损耗。对于厂内较短的高压线路，可不进行电压损耗校验。

（3）35kV 及以上高压线路及电压 35kV 以下但距离长、电流大的线路，其导线和电缆截面宜按经济电流密度选择，以使线路的年费用支出最小，企业内的 10kV 及以下线路可不按此原则选择。

（4）裸导线和绝缘导线截面不应小于其最小允许截面。对于电缆，由于有内外护套，机械强度一般满足要求，不需校验，但需校验短路热稳定度。

除此之外，绝缘导线和电缆截面的选择还要满足工作电压的要求。

2. 按发热条件选择母线、导线和电缆的截面

电流通过导线时，要产生能耗，使导线发热。裸导线温度过高还会使接头处氧化加剧，增大接触电阻，进一步加剧氧化，最后甚至会引起断线。绝缘导线和电缆的温度过高时，可使绝缘加速老化甚至烧毁导线。因此，母线、导线和电缆的截面还应按发热条件来选择，使其允许载流量 I_{al} 不小于通过相线的计算电流 I_{30}。即

$$I_{al} \geqslant I_{30} \tag{3-1}$$

所谓导线的允许载流量，就是在规定的环境温度条件下，导线能够连续承受而不致使其稳态温度超过允许值的最大电流。导线和电缆的允许载流量可查阅有关设计手册。当给出铝线的载流量时，铜线的载流量可按相同截面的铝线载流量乘以 1.29 得出。

为了满足机械强度的要求，对于室内明敷的绝缘导线，其最小截面不得小于 $4mm^2$；对于低压架空导线，其最小截面不得小于 $16mm^2$。架空裸导线的最小允许截面如表 3-1 所示。

需要注意：对母线、导线和电缆的选择除了按发热条件选择截面等作必要的校验外，还应考虑与该线路上装设的保护装置的动作电流相配合。如果配合不当，可能造成导线或电缆因过电流而发热引燃但保护装置不动作的事故。

表 3-1 　　　　　　　　　　　　架空裸导线的最小允许截面　　　　　　　　　单位：mm^2

导线种类	35kV	3～10kV	低压	备注
铝及铝合金线	35	35	16*	*与铁路交叉跨越时应为 35mm^2
钢芯铝绞线	35	25	16	

3．按经济电流密度选择导线和电缆的截面

导线截面的大小，直接影响线路的投资和年计算费用。根据经济条件选择导线和电缆的截面，一般应从两个方面来考虑。截面选得越大，电能损耗就越小，但线路投资及维修管理费用就越高；反之，截面选得小，线路投资及维修管理费用虽然低了，但电能损耗增加了。综合考虑这两方面的因素，制定出比较合理的、经济效益最好的截面，称为经济截面。把对应于经济截面的电流密度称为经济电流密度 j_{ec}。我国规定的导线和电缆经济电流密度如表 3-2 所示。

表 3-2 　　　　　　　　　　　我国规定的经济电流密度 j_{ec}　　　　　　　　单位：A/mm^2

线路类别	导线材料	年最大负荷利用小时数（h）		
		3 000 以下	3 000～5 000	5 000 以上
架空线路	铜	3.00	2.25	1.75
	铝	1.65	1.15	0.90
电缆线路	铜	2.50	2.25	2.00
	铝	1.92	1.73	1.54

根据负荷计算求出供电线路的计算电流或供电线路在正常运行方式下的最大负荷电流 I_{max}（单位：A）和年最大负荷，利用小时数及所选导线材料，可按经济电流密度 j_{ec} 计算出导线的经济截面 A_{ec}（单位：mm^2）。关系式为

$$A_{ec} = I_{max} \div j_{ec} \tag{3-2}$$

从手册中选取一种与 A_{ec} 最接近的标准截面导线，然后校验其他条件。

选择导线、电缆截面时往往还要查阅绝缘导线的允许载流量，例如，明敷时低压绝缘导线的允许载流量如表 3-3 所示。

表 3-3 　　　　　绝缘导线明敷时的允许载流量（环境温度 20℃～40℃）　　　　　单位：A

芯线截面/mm^2	芯线材质	BX、BLX 型橡皮绝缘线				BV、BLV 型塑料绝缘线			
		环境温度							
		25℃	30℃	35℃	40℃	25℃	30℃	35℃	40℃
2.5	铜芯	35	32	30	27	32	30	27	25
	铝芯	27	25	23	21	25	23	21	19

芯线截面 /mm²	芯线材质	BX、BLX 型橡皮绝缘线				BV、BLV 型塑料绝缘线			
		环境温度							
		25℃	30℃	35℃	40℃	25℃	30℃	35℃	40℃
4	铜芯	45	41	39	35	41	37	35	32
	铝芯	35	32	30	27	32	29	27	25
6	铜芯	58	54	49	45	54	50	46	43
	铝芯	45	42	38	35	42	39	36	33
10	铜芯	84	77	72	66	76	71	66	59
	铝芯	65	60	56	51	59	55	51	46
16	铜芯	110	102	94	86	103	95	89	81
	铝芯	85	79	73	67	80	74	69	63
25	铜芯	142	132	123	112	135	126	116	107
	铝芯	110	102	95	87	105	98	90	83
35	铜芯	178	166	154	141	168	156	144	132
	铝芯	138	129	119	109	130	121	112	102
50	铜芯	226	210	195	178	213	199	183	168
	铝芯	175	163	151	138	165	154	142	130
70	铜芯	284	266	245	224	264	246	228	209
	铝芯	220	206	190	174	205	191	177	162
95	铜芯	342	319	295	270	323	301	279	254
	铝芯	265	247	229	209	250	233	216	197
120	铜芯	400	361	346	316	365	343	317	290
	铝芯	310	280	268	245	383	266	246	225
150	铜芯	464	433	401	366	419	391	362	332
	铝芯	360	336	311	284	325	303	281	257

【例 3-1】 有一条用 LJ 型铝绞线架设的 5km 长的 10kV 架空线路，计算负荷为 1 380kW，$\cos\varphi = 0.7$，$T_{\max} = 4\,800\text{h}$，试选择其经济截面，并检验其发热条件和机械强度。

解： （1）选择经济截面

相线计算电流 $\qquad I_{30} = \dfrac{P_{30}}{\sqrt{3}U_{\mathrm{N}}\cos\varphi} = \dfrac{1\,380}{1.732 \times 10 \times 0.7} \approx 114\text{A}$

由表 3-2 查得 $j_{\mathrm{ec}} = 1.15\text{A/mm}^2$，故导线的经济截面为

$$A_{\mathrm{ec}} = \frac{I_{30}}{j_{\mathrm{ec}}} = \frac{114}{1.15} \approx 99.1\text{mm}^2$$

初选标准截面为 95mm² 的 LJ-95 型铝绞线。

（2）校验发热条件

从手册中可查到 LJ-95 型铝绞线的载流量在室外 25℃时等于 325A，此值大于相线计算电

流 114A，显然满足发热条件。

（3）校验机械强度

查表 3-1 得 10kV 架空铝绞线的最小截面为 35mm^2，小于初选标准截面，因此所选铝绞线满足机械强度。

4. 按允许线路电压损耗选择导体截面

由于线路阻抗的存在，所以线路通过电流时会产生电压损耗。按规定，高压配电线路的电压损耗一般不超过线路额定电压的 5%；从变压器低压侧母线到用电设备受电端的低压配电线路的电压损耗，一般不超过用电设备额定电压的 5%；对视觉要求较高的照明线路，则为 2%～3%。如线路的电压损耗值超过了允许值，则应适当加大导线截面。至于电压损耗的计算，需查阅相关资料。

【例 3-2】 有一条采用 BLV-500 型铝芯塑料线室内明敷的 220/380V 的 IT 线路，计算电流为 50A，当地最热月的日最高气温平均值为 30℃。试按发热条件选择此线路的导线截面。

解：IT 线路都是三相三线制，选择相线截面即可。

室内环境温度应为 30+5=35℃；35℃时明敷的 BLV-500 型铝芯塑料线截面为 10mm^2 时，查阅表 3-3，可得 I_{al}=51A＞50A，满足发热条件。因此，相线截面选 10mm^2、规格为 BLV-500-3×10。

3.4.3　热稳定校验与动稳定校验

从理论上看，上述各项选择和校验条件均满足时，以其中最大截面作为应选取的导体截面是可行的。但根据实际运行情况，对不同条件下的导体，选择条件各有侧重。例如对于 1kV 以下的低压线路，一般不按经济电流密度选择导体截面；对于 6～10kV 线路，因电力线路不长，如按经济电流密度选择截面，往往偏大，因此经济电流密度仅作为参考数据；对于 35kV 及以上线路，应按经济电流密度选择导体截面，并按发热和机械强度的条件校验；对工厂内部 6～10kV 线路，因线路不长，一般按发热条件选择，然后按其他条件校验；对于 380V 低压线路，虽然线路不长，但电流较大，在按发热条件选择的同时，还应按允许电压损失条件进行校验。对于母线，则应按照下列条件进行热稳定校验和动稳定校验。

1. 热稳定校验

常用最小允许截面校验其热稳定度，计算公式为

$$A_{\min} = I_{\infty}^{(3)} \frac{\sqrt{t_{\mathrm{ima}}}}{C} \tag{3-3}$$

式中，$I_{\infty}^{(3)}$ 是三相短路稳态电流，单位为 A；t_{ima} 是假想时间，单位为 s；C 是导体的热稳定系数，单位为 As$^{0.5}$/mm^2。其中，铝母线 C=87 As$^{0.5}$/mm^2，铜母线 C=171 As$^{0.5}$/mm^2。

当母线实际截面大于最小允许截面时，能满足热稳定要求。

2. 动稳定校验

$$\sigma_{al} \geqslant \sigma_{C} \tag{3-4}$$

式中，σ_{al} 是母线材料的最大允许应力，单位为 Pa；硬铝母线的 σ_{al} =70MPa，硬铜母线的 σ_{al} =140MPa；σ_{C} 是母线短路时三相短路冲击电流所产生的最大计算应力。

问题与思考

1. 什么是硬母线？什么是软母线？铜母线、铝母线和钢母线各有什么特点？它们分别适应于什么场合？

2. 架空导线通常选用什么类型的导线？这种类型的导线按其结构不同可分为哪两种形式？工厂中最常用的是哪一种？机械强度要求较高的 35kV 及以上架空线路多采用哪种绞线？

技能训练一　电气图基本知识

1. 电气符号

电气符号包括图形符号、文字符号、项目代号和回路标号等，它们相互关联，互为补充，以图形和文字的形式从不同角度为电气图提供了各种信息。只有弄清楚电气符号的含义、构成和使用方法，才能正确地识图。

（1）图形符号。图形符号一般用于图样或其他文件，以表示电气设备或概念的图形、标记或字符。正确、熟练地理解、绘制和识别各种电气图形符号是电气制图与识图的基本功。图形符号通常由符号要素、一般符号和限定符号组成。具体新旧电气图形符号如表 3-4 所示。

表 3-4　　　　　　　　供配电技术常用新旧电气符号对照表

序号	名称	图形符号	
		新	旧
1	同步发电机、直流发电机	Ⓖ Ⓖ	Ⓕ Ⓕ
2	交流电动机、直流电动机	Ⓜ Ⓜ	Ⓓ Ⓓ
3	变压器		
4	电压互感器	形式1 / 形式2	
5	电流互感器 有两个铁芯和两个二次绕组	形式1 / 形式2	
	电流互感器 有一个铁芯和两个二次绕组	形式1 / 形式2	
6	电铃	或	

续表

序号	名称	图形符号	
		新	旧
7	电警笛、报警器		
8	蜂鸣器	或	
9	电喇叭		
10	灯和信号灯、闪光型信号灯		或
11	机电型位置指示器		
12	断路器、自动开关		断路器　自动开关
13	隔离开关		
14	负载开关		
15	三极开关 单线表示		
	三极开关 多线表示		
16	击穿保险		
17	熔断器		
18	接触器（具有灭弧触点） 常开（动合）触点		
	常闭（动断）触点		
19	单极六位开关		
20	单极四位开关		

序号	名称	图形符号	
		新	旧
21	操作开关 例如，带自复机构及定位的 LW2-Z-la，4，6a，40，20，20/F8 型转换开关部分触点图形符号。 ——表示手柄操作位置； "·"表示手柄转向此位置时触点闭合		

（2）文字符号的构成。文字符号包括基本文字符号和辅助文字符号两大类，通常用单一的字母代码或数字代码来表达，也可以用字母与数字组合的方式来表达。

① 基本文字符号。基本文字符号主要表示电气设备、电气装置和电器元件的种类名称，有单字母符号和双字母符号之分。

单字母符号是用拉丁字母将各种电气设备、装置、电器元件划分为 23 个大类，每大类用一个英文大写字母来表示。如"R"表示电阻器类；"S"表示开关选择器类。对于标准中未列入大类分类的各种电器元件、设备，可以用字母"E"来表示。

双字母符号由一个表示大类的单字母符号与另一个字母组成，组合形式以单字母符号在前，另一字母在后的次序标出。例如，"G"表示电源类；"GB"表示蓄电池，"B"为蓄电池的英文名称（Battery）的首位字母。

② 辅助文字符号。电气设备、电气装置和电器元件的功能、状态和特征用辅助文字符号表示，一般用表示功能、状态和特征的英文单词的前一、二位字母构成，也可采用缩略语或约定俗成的习惯用法构成，通常不能超过 3 位字母。例如，表示"启动"，采用"START"的前两位字母"ST"作为辅助文字符号；而表示"停止（STOP）"的辅助文字符号必须再加一个字母 P，称"STP"。

辅助文字符号也可放在表示种类的单字母符号后边组合成双字母符号，此时辅助文字符号一般采用表示功能、状态和特征的英文单词的第一个字母。如"GS"表示同步发电机，"YB"表示制动电磁铁等。

某些辅助文字符号本身具有独立的、确切的意义，也可以单独使用。例如"N"表示交流电源的中性线，"DC"表示直流电，"AC"表示交流电，"AUT"表示自动，"ON"表示开启，"OFF"表示关闭等。

（3）数字代码。数字代码单独使用时，表示各种电器元件、装置的种类或功能，须按序编号，还要在技术说明中对数字代码意义加以说明。例如，电气设备中的继电器、电阻器、电容器等，可用数字"1"代表继电器，"2"代表电阻器，"3"代表电容器。再如，开关有开和关两种功能，可以用"1"表示"开"，用"2"表示"关"。

电路图中电气图形符号的连线处经常有数字，这些数字称为线号，线号是区别电路接线的重要标志。

将数字代码与字母符号组合起来使用，可说明同一类电气设备、电器元件的不同编号。数字代码可放在电气设备、装置或电器元件的前面或后面。例如，3 个相同的继电器，可以分别表示为"1KA"、"2KA"和"3KA"。

（4）项目代号。在电气图上，通常用一个图形符号表示的基本件、部件、组件、功能单元、设备、系统等，称为项目。项目有大有小，大到电力系统、成套配电装置以及电机、变压器等，小到电阻器、端子、连接片等，都可以称作项目。

项目代号是用以识别图、表图、表格中和设备上的项目种类，并提供项目的层次关系、种类、实际位置等信息的一种特定代码，是电气技术领域中极为重要的代号。项目代号是以一个系统、成套设备或单一设备的依次分解为基础来编写，建立图形符号与实物间一一对应的关系，因此可以用来识别、查找各种图形符号所表示的电器元件、装置、设备以及它们的隶属关系、安装位置等。

项目代号由高层代号、位置代号、种类代号、端子代号根据不同场合的需要组合而成，它们分别用不同的前缀符号来识别。前缀符号后面跟字符代码，字符代码可由字母、数字或字母加数字构成，除种类代号的字符代码外，其意义没有统一的规定，通常在设计文件中可以找到说明。大写字母和小写字母具有相同的意义（端子标记除外），但优先采用大写字母。

项目代号中的高层代号表示电力系统、电力变压器、电动机和起动器等系统或设备中较高层次的项目代号；位置代号表示项目在组件、设备、系统或建筑物中实际位置的代号，通常由自行规定的拉丁字母及数字组成，在使用位置代号时，应画出表示该项目位置的示意图；端子代号是指项目内、外电路进行电气连接的接线端子的代号，电气图中端子代号的字母必须大写。

电器接线端子与特定导线（包括绝缘导线）相连接时，有专门的标记方法。例如，三相交流电器的接线端子若与相位有关系，字母代号必须是"U、V、W"，并且与交流三相导线"L_1、L_2、L_3"一一对应。电器接线端子的标记如表 3-5 所示，特定导线的标记如表 3-6 所示。

表 3-5　　　　　　　　　　　　　　　电器接线端子的标记

电器接线端子的名称		标记符号	电器接线端子的名称	标记符号
交流系统	一相	U	接地	E
	二相	V	无噪声接地	TE
	三相	W	机壳或机架	MM
	中性线	N	等电位	CC
保护接地		PE		

表 3-6　　　　　　　　　　　　　　　特定导线的标记

导线名称		标记符号	导线名称	标记符号
交流系统	一相	L1	保护接地	PE
	二相	L2	不接地的保护导线	PU
	三相	L3	保护地线和中性线共用一线	PEN
	中性线	N	接地线	E
直流系统	正	L−	无噪声接地线	TE
	负	L+	机壳或机架	MM
	中间线	M	等电位	CC

（5）回路标号。电路图中用来表示各回路种类、特征的文字和数字标号统称为回路标号，也称回路线号，其目的是为了便于接线和查线。回路标号的一般原则：回路标号按照"等电位"原则进行标注（等电位的原则是指电路中连接在一点上的所有导线具有同一电位且标注相同的回路称号）；由电气设备的线圈、绕组、电阻、电容、各类开关、触点等电器元件分隔开的线段，应视为不同的线段，标注不同的回路标号。

2．识读电气图的基本要求和步骤

识读电气图，首先要明确识图的基本要求，熟悉识图步骤，才能掌握和提高识图的水平，进而能够分析电路情况。

（1）识图的基本要求。

① 从简到繁，循序渐进。初学识图，要本着从易到难、从简单到复杂的原则识图。一般来讲，复杂的电路都是由简单电路组合构成。照明电路比电气控制电路简单，单项控制电路比系统控制电路简单。识图时应从识读简单电路开始，了解每一个电气符号的含义，熟悉每一个电器元件的作用，理解每一个电路的工作原理，为识读复杂电气图打下基础。

② 具备相关电工、电子技术基础知识。在工程实际应用的各个领域中，输变配电、电力拖动、照明、电子电路、仪器仪表和家电产品等都是建立在基本理论基础之上的。因此，要想准确、迅速地识读电气图，必须具备相应的电工电子技术基础知识。只有掌握了一定的电工电子技术知识，才能理解电气图所含的内容。

③ 熟记、会用电气图形符号和文字符号。电气图形符号和文字符号很多，做到熟记会用可从个人专业出发，先熟读背会各专业用的和本专业的图形符号，然后逐步扩大，掌握更多的图形符号，识读更多的不同专业的电气图。

④ 熟悉各类电气图的典型电路。常见、常用的基本电路均属于典型电路。如供配电系统中主电路图中最常见、常用的单母线，由此导出单母线分段接线。不管多么复杂的电路，总是由典型电路派生而来，或由若干典型电路组合而成。因此，熟悉各种典型电路，在识图时有利于理解较为复杂的电路，能较快地分清电路中的主要环节及与其他部分的相互联系。

⑤ 掌握各类电气图的绘制特点。各类电气图都有各自的绘制方法和绘制特点，只有掌握了电气图的主要特点，熟悉了图的布置、电气设备的图形符号及文字符号、图线的粗细表示等电气图的一般绘制原则，才能提高识图效率，提高设计、绘图的能力。复杂的大型电气图纸往往不止一张，也不只是一种图，因此识图时应将各种有关的图纸联系起来，对照阅读。通常通过概略图、电路图找联系；通过接线图、布置图找位置，交错识读图可收到事半功倍的效果。

⑥ 了解涉及电气图的有关标准和规程。识图的主要目的是在于指导施工、安装，指导运行、维修和管理。由于有些技术要求在有关的国家标准或技术规程、技术规范中已作了明确的规定，故有些技术要求不可能都一一在图样上反映出来，标注清楚。因而在识读电气图时，还必须了解这些相关标准、规程、规范，才能真正读懂图。

（2）识图的一般步骤。

① 详识图纸说明。拿到图纸后，首先要仔细阅读图纸的主标题栏和有关说明，如图纸目录、技术说明、电器元件明细表、施工说明书等，结合已有的电工、电子技术知识，对该电气图的类型、性质、作用有一个明确的认识，从整体上理解图纸的概况和所要表述的重点。

② 识读概略图和框图。由于概略图和框图只是概略表示系统或分系统的基本组成、相互

关系及其主要特征，只有详细识读电路图，才能搞清楚它们的工作原理，故对概略图与框图应有一个大体了解。概略图和框图多采用单线图，只有某些 220/380V 低压配电系统概略图才部分地采用多线图表示。

③ 识读电路图是识图的重点和难点。电路图是电气图的核心，也是内容最丰富、最难读懂的电气图纸。

识读电路图首先要识读有哪些图形符号和文字符号，了解电路图各组成部分的作用，分清主电路和辅助电路、交流回路和直流回路；其次，按照先识读主电路，再识读辅助电路的顺序进行识图。

识读主电路时，通常要从下往上识读，即先从用电设备开始，经控制电器元件，顺次往电源端识读；识读辅助电路时，则自上而下、从左到右识读，即先识读电源，再顺次识读各条支路，分析各条支路电器元件的工作情况及其对主电路的控制关系，注意电气与机械机构的连接关系，进而搞清楚整个电路的工作原理。

技能训练二　电气图读图训练

1．变配电所电气主接线的读图

读图前要首先看图样的说明，包括首页的目录、技术说明、设备材料明细表和设计、施工说明书。由此对工程项目设计有一个大致的了解，然后看有关的电气图。

（1）变配电所电气图读图的基本步骤。

① 从标题栏、技术说明到图形、元件明细表，从整体到局部，从电源到负荷，从主电路到辅助电路（二次回路）。

② 先分清主电路和辅助电路、交流部分和直流部分，然后按照先主后辅的顺序读图。

③ 阅读安装接线图的原则：先主后辅。读主电路部分要从电源引入端开始，经开关设备、线路到用电设备；辅助电路阅读也是从电源出发，按照元件连接顺序依次分析。

由于安装接线图是由接线原理图绘制而来的，因此，看安装接线电路图的时候，应结合接线原理图对照阅读。此外，回路标号、端子板上内外电路的连接的分析，对识图也有一定的帮助。

④ 看展开接线图。结合电气原理图阅读展开接线图时，一般先从展开回路名称，然后从上到下、从左到右地阅读。但是，展开图的回路在分析其功能时往往不一定按照从左到右、从上到下的顺序动作，很多是交叉的，所以要特别注意：展开图中同一种电器元件的各部件是按照功能分别画在不同的回路中，同一电器元件的各个部件均标注统一项目代号，器件项目代号通常由文字符号和数字编号组成，读图时要注意这些元件各个部件动作之间的关系。

⑤ 看平面、剖面和布置图。看电气图时，要先了解土建、管道等相关图样，然后看电气设备的位置，由投影关系详细分析各设备具体位置尺寸，搞清楚各电气设备之间的相互连接关系、线路引出、引入及走向等。

（2）变电所电气主接线的读图步骤。电气主接线是变电所的主要图纸，看懂它一般遵循以下步骤。

① 了解变电所的基本情况，变电所在系统中的地位和作用，变电所的类型。

② 了解变压器的主要技术参数，包括：额定容量、额定电流、额定电压、额定频率和连接组别等。

③ 明确各个电压等级的主接线基本形式，包括高压侧（电源侧）有无母线，是单母线还是双母线，母线是否分段，还要看低压侧的接线形式。

④ 检查开关设备的配置情况。一般从控制、保护、隔离的作用出发，检查各路进线和出线上是否配置了开关设备，配置是否合理，不配置能否保证系统的运行和检修。

⑤ 检查互感器的配置情况。从保护和测量的要求出发，检查在应该装互感器的地方是否都安装了互感器；配置的电流互感器个数和安装相比是否合理；配置的电流互感器的副绕组及铁芯数是否满足需要。

⑥ 检查避雷器的配置是否齐全。如果有些电气主接线没有绘出避雷器的配置，则不必检查。

⑦ 按主接线的基本要求，从安全性、可靠性、经济性和方便性 4 个方面对电气主接线进行分析，指出优缺点，得出综合评价。

2. 变配电所电气主接线实例读图训练

这里以 35kV 厂用变电所的电气主接线图为例进行读图练习，如图 3.17 所示。

图 3.17 所示变电所包括 35/10kV 中心变电所和 10/0.4kV 变电室两个部分。中心变电所的作用是把 35kV 的电压降到 10kV，并把 10kV 电压送至厂区各个车间的 10kV 变电室，供车间动力、照明及自动装置用；10/0.4kV 变电室的作用是把 10kV 电压降至 0.4kV，送到厂区办公、食堂、文化娱乐场所与宿舍等公共用电场所。

从主接线图可以看出，其供配电系统共有三级电压，三级电压均靠变压器连接，其主要作用就是把电能分配出去，再输送给各个电力用户。变电所内还装设了保护、控制、测量、信号等功能齐全的自动装置，由此可以显示出变配电所装置的复杂性。

观察主接线图，可看出系统为两路 35kV 供电，两路分别来自于不同的电站，进户处设置接地隔离开关、避雷器、电压互感器。这里设置隔离开关的目的是线路停电时，该接地隔离开关闭合接地，站内可以进行检修，省去了挂临时接地线的工作环节。

与接地隔离开关并联的另一组隔离开关的作用是把电源送到高压母线上，并设置电流互感器，与电压互感器构成测量电能的取样元件。

图 3.17 中高压母线分为两段，两段之间的联系采用隔离开关。当一路电源故障或停电时，可将联络开关合上，两台主变压器可由另一路电源供电。联络开关两侧的母线必须经过核相，以保证它们的相序相同。

图 3.17 中每段母线上均设置一台主变压器，变压器由油断路器 DW3 控制，并在断路器的两侧设置隔离开关 GW5，以保证断路器检修时的安全。变压器两侧设置电流互感器 3TA 和 4TA，以便构成变压器的差动保护。同时在主变压器进口侧设置一组避雷器，目的是实现主变压器的过电压保护；在进户处设置的避雷器，目的是保护电源进线和母线过电压。带有断路器的套管式电流互感器 2TA 的目的是用来保护测量。

变压器出口侧引入高压室内的 GFC 型开关计量柜，柜内设有电流互感器、电压互感器供测量保护用，还设有避雷器保护 10kV 母线过电压。10kV 母线由联络柜联络。

馈电柜由 10kV 母线接出，封闭式手动车柜——GFC 馈电开关设置有隔离开关和断路器，其中一台柜直接控制 10kV 公共变压器。

馈电柜将 10kV 电源送到各个车间及大型用户，10kV 公共变压器的出口引入低压室内的低压总柜上，总柜内设有刀开关和低压断路器，并设有电流互感器和电能表作为测量元件。

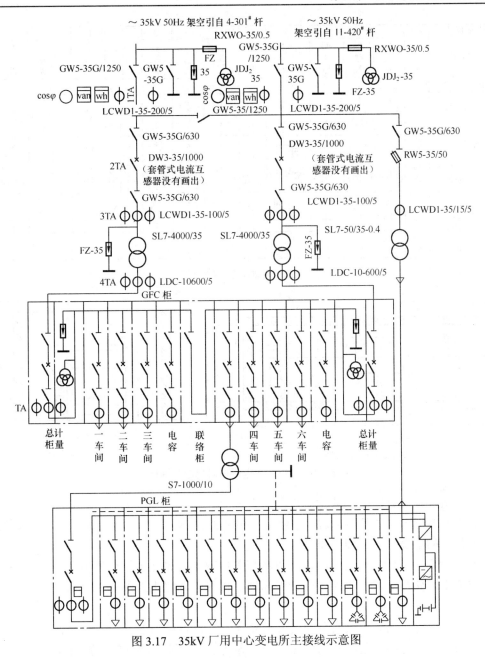

图 3.17　35kV 厂用中心变电所主接线示意图

35kV 母线经隔离开关 GW5、跌落式熔断器 RW5 引至一台站用变压器 SL7-50/35-0.4，专供站内用电，并经过电缆引至低压中心变电室的站用柜内，直接将 35kV 变为 400V。

低压变电室内设有 4 台 UPS，供停电时动力和照明用，以备检修时有足够的电力。

3.　变配电所配电装置图的读图

变配电所配电装置图与电气主接线图有所不同，它是一种简化了的机械装置图，在现场施工和运行维护中具有相当重要的作用。配电装置图一般包括配电装置式主接线图、配电装置的平面布置图、配电装置断面图。10kV 小型变电所的配电装置式主接线图和屋内配电装置图如图 3.18 所示。

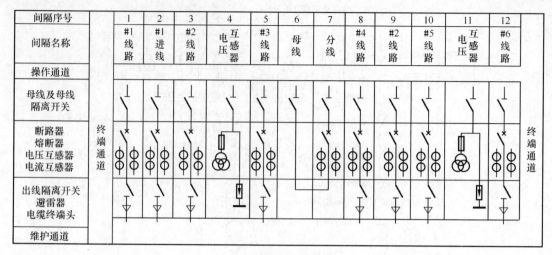

间隔序号	1	2	3	4	5	6	7	8	9	10	11	12
间隔名称	#1线路	#1进线	#2线路	电压互感器	#3线路	母线	分线	#4线路	#2线路	#5线路	电压互感器	#6线路
操作通道												
母线及母线隔离开关												
断路器熔断器电压互感器电流互感器												
出线隔离开关避雷器电缆终端头												
维护通道												

（a）配电装置式主接线图

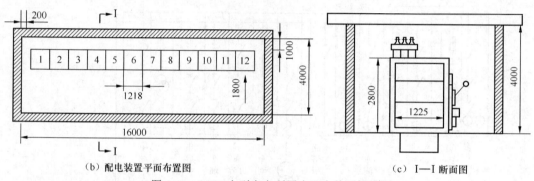

（b）配电装置平面布置图　　　　　　（c）I—I 断面图

图 3.18　10kV 小型变电所屋内配电装置接线图

变配电所配电装置图的一般读图步骤如下。

（1）了解变配电所的基本情况。了解变配电所的作用、类型、地理位置、当地气象条件，变配电所位置的土壤电阻率和土质等。

（2）熟悉变配电所的电气主接线和设备配置情况。首先在了解变配电所各个电压等级的主接线方式下，熟悉和掌握电源进线、变压器、母线、各路出线的开关电器、互感器、避雷器等设备的配置情况。

（3）了解变配电所配电装置的总体布置情况。先阅读配电装置式主接线图，再仔细阅读配电装置的平面布置图，把两种图对照阅读，弄清楚配电装置的总体布置情况。

（4）明确配电装置的类型。阅读配电装置图中的断面图，明确该配电装置是屋内的、屋外的还是成套的。如果是成套配电装置，要明确是高压开关柜、低压开关柜，还是其他组合电器。如果是屋内配电装置，要明确是单层、双层、还是三层，有几条走廊，各条走廊的用途是什么。如果是屋外配电装置，要明确是中型、半高型还是高型。

（5）查看所有电气设备。在断面图上查看电气设备，认出变压器、母线、隔离开关、断路器、电流互感器、电压互感器、电容器、避雷器和接地开关等，进而还要判断出各种电器的类型；掌握各个电气设备的安装方法，所用构架和支架都用什么材料。如果有母线，还要弄清是单母线还是双母线，是不分段的还是分段的。

（6）查看电气设备之间的连接。根据断面图、配电装置主接线图、平面图，按电能输送方向的顺序查看各个电气设备之间的连接情况。

（7）查核有关的安全距离。配电装置的断面图上都标有水平距离和垂直高度，有些地方还标有弧形距离。要根据这些距离和标高，参照有关设计手册的规程，查核安全距离是否符合要求。查核的重点有带电部分与接地部分之间、不同相的带电部分之间、平行的不同时检修的无遮拦裸导体之间、设备运输时其外廊无遮拦带电部分之间。

（8）综合评价。对配电装置图的综合评价包括以下几个方面。

① 安全性：安全距离是否足够，安全方式是否合理，防火措施是否齐全。

② 可靠性：主接线方式是否合理，电气设备安装质量是否达标。

③ 经济性：满足安全、可靠性的基础上，投资要少。

④ 方便性：操作是否方便，维护是否方便。

总之，工厂配电装置是按电气主接线的要求，把开关设备、保护测量电器、母线和必要的辅助设备组合在一起构成的用来接受、分配和控制电能的总体装置。工厂变配电所多采用成套配电装置，一般中、小型变配电所中常用到的成套配电装置有高压成套配电装置（也称高压开关柜）和低压成套配电装置（也称低压开关柜）。

技能训练三　照明工程图和动力配电图的识读训练

1．识读照明工程图

照明工程图主要包括照明电气原理图、平面图及照明配电箱安装图等。

（1）照明工程图。照明工程图原理上需要表达以下几项内容。

① 架空线路或电缆线路进线的回路数、导线或电缆的型号、规格、敷设方式及穿管管径。

② 总开关及熔断器的型号规格，出线回路数量、用途、用电负荷功率数及各条照明支路的分相情况，某建筑的照明供电系统图如图 3.19 所示，各回路均用 DZ 型低压断路器，其中 N_1、N_2、N_3 线路用三相开关 DZ20-50/310，其他线路均用 DZ20-50/110 型单极开关。为使三相负载大致均衡，$N_1 \sim N_{10}$ 各线路的电源基本平均分配在 L_1、L_2、L_3 三相电路中。

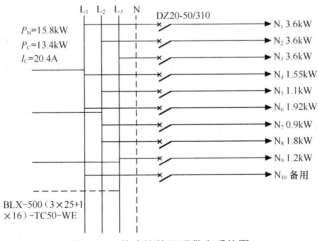

图 3.19　某建筑的照明供电系统图

③ 用电参数。照明供电系统图上，应标示出总的设备容量、需要系数、计算容量、计算电流、配电方式等，也可以列表表示。图 3.19 中，设备容量为 P_N=15.8kW，计算负荷 P_C=13.4kW，计算电流 I_C=20.4A，导线为 BLX-500（3×25+1×16）-TC50-WE。

④ 技术说明、设备材料明细表等。

（2）照明平面图。照明平面图上要表达的主要内容有电源进线位置、导线型号、规格、根数及敷设方式、灯具位置、型号及安装方式，照明分电箱、开关、插座和电扇等用电设备的型号、规格、安装位置及方式等。照明器具采用图形符号和文字标注相结合的方法表示。

（3）电气照明平面图。图 3.20 所示的某建筑物第 3 层电气照明平面图，在图所附的"施工说明"中，详细交待了该楼层的基本结构，如该层建筑层高为 4m，净高 3.88m，楼面为预制混凝土板，墙体为一般砖结构 2.4mm。该图纸采用的电气图形符号含义见"GB 4728.11—85"，建筑图形符号见"GBJ104—47"。

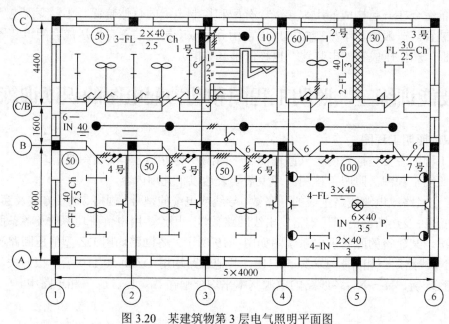

图 3.20　某建筑物第 3 层电气照明平面图

图 3.20 可识读如下。

阅读该电气照明平面图应先了解建筑物概况，然后逐一分析供电系统、灯具布置、线路走向等。

① 建筑物概况。该层共有 1～7 号 7 个房间，一个楼梯间、一个中间走廊。该建筑物标示长度为 20m，宽为 12m，总面积为 240m²。图 3.20 中用中轴线表示出其中的尺寸关系。沿水平方向轴线编号为 1～6，沿垂直方向用 A、B、C/B、C 轴线表示。

② 建筑平面概况。为了清晰地表示线路、灯具的布置，图 3.20 中按比例用细实线简略地绘制出了该建筑物的墙体、门窗、楼梯、承重梁柱的平面结构。具体尺寸，可查阅相应的土建图。

③ 照明设备概况。照明光源有荧光（FL）、白炽（IN）、弧光（ARC）、红外线（IR）、紫外线（UV）及发光二极管（LED）等。照明灯具有日光灯（Y）、普通吊灯（P）壁灯（B）

和花灯（H）等。图 3.20 中含有的照明设备有灯具、开关、插座、电扇等。

灯具的安装方式有链吊式（Ch），管吊式（P），吸顶式（W）等，例如 4 号房间标示的：" $6-FL\dfrac{40}{2.5}Ch$ " 表示该房间有 6 盏荧光灯（FL），各盏均为 40W 的灯管，安装高度（灯具下端离房间地面）为 2.5m，采用链吊式（Ch）安装。

④ 照度。各房间的照度用圆圈中注阿拉伯数字表示，其单位为 lx（勒克斯）。如 1 号房间为 50 lx；3 号房间为 30 lx；7 号房间为 100lx。

⑤ 图上位置。由定位轴线和标的有关尺寸，可以很简便地确定设备、线路管线的安装位置，并计算出线管长度。

⑥ 该楼层电源引自第 2 层，按照图 3.21 所示的照明供电系统图接线。

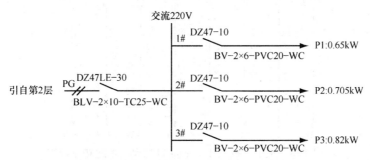

图 3.21　某建筑层第 3 层照明供电系统图

读图 3.21 可知，220V 的单相交流电源由第 2 层垂直引入线路标号为 "PG" 的配电干线，经型号为 XM1-6 的照明配电箱分成 3 条分干线。配电箱内安装有一个带漏电保护的单相空气断路器，型号为 DZ47LE-30（额定电流 30A）和 3 个单相断路器 DZ47-10（额定电流 10A），分别控制总干线和 1#、2# 和 3# 分干线的出线。导线型号 BLV-2×10-TC25-WC 表示 2 根干线（一条相线、一条零线）采用的是截面积为 10mm^2 的 BLV 铝芯塑料绝缘导线，穿于直径为 25mm 的硬质塑料管内，沿墙内暗敷。

1#、2#、3# 分干线型号是 BV-2×6-PVC20-WC。表示每个分干线均采用截面积为 6mm^2 的 2 根 BV 铝芯塑料绝缘导线，穿于直径为 20mm 的 PVC 阻燃塑料管内，沿墙内暗敷。

3 条分干线后的各分支线，采用的导线型号均为 BV-2×2.5-PVC15-WC。

2．动力工程图的识读

动力工程图通常包括动力系统图、电缆平面图和动力平面图等。

（1）动力系统图。在动力系统图中，主要表示电源进线及各引出线的型号、规格、敷设方式，动力配电箱的型号、规格，以及开关、熔断器等设备的型号、规格等。

以某工厂机械加工车间 11 号动力配电箱系统图为例进行说明，如图 3.22 所示。

① 电源进线。电源由 5 号动力配电箱 XL-15-8000 引入，引入线为 BX-500-（3×6+1×4）-SC25-WE。

② 动力配电箱。动力配电箱为 XL-15-8000 型，采用额定电流为 400A 的三极单投刀开关，有 8 个回路，每个回路额定电流为 60A，用填料密封式熔断器 RT0 进行短路保护。这里采用的熔件的额定电流均为 50A，熔体采用额定电流分别为 20A、30A、40A 的 RT0 型熔断器。

③ 负载引出线。车间供电负载有 7.5kW 的 CA6140 型车床 1 台单独用一条负载引出线，

3kW 的 C1312 型车床 1 台和 4kW 的 Y3150 滚齿机 1 台共用一条负载引出线，5kW 的 M612
型磨床 2 台分别各用一条负载引出线，2.8kW 的 Z535 型钻床 1 台和 3kW 的 CM1106 型车床 1
台共用一条负载引出线，4kW 的 Y2312A 型滚齿机 1 台用一条负载引出线，1.7kWS250、
1.7kWS350 型螺纹加工机床各 1 台共用一条负载引出线，导线均采用 BX-500-4×2.5 型橡胶绝
缘导线，每根截面积为 2.5mm^2，穿管内径为 20mm 的焊接钢管埋地坪暗敷。

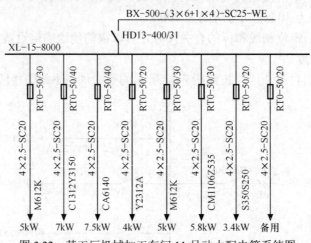

图 3.22　某工厂机械加工车间 11 号动力配电箱系统图

（2）电缆平面图。电缆平面图主要用于对电缆的识别，在图上要用电缆图形符号及文字
说明把各种电缆予以区分：按构造和作用分为电力电缆、控制电缆、电话电缆、射频同轴电
缆、移动式软电缆等；按电压可分为 0.5kV、1kV、6kV、10kV 等电缆。

（3）动力平面图。动力平面图是用来表示电动机等各类动力设备、配电箱的安装位置和
供电线路敷设路径及方法的平面图，动力平面图是用得最为普遍的电气动力工程图。动力平
面图与照明平面图一样，也是画在简化了的土建平面图上，但是，照明平面图上表示的管线一
般是敷设在本层顶棚或墙面上，而动力平面图中表示的管线通常是敷设在本层地板或地坪中。

动力管线要标注出导线的根数及型号、规格、设备的外形轮廓，位置要与实际相符，并
在出线口按 ab/c 的格式标明设备编号（ab）、设备容量（c.kW），也可以用 b/c 简化形式表示。

第4章
供配电二次回路和继电保护

在供配电系统中，对一次设备进行监测、控制、调节和保护的电气回路称为二次回路或二次接线系统。

继电保护是用来提高供配电系统运行可靠性的反事故自动装置。继电保护与其他自动装置配合工作时，还可提高供配电系统运行的稳定性，所以，继电保护是电力系统自动化的重要内容之一。

供配电系统的二次回路是实现供配电系统安全、经济、稳定运行的重要保障。随着变配电所的自动化水平的提高，二次回路将起到越来越大的作用。供配电系统中的二次回路是以二次回路接线图形式绘制出来的，它为现场技术工作人员对电气设备的安装、调试、检修、试验、查线等提供重要的技术资料。

工厂供配电系统的电气设备运行时，由于受自然或人为因素的影响，不可避免地会发生各种形式的故障或不正常工作状态。最常见的不正常工作状态有过负荷、短路故障和变压器油温过高等，这些不正常工作状态如不及时发现和处理，就会造成重大事故。为此，供配电系统通常采用熔断器保护、低压断路器保护和继电保护等故障防范措施，使得发生故障时，保护设置即刻发出信号，提醒运行人员注意采取必要的措施，以保证非故障部分的正常运行。

学习目标

1. 了解二次回路中的直流操作电源和交流操作电源的类型和作用。

2. 掌握二次回路的类型，了解二次回路接线图的类型及其特点。

3. 了解二次回路对断路器控制的基本要求及断路器控制回路的运作过程，了解采用手动操作的断路器控制和信号回路以及电磁操作机构的断路器控制和信号回路。

4. 了解中央信号装置、中央预告信号装置及电测量仪表与绝缘监视装置。

5. 了解供配电系统中继电保护装置的任务和要求，熟悉继电保护的组成、基本工作原理；掌握带时限的过电流保护和速断过电流保护。

4.1 供配电系统的二次回路

二次回路又称二次系统，用来反映一次系统的工作状态和控制、调整一次设备。当一次系统发生事故时，能够立即动作，使故障部分退出运行。二次回路按功能分，可分为断路器控制回路、信号回路、保护回路、监测回路和自动化回路，为保证二次回路的用电，还有相应的操作电源回路等。供配电系统的二次回路功能示意图如图 4.1 所示。

在图 4.1 中，断路器控制回路的主要功能是对断路器进行通、断操作，当线路发生短路故障时，相应继电保护动作，接通断路器控制回路中的跳闸回路，使断路器跳闸，启动信号回路发出声响和灯光信号。

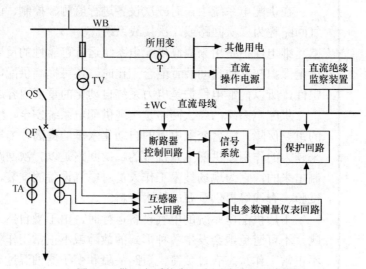

图 4.1　供配电系统中二次回路功能示意图

操作电源向断路器控制回路、继电保护装置、信号回路以及监测系统等二次回路提供所需的电源。电压互感器、电流互感器还向监测、电能计量回路提供电流和电压参数。

4.1.1　二次回路的操作电源

操作电源主要是向二次回路提供所需的电源。操作电源主要有直流和交流两大类，其中直流操作电源按电源性质可分为由蓄电池组供电的独立直流电源和交流整流电源，主要用于大、中型变配电所；交流操作电源包括由变配电所用主变压器供电的交流电源和由仪用互感器供电的交流电源，通常用于小型变配电所。

1. 直流操作电源

（1）蓄电池组供电的直流操作电源。蓄电池组供电的直流操作电源是一种与电力系统运行方式无关的独立电源系统。即使在变电所完全停电的情况下，仍能在 2h 内可靠供电，具有很高的供电可靠性。蓄电池直流操作电源类型主要有铅酸蓄电池和镉镍蓄电池两种。

① 铅酸蓄电池组。单个铅酸蓄电池的额定端电压为 2V，充电后可达 2.7V，放电后可降到 1.95V。为满足 220V 的操作电压，需要 230/1.95≈118 个蓄电池，考虑到充电后端电压升高，为保证直流系统正常电压，长期接入操作电源母线的蓄电池个数为 230/2.7≈88 个，而

118−88=30 个蓄电池用于调节电压，接于专门的调节开关上。

蓄电池使用一段时间后，电压下降，需用专门的充电装置来进行充电。由于铅酸蓄电池具有一定危险性和污染性，需要在专门的蓄电池室放置，投资大。因此，在变电所中现已不采用。

② 镉镍蓄电池组。近年来我国发展的镉镍蓄电池克服了上述铅酸蓄电池的缺点，其单个端电压为 1.2V，充电后可达 1.75V，其充电可采用浮充电或强充电方式由硅整流设备进行充电，其容量范围可以从几毫安到几千安，满足各种不同的使用要求。除不受供电系统运行情况的影响、工作可靠外，还有大电流放电性能好、腐蚀性小、功率大、强度高、寿命长等优点，并且不需专门的蓄电池室，可安装于控制室，因此占地面积小且便于安装维修，在大中型变电所中应用比较广泛。

（2）硅整流直流操作电源。硅整流直流操作电源在变电所应用比较普遍，按断路器操动机构的要求可分为电磁操动的电容储能和弹簧操动的电动机储能等。本小节只介绍硅整流电容储能直流操作电源，如图 4.2 所示。

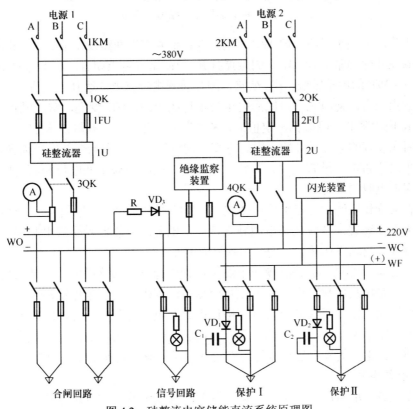

图 4.2　硅整流电容储能直流系统原理图

硅整流的电源来自变配电所用变压器母线，一般设一路电源进线，但为了保证直流操作电源的可靠性，可以采用两路电源和两台硅整流装置。硅整流 1U 主要用作断路器合闸电源，并可向控制、保护、信号等回路供电，其容量较大。硅整流 2U 仅向操作母线供电，容量较小。两组硅整流之间用电阻 R 和二极管 VD₃ 隔开，VD₃ 起到逆止阀的作用，它只允许从合闸母线向控制母线供电而不能反向供电，以防在断路器合闸或合闸母线侧发生短路时，引起控制母线的电压严重降低，影响控制和保护回路供电的可靠性。电阻 R 用于限制在控制母线侧发生短路时流过硅整流 1U 的电流，起保护 VD₃ 的作用。在硅整流 1U 和 2U 前，也可以用整流变压器（图中未画）实现电压调节。整流电路一般采用三相桥式整流。

在直流母线上还接有直流绝缘监察装置和闪光装置，绝缘监察装置采用电桥结构，用以监测正负母线或直流回路对地绝缘电阻，当某一母线对地绝缘电阻降低时，电桥不平衡，检测继电器中有足够的电流流过，继电器动作发出信号。闪光装置主要提供灯光闪光电源，其工作原理示意图如图 4.3 所示。

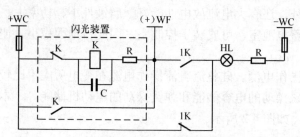

图 4.3　闪光装置工作原理示意图

在正常工作时闪光小母线（+）WF 悬空，当系统或二次回路发生故障时，相应继电器 1K 动作（其线圈在其他回路中），1K 常闭触点打开，1K 常开触点闭合，使信号灯 HL 接于闪光小母线上，（+）WF 的电压较低，HL 变暗，闪光装置电容充电，达到一定值后，继电器 K 动作，其常开触点闭合，使闪光小母线的电压与正母线相同，HL 变亮，常闭触点 K 打开，电容放电，使 K 电压降低，降低到一定值后，K "失电"动作，常开触点 K 打开，闪光小母线电压变低，闪光装置的电容又开始充电。重复上述过程，信号指示灯就发出闪光信号。可见，闪光小母线平时不带电，只有在闪光装置工作时，才间断地获得低电位和高电位，其间隔时间由电容的充放电时间决定。

硅整流直流操作电源的优点是价格便宜，与铅酸蓄电池相比占地面积小、维护工作量小、体积小、不需充电装置。其缺点是电源独立性差，电源的可靠性受交流电源影响，需加装补偿电容和交流电源自动投切装置，而且二次回路复杂。

实用中，还有一种复式硅整流操作电源，这种电源有两部分供电，一是由变压器或电压互感器供电，二是由反应故障电流的电流互感器电流源供电。两组电源都经铁磁式谐振稳压器供电给二次回路。由于复式硅整流直流操作电源有电压源和电流源，因此能保证交流供电系统在正常或故障情况下均能正常地供电。与电容储能式相比，复式硅整流直流操作电源能输出较大的功率，电压的稳定性也较好，广泛应用于具有单电源的中、小型工厂变配电所。

2．交流操作电源

交流操作电源可取自所用电主变压器，这是一种较为普遍的应用方式。当交流操作电源取自电压互感器的二次侧时，其容量较小，一般只作为油浸式变压器瓦斯保护的交流操作电源；当取自于电流互感器时，主要给继电保护和跳闸回路供电。电流互感器对于短路故障和过负荷都非常灵敏，能有效实现交流操作电源的过电流保护。

（1）取自于所用主变的交流操作电源。变配电所的用电一般应设置专门的变压器供电，简称所用变。变电所的用电主要有室外照明、室内照明、生活区用电、事故照明、操作电源用电等，上述用电一般都分别设置供电回路，如图 4.4（a）所示。

为保证操作电源的用电可靠性，所用变一般都接在电源的进线处，如图 4.4（b）所示。这样即使变电所母线或变压器发生故障时，所用变仍能取得电源。在一般情况下，采用一台所用变即可，但对一些重要的变电所，要求有可靠的所用电源，此电源不仅在正常情况下能保证给操作电源供电，而且应考虑在全所停电或所用电源发生故障时，仍能实现对电源进线断路器的操作和事故照明的用电，一般应设有两台互为备用的所用变。其中一台所用变应接至进线断路器的外侧电源进线处，另一台则应接至与本变电所无直接联系的备用电源上。在所用变低压侧可采用备用电源自动投入装置，以确保所用电的可靠性。值得注意的是，由于两台所用电变压器所接电源中相位的关系，有时是不能并联运行的。

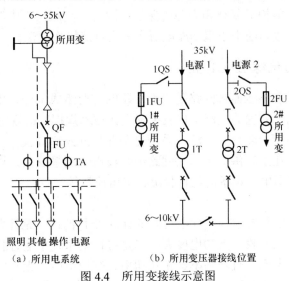

图 4.4　所用变接线示意图

（2）交流操作电源供电的继电保护装置。交流操作电源供电的继电保护装置主要有以下两种操作方式。

① 直接动作式。直接动作式继电保护装置原理图如图 4.5（a）所示。直接动作式是利用断路器手动操作机构内的过流脱扣器 YR 直接动作于断路器 QF 跳闸，这种操作方式简单经济，但保护灵敏度低，实际工作中应用较少。

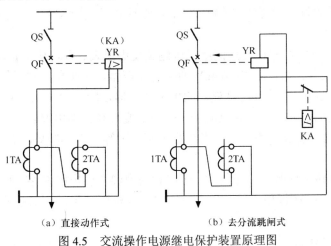

图 4.5　交流操作电源继电保护装置原理图

② 去分流跳闸式。去分流跳闸式继电保护装置的原理图如图 4.5（b）所示。正常运行时，电流继电器 KA 的常闭触点将跳闸线圈 YR 短路分流，YR 中无电流通过，断路器 QF 不会跳闸；当一次系统发生故障时，电流继电器 KA 动作，其常闭触点断开，从而使电流互感器的二次电流全部通过 YR，致使断路器 QF 跳闸。这种操作方式的接线比较简单，且灵敏可靠，但要求电流继电器 KA 触点的容量足够大。目前生产的 GL-15、GL-16、GL-25、GL-26 等型号的电流继电器，其触点容量相当大，完全可以满足控制要求。因此，去分流跳闸的操作方式在工厂供配电系统中已经得到相当广泛的应用。

交流操作电源的优点是，接线简单、投资低廉、维修方便。缺点是，交流继电器性能没有直流继电器完善，不能构成复杂和完善的保护。因此，交流操作电源在小型变配电所中应用较广，而对保护要求较高的中小型变配电所应采用直流操作电源。

4.1.2　电测量仪表与绝缘监视装置

供配电系统的测量和绝缘监视回路是二次回路的重要组成部分，电气测量仪表的配置应符合 GBJ63—1990《电力装置的电测量仪表装置设计技术规程》的规定。

变配电所的直流系统一般分布广泛，系统复杂并且外露部分较多，工作环境多样，易受外界环境因素的影响。在工厂供配电二次回路中装设电气测量仪表，以满足电气设备安全运行的需要，监视变配电所电气设备的运行状况、电压质量等。

1. 测量仪表配置

在电力系统和供配电系统中，进行电气测量有 3 个目的：一是计费测量，主要计量用电单位的用电量，如有功电度表、无功电度表；二是对供电系统中运行状态、技术经济分析所进行的测量，如电压、电流、有功功率、无功功率、有功电能、无功电能测量等，这些参数通常都需要定时记录；三是对交、直流系统的安全状况（如绝缘电阻、三相电压是否平衡等）进行监测。测量目的不同，对测量仪表的要求也不一样。

计量仪表要求准确度要高，其他测量仪表的准确度要求则相对低一些。

（1）变配电装置中测量仪表的配置。

① 在供配电系统的每一条电源进线上，必须装设计费用的有功电度表和无功电度表及反映电流大小的电流表。通常采用标准计量柜，计量柜内有计量专用电流、电压互感器。

② 在变配电所的每一段母线上（3～10kV），必须装设电压表 4 只，其中一只测量线电压，其他三只测量相电压。

③ 35/6～10kV 变压器应在高压侧或低压侧装设电流表、有功功率表、无功功率表、有功电度表和无功电度表各一只；6～10/0.4kV 的配电变压器，应在高压侧或低压侧装设一只电流表和一只有功电度表，如为单独经济核算的单位变压器还应装设一只无功电度表。

④ 3～10kV 配电线路，应装设电流表、有功电度表和无功电度表各一只，如不是单独经济核算单位时，无功电度表可不装设。当线路负荷大于等于 5 000kVA 时，还应装设一只有功功率表。

⑤ 低压动力线路上应装一只电流表。照明和动力混合供电的线路上照明负荷占总负荷的 15%或 20%以上时，应在每相上装一只电流表。如需电能计量，一般还应装设一只三相四线有功电度表。

⑥ 并联电容器总回路上，每相应装设一只电流表，并应在总回路上装设一只无功电度表。

（2）仪表的准确度要求。

① 交流电流表、电压表、功率表可选用 1.5～2.5 级；直流电路中电流表、电压表可选用 1.5 级；频率表可选用 0.5 级。

② 电度表及互感器准确度配置如表 4-1 所示。

表 4-1   常用仪表准确度配置

测量要求	互感器准确度	电度表准确度	配置说明
计费计量	0.2 级	0.5 级有功电度表； 0.5 级专用电能计量仪表	月平均电量在 10^6 kWh 及以上
	0.5 级	1.0 级有功电度表； 1.0 级专用电能计量仪表； 2.0 级无功电度表	① 月平均电量在 10^6 kWh 以下； ② 315kVA 以上变压器高压侧计量
计费计量及一般计量	1.0 级	2.0 级有功电度表； 3.0 级无功电度表	① 315kVA 以下变压器低压侧计量点； ② 75kW 及以上电动机电能计量； ③ 企业内部技术经济考核（不计费）
一般测量	1.0 级	1.5 级和 0.5 级测量仪表	
	3.0 级	2.5 级测量仪表	非重要回路

③ 仪表的测量范围和电流互感器变流比的选择，应当满足当电力装置回路以额定值运行时，仪表的指示在标度尺的 2/3 处这一条件。对有可能过负荷运行的电力装置回路，仪表的测量范围，应当留有适当的过负荷裕度。对重载启动的电动机和运行中有可能出现短时冲击电流的电力装置回路，应当采用具有过负荷标度尺的电流表。对有可能双向运行的电力装置回路，应采用具有双向标度尺的仪表。

2．直流绝缘监察装置

变电所的继电保护，信号装置，自动装置以及屋内配电装置的端子箱、机构箱等多使用直流电源，为了保证继电保护等的正确性，对直流系统绝缘有一定的要求，即不允许直流电源的正、负两极中的任一极长期接地，更不允许直流系统中存在两点接地。

变电所的直流系统中，其正、负母线对地是悬空的，当发生一极接地时，理论上说并不影响系统的正常运行，但表明系统绝缘已经出现了问题和缺陷。长期一极接地运行，必然造成缺陷继续发展，如果出现另一极或另一点也发生接地时，就会引起信号回路、继电保护回路和自动装置回路的误动作，甚至造成断路器误码跳、拒跳，直至熔丝熔断等严重情况，如图 4.6 所示。

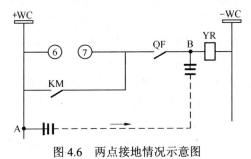

图 4.6 两点接地情况示意图

图4.6中，当A、B两点接地时，就会使跳闸线圈YR得电而造成误跳闸事故。因此，直流系统中应装设绝缘监察装置，以及时发现直流系统的接地故障，尽快找出接地点，隔离故障点并排除故障。

目前，变电所广泛采用的直流绝缘监察装置能在绝缘电阻低于规定值时自动发出灯光和音响信号，并且可以利用它分辨出是哪一极的绝缘电阻降低，还可通过换算确定出正、负极的绝缘电阻值。

目前，广泛采用的是由直流绝缘监察继电器、切换开关和电压表组成的简化绝缘监察装置。其原理接线图如图4.7所示。

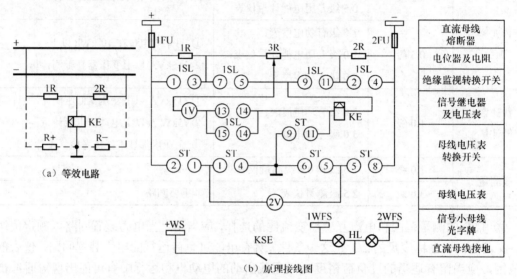

图4.7　直流绝缘监察装置原理接线图

该装置是利用电桥原理进行监察的，正负母线对地绝缘电阻作电桥的两个臂，如图4.7（a）所示的等效电路。

正常状态下，直流母线正极和负极的对地绝缘良好，电阻R+和R-相等，继电器KE线圈中只有微小的不平衡电流通过，继电器不动作。当某一极的对地绝缘电阻（R+、R-）下降时，电桥失去平衡。当绝缘电阻下降到一定值时，流过继电器KE线圈中的电流增大，使继电器KE动作，其常开触点闭合，发出预告信号。

在图4.7（b）中，1R=2R=3R=1 000Ω。整个装置可分为信号部分和测量部分。

母线电压表转换开关ST有3个位置，不操作时，其手柄在竖直的"母线"位置，接点ST处9和11接通，2和1接通，5和8接通，电压表2V可测量正、负母线间电压。若将ST手柄逆时针方向旋转45°（相对竖直位置），置于"负对地"位置时，ST接点5和8、1和4接通，则电压表2V接到负极与地之间；若将ST手柄顺时针旋转45°（相对竖直位置）时，ST接点1和2、5和6接通，电压表2V接到正极与地之间。利用转换开关ST和电压表2V，可判别哪一极接地。若两极绝缘良好，则正极对地和负极对地时电压表2V指示0V，因为电压表2V的线圈没有形成回路，如果正极接地，则正极对地电压为0V，而负极对地指示220V。反之，当负极接地时，情况与之相似。

绝缘监视转换开关1SL也有3个位置，即"信号"、"测量位置1"、"测量位置2"。一般情况下，其手柄置于"信号"位置，1SL 的接点 5 和 7、9 和 11 接通，使电阻 3R 短接，而 ST 应置于"母线"位置，ST 接点 9 和 11、2 和 1、5 和 8 接通，电压表接于正、负母线之间，用以测量母线电压。接地信号继电器 KE 线圈在电桥的检流计位置上，当某一母线的任何一个地方发生一点接地时，母线对地绝缘电阻下降，造成电桥不平衡，继电器 KE 动作，其常开触点闭合，光字牌亮，同时发出预告音响信号。当 1SL 的接点 1 和 3 接通时，1R 短接，3R 和 2R 接通，为"测量位置 1"；若当 1SL 的接点 2 和 4 接通时，2R 短接，3R 和 1R 接通，为"测量位置 2"。

当直流系统发生一点接地时，要求绝缘监察装置能及时发出预告信号，运行操作人员必须要使用直流屏上的"母线电压转换"开关，将它分别切至"正对地"、"负对地"位置，读出对地电压表的读数，迅速找出接地点并加以消除，以防发展为两点接地。

利用直流绝缘监察装置的电压表，测量正、负极对地电压，检查是正极还是负极接地或对地绝缘电阻降低。正常时，正、负极对地电压均为零。如果正极对地电压升高或等于母线电压，则为负极绝缘能力降低或接地；如果负极对地电压升高或等于母线电压，则为正极绝缘电阻能力降低或接地。

随着科技的进步，变电所直流系统接地检测普遍使用微机直流系统绝缘监测仪。目前国内生产的 ZJJ-3SA、ZJJ-4SA、ZJJ-4SB 直流绝缘监察继电器采用了全硬件除法器运算电路，可直接显示接地电阻值，解决了老型号继电器无法显示或只能显示接地电流，必须手工对照查表格给操作人员带来的困扰；报警阈值也可用电阻值直接显示。但当直流系统的正、负绝缘电阻均等下降时，显然上述直流绝缘监察装置无法及时发出预告信号。

4.1.3　中央信号装置

变配电所的进出线、变压器和母线等均应配置继电保护装置或监察装置，保护装置或监察装置动作后都要通过信号系统发出相应的信号提示运行人员。信号有以下几种类型。

① 事故信号。断路器发生事故跳闸时，启动蜂鸣器（或电笛）发出声响，同时断路器的位置指示灯闪烁，事故类型光字牌亮，指示故障的位置和类型。

② 预告信号。当电气设备出现不正常运行状态时，启动警铃发出声响信号，同时标有故障性质的光字牌点亮，指示不正常运行状态的类型，如变压器过负荷、控制回路断线等。

③ 位置信号。位置信号包括断路器位置（如灯光指示或操动机构分合闸位置指示器）和隔离开关位置信号等。

④ 指挥信号和联系信号。用于主控制室向其他控制室发出操作命令以及控制室之间的联系。

中央信号回路有事故信号回路和预告信号回路。

1. 对中央信号回路的要求

中央信号回路应满足下列要求。

（1）中央事故信号装置应保证在任一断路器事故跳闸后，立即（不延时）发出音响信号和灯光信号或其他指示信号。

（2）中央预告信号装置应保证在任一电路发生故障时，能按要求（瞬时或延时）准确发出音响信号和灯光信号。

（3）中央事故音响信号与预告音响信号应有区别。一般事故音响信号用电笛或蜂鸣器，预告音响信号用电铃。

（4）中央信号装置在发出音响信号后，应能手动或自动复归（解除）音响，而灯光信号及其他指示信号应保持到消除故障为止。

（5）接线应简单、可靠，应能监视信号回路的完好性。

（6）应能对事故信号、预告信号及其光字牌是否完好进行试验。

（7）中央信号一般采用重复动作的信号装置，变配电所主接线比较简单时可采用不重复动作的中央信号装置。

2．中央事故信号回路

中央事故信号按操作电源可分为交流和直流两类。按复归方法，可分为中央复归和就地复归两种。按其能否重复动作可分为不重复动作和重复动作两种。

（1）中央复归、不能重复动作的信号回路。中央复归、不能重复动作的信号回路的电路如图4.8所示。

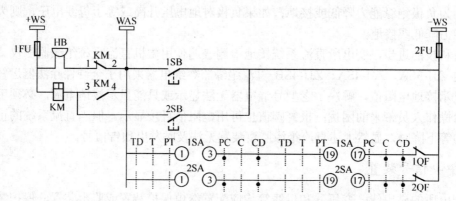

图4.8 中央复归、不能重复动作信号装置电路图

在正常工作时，断路器合上，控制开关1SA的1和3、19和17触点是接通的，但1QF和2QF常闭辅助触点是断开的。若某断路器1QF因事故跳闸，则1QF闭合，回路+WS→HB→KM常闭触点→1SA的触点1和3及17和19→1QF→−WS接通，蜂鸣器HB发出声响。按2SB复归按钮，KM线圈通电，KM常闭触点断开，蜂鸣器HB断电解除音响，KM常开触点闭合，继电器KM自锁。若此时2QF又发生了事故跳闸，蜂鸣器将不会发出声响，这就叫做"不能重复动作"。能在控制室手动复归称为中央复归，又称为集中复归。1SB为试验按钮，用于检查事故音响是否完好。这种信号回路适用于容量比较小的工厂变配电所。

（2）中央复归、重复动作的事故信号回路。中央复归重复动作的事故音响信号回路如图4.9所示，该信号装置采用信号冲击继电器（或信号脉冲继电器）KI，型号为ZC-23型（或按电流积分原理工作的BC-4（S）型），虚线框内为ZC-23型冲击继电器的内部接线图。

TA为脉冲变流器，其一次侧并联的二极管VD_2和电容C，用于抗干扰；其二次侧并联的二极管VD_1起单向旁路作用。当TA的一次电流突然减小时，其二次侧感应的反向电流经VD_1而旁路，不让它流过干簧继电器KR的线圈。KR（单触点干簧继电器）为执行元件，KM（多触点干簧继电器）为出口中间元件。当1QF、2QF断路器合上时，其辅助触点1QF、2QF（在图4.9中）均打开，各对应回路的触点1和3、19和17均接通。若断路器1QF因事故跳闸，辅助常闭触点1QF闭合，冲击继电器的脉冲变流器一次绕组电流突增，在其二次侧绕组中产生感应电动势使干簧继电器 KR 动作。KR 的常开触点（1 和 9）闭合，使中间继电器 KM 动作，其常开触点 KM（7 和 15）闭合自锁，另一对常开触点 KM（5 和 13）闭合，使蜂鸣器 HB 通电发出声响，同时 KM（6 和 14）闭合，使时间继电器 KT 动作，其常闭触点延时打开，KM 失电，使音响自动解除。2SB 为音响解除按钮，1SB 为试验按钮。此时若另一台断路器 2QF 因事故跳闸，流经 KI 的脉冲变流器的电流又增大使 HB 又发出声响，称为"重复动作"的音响信号回路。

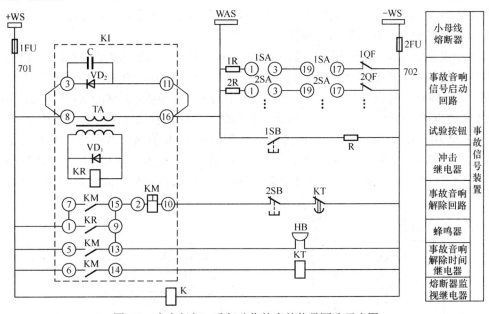

图 4.9　中央复归、重复动作的事故信号回路示意图

"重复动作"是利用控制开关与断路器辅助触点之间的不对应回路中的附加电阻来实现的。当断路器 1QF 事故跳闸，蜂鸣器发出声响，此时音响已被手动或自动解除，但 1QF 的控制开关尚未转到与断路器的实际状态相对应的位置，若断路器 2QF 又发生自动跳闸，其 2QF 断路器的不对应回路接通，与 1QF 断路器的不对应回路并联，不对应回路中串有电阻引起脉冲变流器 TA 的一次绕组电流突然增大，故在其二次侧产生一个感应电势，又使干簧继电器 KR 动作，蜂鸣器又发出音响。

3．中央预告信号回路

中央预告信号是指在供电系统中发生不正常工作状态情况下发出的音响信号。常采用电铃发出声响，并利用灯光和光字牌来显示故障的性质和地点。中央预告信号装置有直流和交流两种，也有不重复动作和重复动作的两种。

（1）中央复归、不重复动作预告信号回路。中央复归、不重复动作中央预告信号回路如图4.10 所示。

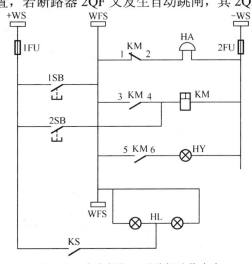

图 4.10　中央复归、不重复动作中央
预告信号回路示意图

KS 为反映系统不正常状态的继电器常开触点，当系统发生不正常工作状态时，如变压器过负荷，经一定延时后，KS 触点闭合，回路+WS→KS→HL→WFS→KM（1 和 2 触点）→HA→-WS 接通，电铃 HA 发出音响信号，同时 HL 光字牌亮，表明变压器过负荷。1SB 为试验按钮，2SB 为音响解除按钮。2SB 被按下时，KM 线圈得电动作，KM 常闭触点（1 和 2）打开，电铃 HA 断电，音响被解除，KM 常开触点（3 和 4）闭合自锁，在系统不正常工作状态未消除之前，KS、HL、KM 常开触点（3 和 4）、KM 线圈一直是接通的，此时当另一个设备发生不正常工作状态时，不会发出音响信号，只有相应的光字牌亮。这是"不能重复"动作的中央复归式预告音响信号回路的特征。

（2）中央复归重复动作的预告信号回路。重复动作的中央复归式预告信号回路如图 4.11 所示，其电路结构与中央复归重复动作的事故信号回路基本相似。图 4.11 中预告信号小母线分为 1WFS 和 2WFS，转换开关 SA 有 3 个位置，中间为工作位置，左右（±45°）为试验位置，SA 在工作位置时 13 和 14、15 和 16 接通，其他断开；在试验位置（左或右旋转 45°）时则相反，13 和 14、15 和 16 断开，其他接通。当 SA 在工作位置时，若系统发生不正常工作状态，如过负荷动作 1K 闭合，+WS 经 1K、1HL（两灯并联）、SA 的 13 和 14、KI 到-WS，使冲击继电器 KI 的脉冲变流器一次绕组通电，则电铃发出音响信号，同时光字牌 1HL 亮。

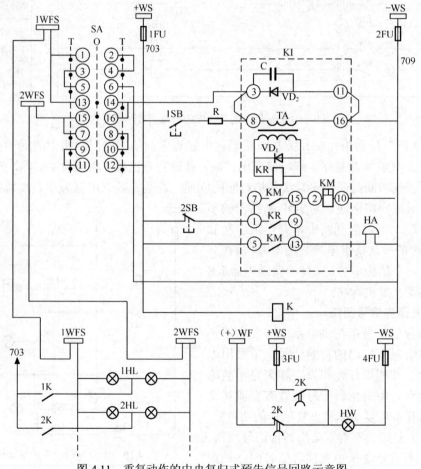

图 4.11　重复动作的中央复归式预告信号回路示意图

转动 SA 在试验位置时，试验回路为+WS→8A（12-11）→8A（9-10）→8A（8-7）→2WFS→HL 光字牌（因 1K 和 2K 为打开位置，因此为两、两灯串联）→1WFS→8A（1-2）→8A（4-3）→8A（5-6）→-WS，所有光字牌亮，表明光字牌灯泡完好，如有不亮表示光字牌灯泡坏，更换灯泡。

预告信号音响部分的重复动作也是靠突然并入启动回路一电阻，使流过冲击继电器的电流发生突变来实现的。启动回路的电阻用光字牌中的灯泡代替。

4.1.4　高压断路器控制及信号回路

断路器的控制方式，可分为远端控制和现场控制。远端控制指操作人员在变电所主控制室或单元控制室内通过控制屏上的控制开关对几十米甚至几百米以外的断路器进行跳、合闸控制。现场控制是在断路器附近对断路器进行跳、合闸控制。为了实现对断路器的控制，必须有发出分、合闸命令的控制机构，如控制开关或控制按钮等；执行操作命令的断路器的操动机构；以及传送命令到执行机构的中间传送机构，如继电器、接触器的触点等。由这几部分构成的电路，即为断路器控制回路。

1．高压断路器控制回路的要求

断路器控制回路的直接控制对象为断路器的操动（作）机构。操动机构主要有电磁操动机构（CD）、弹簧操动机构（CT）和液压操动机构（CY）等。本小节仅对电磁操动机构的断路器控制回路进行介绍。断路器控制回路的基本要求如下。

① 能手动和自动实现合闸与跳闸。

② 能监视控制回路操作电源及跳、合闸回路的完好性；能对二次回路短路或过负荷进行保护。

③ 断路器操动机构中的合、跳闸线圈是按短时通电设计的，在合闸或跳闸完成后，应能自动解除命令脉冲，切断合闸或跳闸电源。

④ 应有反应断路器手动和自动跳、合闸的位置信号。

⑤ 应具有防止断路器多次合、跳闸的"防跳"措施。

⑥ 断路器的事故跳闸回路，应按"不对应原理"接线。

⑦ 对于采用气压、液压和弹簧操动机构的断路器，应有压力是否正常、弹簧是否拉紧到位的监视和闭锁回路。

2．电磁操动机构的断路器控制回路

（1）控制开关。控制开关是断路器控制回路的主要控制元件，由运行人员操作使断路器合、跳闸，在变电所中常用的是 LW2 型系列自动复位控制开关，如图 4.12 所示。

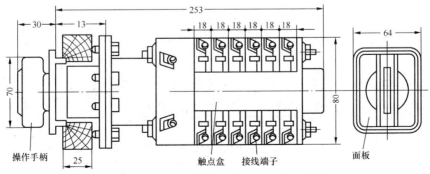

图 4.12　LW2 型控制开关外形结构示意图

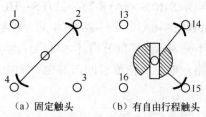

（a）固定触头　　　（b）有自由行程触头

图 4.13　固定与自由行程触头示意图

控制开关的手柄和安装面板安装在控制屏前面，与手柄固定连接的转轴上有数节（层）触点盒，安装于屏后。触点盒的节数（每节内部触点形式不同）和形式可以根据控制回路的要求进行组合。每个触点盒内有 4 个定触点和一个旋转式动触点，定触点分布在盒的四角，盒外有供接线用的 4 个引出线端子；动触点处于盒的中心。动触点有两种基本类型，一种是触点片固定在轴上，随轴一起转动，如图 4.13（a）所示；另一种是触点片与轴有一定角度的自由行程，如图 4.13（b）所示，当手柄转动角度在其自由行程内时，可保持在原来位置上不动，自由行程有 45°、90°、135° 三种。

控制开关共有 6 个位置，其中"跳闸后"和"合闸后"为固定位置，其他为操作时的过渡位置。有时用字母表示 6 种位置，如"C"表示合闸中，"T"表示跳闸中，"P"表示预备合闸，"D"表示合闸后。

（2）控制回路。电磁操动机构的断路器控制回路如图 4.14 所示。图中虚线上打黑点（•）的触点，表示在此位置时该触点接通。其工作原理如下所述。

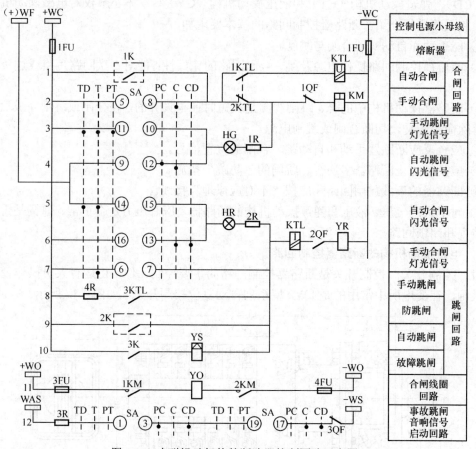

图 4.14　电磁操动机构的断路器控制回路示意图

① 断路器的手动控制。

● 手动合闸：设断路器处于跳闸状态，此时控制开关 SA 处于"跳闸后"（TD）位置，其触点 10 和 11 接通，1QF 闭合，HG 绿灯亮，表明断路器是断开状态，且控制回路的熔断器 1FU 和 2FU 完好。因电阻 1R 存在，流过合闸接触器线圈 KM 的电流很小，不足以使其动作。

将控制开关 SA 顺时针旋转 90°，至"预备合闸"位置（PC），9 和 12 接通，将信号灯接于闪光小母线（+）WF 上，绿灯 HG 闪光，表明控制开关的位置与"合闸后"位置相同，但断路器仍处于跳闸后状态，这是利用"不对应原理"接线，同时提醒运行人员核对操作对象是否有误，如无误后，继续顺时针旋转 45° 将 SA 置于"合闸"位置（C）。SA 的 5 和 8 接通，使合闸接触器 KM 接通于 +WC 和 −WC 之间，KM 动作，其触点 1KM 和 2KM 闭合，合闸线圈 YO 通电，断路器合闸。断路器合闸后，1QF 断开使绿灯熄灭，2QF 闭合，由于 13 和 16 接通，红灯 HR 亮。当松开 SA 后，在弹簧作用下，SA 自动回到"合闸后"位置，13 和 16 接通，使红灯发出平光，表明断路器手动合闸，且跳闸回路完好及控制回路的熔断器 1FU 和 2FU 完好。在此通路中，因电阻 2R 存在，流过跳闸线圈 YR 的电流很小，不足以使其动作。

● 手动跳闸：将控制开关 SA 逆时针旋转 90° 置于"预备跳闸"位置（PT），13 和 16 断开，而 13 和 14 接通闪光母线，使红灯 HR 发出闪光，表明 SA 的位置与跳闸后的位置相同，但断路器仍处于合闸状态。将 SA 继续旋转 45° 而置于"跳闸"位置（T），6 和 7 接通，使跳闸线圈 YR 接通，此回路中的（KTL 线圈为防跳继电器 KTL 的电流线圈）YR 通电跳闸，1QF 合上，2QF 断开，红灯熄灭。当松开 SA 后，SA 自动回到"跳闸后"位置，10 和 11 接通，绿灯发出平光，表明断路器手动跳闸，合闸回路完好。

② 断路器的自动控制。断路器的自动控制通过自动装置的继电器触点（如图中 1K 和 2K，分别与 5 和 8、6 和 7 并联）的闭合分别实现合、跳闸控制。自动控制完成后，信号灯 HR 或 HG 将出现闪光，表示断路器自动合闸或跳闸，且跳闸回路或合闸回路完好，运行人员须将 SA 旋转到相应的位置上，相应的信号灯发平光。

当断路器因故障跳闸时，保护出口继电器触点 3K 闭合，SA 的 6 和 7 触点被短接，YR 通电，断路器跳闸，HG 发出闪光，表明断路器因故障跳闸。与 3K 串联的 YS 为信号继电器电流型线圈，电阻很小。YS 通电后将发出信号。同时由于 3QF 闭合（12 支路）而 SA 是置"合闸后"（CD）位置，1 和 3、17 和 19 接通，事故音响小母线 WAS 与信号回路中负电源接通（成为负电源），启动事故音响装置，发出事故音响信号，使电笛或蜂鸣器发出声响。

③ 断路器的"防跳"。若没有 KTL 防跳继电器，在合闸后，如果控制开关 SA 的触点 5 和 8 或自动装置触点 1K 被卡死，而此时又遇到一次系统永久性故障，继电保护使断路器跳闸，1QF 闭合，合闸回路又被接通，则出现多次"跳闸—合闸"现象，这种现象称为"跳跃"。如果断路器发生多次跳跃现象，会使其毁坏，造成事故扩大。所以在控制回路中增设了防跳继电器 KTL。

防跳继电器 KTL 有两个线圈，一个是电流启动线圈，串联于跳闸回路；另一个是电压自保持线圈，经自身的常开触点与合闸回路并联，其常闭触点则串入合闸回路中。当用控制开关 SA 合闸（5 和 8 接通）或自动装置触点 1K 合闸时，如合在短路故障上，继电保护动作，其触点 2K 闭合，使断路器跳闸。跳闸电流流过防跳继电器 KTL 的电流线圈，使其启动，1KTL 常开触点闭合（自锁），2KTL 常闭触点打开，其 KTL 电压线圈也动作，自保持。断路器跳开后，1QF 闭合，如果此时合闸脉冲未解除，即控制开关 SA 的触点 5 和 8 或自动装置触点 1K 被卡死，因 2KTL 常闭触点已断开，所以断路器不会合闸。只有当触点 5 和 8 或 1K 断开后，防跳继电器 KTL 电压线圈失电后，常闭触点才闭合。这样就防止了跳跃现象。

问题与思考

1. 什么是操作电源？操作电源分为哪几类？其作用有何不同？

2. 复式整流装置为什么可以保证在短路时仍能可靠供电？

3. 电气回路中为什么要装设绝缘监察装置？直流绝缘监察装置是如何发出音响和灯光信号的？

4. 直流回路一点接地后还能继续运行吗？两点接地呢？

5. 断路器控制回路应满足哪些基本要求？

4.2　供配电系统的继电保护

在工厂的供配电系统中，由于电气设备内部绝缘的老化、损坏或雷击、外力破坏以及工作人员的误操作等，可能使运行中的供配电系统发生故障和不正常运行情况。最常见的故障是各种形式的短路。很大的短路电流及短路点燃引起的电弧，会损坏设备的绝缘甚至烧毁设备，同时引起电力系统的供电电压下降，引发严重后果。如果在供配电系统中装设一定数量和不同类型的继电保护设备，可将故障部分迅速地从系统中切除，保证供配电系统的安全运行。

4.2.1　供配电系统继电保护的任务、要求及基本原理

1. 继电保护的任务

继电保护用来保护多种形式的故障和不正常工作状态，保护性能比较好，非常适用于对供电可靠性要求较高、操作灵活方便，尤其是自动化程度较高的高压供配电系统，特别是在保护范围内发生短路时，相应的断路器跳闸，迅速切断故障电路，保证系统设备不受损坏。在不正常工作状态动作时，一般只发出警告信号，提醒值班人员注意。继电保护的任务有以下几个方面。

（1）当被保护线路或设备发生故障时，能自动迅速且有选择性地将故障元件从供配电系统中切除，以免故障元件继续遭到破坏，同时保证其他非故障线路迅速恢复正常运行。

（2）当供配电系统出现不正常运行状态时，根据保护装置的性能和运行维护条件，有的作用于信号，如变压器的继电保护、轻瓦斯保护等；有的经过一段时间的不正常状态不能自行消除时，作用于开关跳闸，将电路切断，如断路器 、自动空气开关保护等。

2. 继电保护的要求

根据继电保护所担负的主要任务，供配电系统对继电保护提出以下基本要求。

（1）选择性。当供配电系统发生短路故障时，继电保护装置动作，应只切除故障元件，使停电范围最小，以减小故障停电造成的损失。保护装置的这种能选择故障元件的能力称为保护的选择性。

（2）速动性。为了减小由于故障引起的损失，减少用户在故障时低电压下的工作时间，以及提高供配电系统运行的稳定性，要求继电保护在发生故障时应能尽快动作，切除故障。快速地切除故障部分可以防止故障扩大，减轻故障电流对电气设备的损坏，加快供配电系统电压的恢复，提高供配电系统运行的可靠性。

由于既要满足选择性，又要满足速动性，所以工厂供配电系统的继电保护允许带一定时限，以满足保护的选择性而牺牲一点速动性。对工厂供配电系统，允许延时切除故障的时间一般为 0.5～2.0s。

（3）灵敏性。灵敏性是指在保护范围内发生故障或不正常工作状态时，保护装置的反应能力。即在保护范围内故障时，不论短路点的位置以及短路的类型如何，保护装置都应当能敏锐且正确地做出反应。

继电保护的灵敏性是用灵敏度来衡量的。不同作用的保护装置和被保护设备，所要求的灵敏度是不同的，可以参考《电力装置的继电保护和自动装置设计技术规程》。

（4）可靠性。可靠性是指继电保护装置在其所规定的保护范围内发生故障或不正常工作时，一定要准确动作，即不能拒动；而不属其保护范围的故障或不正常工作时，一定不要动作，即不能误动。

除了满足上述 4 个基本要求外，对供配电系统继电保护装置还要求投资少，以便于调试和运行维护，并尽可能满足用电设备运行的条件。继电保护的 4 个基本要求，既相互联系，又相互矛盾。在考虑继电保护方案时，要正确处理它们之间的关系，使继电保护方案在技术上安全可靠，在经济上合理。

3．继电保护的基本原理

电力系统运行中的电流、电压、功率、频率、功率因数角等电气量的正常运行值和故障情况下的运行值有着明显的区别，利用继电保护装置对这些参数进行反映、检测，根据其变化判断电力系统是否存在故障或故障的性质和范围，进而做出相应反应和处理（如发出警告信号或令断路器跳闸等）的过程称为电力系统的继电保护。供配电系统的继电保护装置种类多样，但基本上都包括测量部分（和定值调整部分）、逻辑部分、执行部分，如图 4.15 所示。

图 4.15 继电保护装置基本组成框图

继电保护装置的原理框图分析如下。

故障量是指由一台或几台如电流、电压互感器组成的采样单元对被保护系统设备运行中的某些物理量或参数进行采集，并且经过电气隔离转换为继电保护装置可以接受的信号；整定值则是由 4 个电流继电器（其中两个起速断保护，另外两个起过电流保护）构成的比较鉴别单元提供的，电流继电器的整定值即为给定的整定值。

（1）测量部分。电流继电器的电流线圈接收到采样单元送来的电流信号后，即进行比较鉴别：当电流信号达到电流整定值时，电流继电器动作，通过其接点向下一级处理单元发出使断路器最终跳闸的信号；若电流信号小于整定值，则电流继电器不动作，传向下级单元的信号也不动作，即鉴别判断被保护系统设备是否发生故障，然后由比较信号"速断"、"过电流"的信息传送到下一单元处理。

（2）逻辑部分。逻辑部分由时间继电器、中间继电器等构成。逻辑部分按照测量部分输出量的大小、性质、组合方式及出现的先后顺序，判断和确定保护装置应如何动作：需要速断保护时，相应中间继电器动作；需要过电流保护时，相应时间继电器（延时）动作。

（3）执行部分。执行单元一般分两类：一类是如电笛、电铃、闪光信号灯等声、光信号继电器；另一类为断路器操动机构的跳闸线圈，使断路器跳闸。按照逻辑部分输出信号的驱动要求，执行部分发出信号或使断路器跳闸。

4.2.2 常见的继电保护类型与继电保护装置

1. 常见的继电保护类型

（1）电流保护。电流保护是按照继电保护的整定原则，保护范围及保护的原理特点所设定的一种保护，其中包括如下类型。

① 过电流保护。按照躲过被保护设备或线路中可能出现的最大负荷电流（如大电机的短时启动电流和穿越性短路电流之类的非故障性电流）来整定的，以确保设备和线路的正常运行。为使上、下级过电流保护能获得选择性，在时限上设有一个相应的级差。

② 电流速断保护。按照被保护设备或线路末端可能出现的最大短路电流或变压器二次侧发生三相短路电流而整定的。速断保护动作，理论上电流速断保护没有时限。即以零秒及以下时限动作来切断断路器。

过电流保护和电流速断保护通常配合使用，以作为设备或线路的主保护和相邻线路的备用保护。

③ 定时限过电流保护。被保护线路在正常运行中流过最大负荷电流时，电流继电器不应动作，而本级线路上发生故障时，电流继电器应可靠动作。定时限过电流保护由电流继电器、时间继电器和信号继电器三元件组成，其中电流互感器二次侧的电流继电器测量电流大小，时间继电器设定动作时间，信号继电器则发出动作信号。

定时限过电流保护的动作时间与短路电流的大小无关，动作时间是人为设定的恒定值。

④ 反时限过电流保护。反时限过电流保护中，继电保护的动作时间与短路电流的大小成反比。即短路电流越大，继电保护的动作时间越短，短路电流越小，继电保护的动作时间越长。在 10kV 的系统中常用感应型过电流继电器。

⑤ 无时限电流速断。无时限电流速断不能保护线路全长，它只能保护线路的一部分。系统运行方式的变化，会影响到电流速断的保护范围，为了保证动作的选择性，其起动电流必须按最大运行方式（即通过本线路的电流为最大的运行方式）来整定，但这样对其他运行方式的保护范围就缩短了。因此，规程要求最小保护范围不应小于线路全长的 15%。另外，被保护线路的长短也影响到速断保护的特性，当线路较长时，保护范围就较大，而且受系统运行方式的影响较小；反之，线路较短时，所受影响就较大，保护范围甚至会缩短为零。

（2）电压保护。电压保护是按照系统电压发生异常或故障时的变化而动作的继电保护。电压保护包括以下几种。

① 过电压保护。当电压超过预定最大值时，使电源断开或使受控设备电压降低的保护方式称为过电压保护。防止由雷击、高电位侵入、事故过电压、操作过电压等可能导致电气设备损坏而装设的 10kV 开闭所端头，变压器高压侧装设的避雷器，还有系统中装设的击穿保险器、接地装置等都是常用的过电压保护装置。其中，以避雷器最为重要。

② 欠电压保护。当系统中某一大容量负荷的投入或某一电容器组的断开，或因无功严重不足都可能引起欠电压。欠电压保护是防止电压突然降低致使电气设备的正常运行受损而设的。

③ 零序电压保护。零序电压保护是为防止变压器一相绝缘破坏造成单相接地故障的一种

继电保护，主要用于三相三线制中性点绝缘（不接地）的电力系统中。零序电流互感器的一次侧为被保护线路（如电缆三根相线），铁芯套在电缆上，二次绕组接至电流继电器；电缆相线必须对地绝缘，电缆头的接地线也必须穿过零序电流互感器。

保护原理：变压器零序电流互感器串接于零线端子出线铜排。正常运行及相间短路时，一次侧零序电流相量和为零，二次侧内有很小的不平衡电流。当线路发生单相接地时，接地零序电流反映到二次侧，并流入电流继电器，当达到或超过整定值时，电流继电器动作并发出信号。

（3）瓦斯保护。油浸式变压器内部发生故障时，短路电流所产生的电弧使变压器油和其他绝缘物分解，并产生瓦斯。保护原理：利用气体压力或冲力使气体继电器动作。

容量在 800kVA 及以上的变压器应装设瓦斯保护。当发生重瓦斯故障时，气体继电器触点动作，使断路器跳闸并发出报警信号；如发生轻瓦斯故障时，动作信号一般只有信号报警而不发出跳闸动作。

当变压器因初次投入、长途运输、加油、换油等原因，变压器油中也可能混入气体，这些气体会积聚在气体继电器的上部，遇到此类情况可利用瓦斯继电器顶部的放气阀放气，直至瓦斯继电器内充满油。为安全起见，最好在变压器停电时进行放气。

（4）差动保护。差动保护是一种按照电力系统中，被保护设备发生短路故障，在保护中产生的差电流而动作的一种保护装置。常用来做主变压器、发电机和并联电力电容器组的保护装置，按其装置方式的不同可分为以下两种。

① 横联差动保护。常用作发电机的短路保护和并联电力电容器组的保护，一般设备的每相均为双绕组或双母线时，采用这种差动保护。

② 纵联差动保护。一般常用作主变压器的保护，是专门保护变压器内部和外部故障的主保护。

（5）高频保护。高频保护是一种作为主系统、高压长线路的高可靠性的继电保护装置。目前我国已建成的多条 500kV 及其以上的超高压输电线路，就要求使用这种高可行性、高选择性、高灵敏性和动作迅速的保护装置。高频保护分为相差高频保护和方向高频保护。

① 相差高频保护。其基本原理是通过比较两端电流的相位进行保护。规定电流方向由母线流向线路为正，从线路流向母线为负。就是说，当线路内部故障时，两侧电流同相位；而外部故障时，两侧电流相位差 $180°$。

② 方向高频保护。基本工作原理是以比较被保护线路两端的功率方向，来判别输电线路的内部或外部故障的一种保护装置。

（6）距离保护。距离保护也是主系统的高可靠性、高灵敏度的继电保护，又称为阻抗保护，这种保护是按照长线路故障点不同的阻抗值而整定的。

（7）平衡保护。平衡保护是作为高压并联电容器的保护装置。继电保护有较高的灵敏度，对于采用双星形接线的并联电容器组，采用这种保护较为适宜。平衡保护根据并联电容器发生故障时产生的不平衡电流而动作的一种保护装置。

（8）负序及零序保护。负序和零序保护是作为三相电力系统中发生不对称短路故障和接地故障时的主要保护装置。

（9）方向保护。方向保护是一种具有方向性的继电保护。对于环形电网或双回线供电的系统，某部分线路发生故障时，而故障电流的方向符合继电保护整定的电流方向，则保护装置可靠地动作，切除故障点。

2．继电保护装置

供配电系统的继电保护装置由各种保护用继电器构成，其种类繁多。按继电器的结构原理分有电磁式、感应式、数字式、微机式等继电器；按继电器在保护装置中的功能分有起动继电器、时间继电器、信号继电器和中间继电器等。

（1）电磁式继电保护装置。

① 电磁式电流继电器。DL 型电磁式电流继电器的内部结构如图 4.16 所示。图 4.17 所示为其内部接线图和图形符号，电流继电器的文字符号为 KA。

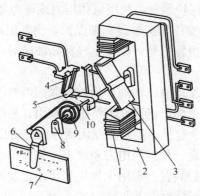

图 4.16　DL 型电磁式电流继电器内部结构示意图
1—线圈；2—电磁铁；3—Z 形铁片；4—静触头；5—动触头；
6—动作电流调整杆；7—标度盘；8—轴承；9—反作用弹簧；10—轴

当电流通过继电器线圈 1 时，电磁铁 2 中产生磁通，对 Z 形铁片 3 产生电磁吸力，若电磁吸力大于弹簧 9 的反作用力，Z 形铁片就转动，带动同轴的动触头 5 转动，使常开触头闭合，继电器动作。

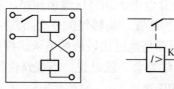

（a）DL-11 型内部接线　　　（b）图形符号
图 4.17　DL 型电磁式电流继电器的内部接线和图形符号

使过电流继电器动作的最小电流称为继电器的动作电流，用 I_{opKA} 表示。继电器动作后，逐渐减小流入继电器的电流到某一电流值时，Z 形铁片因电磁力小于弹簧的反作用力而返回到起始位置，常开触头断开。使继电器返回到起始位置的最大电流，称为继电器的返回电流，用 I_{reKA} 表示。

继电器的返回电流与动作电流之比称为返回系数 K_{re}，即

$$K_{\text{re}} = \frac{I_{\text{reKA}}}{I_{\text{opKA}}} \tag{4-1}$$

显然，过电流继电器的返回系数小于 1，返回系数越大，继电器越灵敏，电磁式电流继电器的返回系数通常为 0.85。

调节电磁式电流继电器的动作电流的方法有两种：一是改变调整杆 6 的位置来改变弹簧的反作用力，进行平滑调节；二是通过改变继电器线圈的连接。当线圈由串联改为并联时，继电器的动作电流增大一倍，进行级进调节。

电磁式电流继电器的动作极为迅速，动作时间为百分之几秒，可认为是瞬时动作的继电器。

② 电磁式电压继电器。DJ 型电磁式电压继电器的结构和工作原理与 DL 型电磁式电流继电器基本相同。不同之处仅是电压继电器的线圈为电压线圈，匝数多，导线细，与电压互感器的二次绕组并联。电压继电器文字符号用 KV 表示。

电磁式电压继电器有过电压继电器和欠电压继电器两种。过电压继电器返回系数小于 1，通常为 0.8，欠电压继电器返回系数大于 1，通常为 1.25。

③ 电磁式时间继电器。时间继电器用于继电保护装置中，使继电保护获得需要的延时，以满足选择性要求。DS 型电磁式时间继电器的内部结构如图 4.18 所示。它由电磁系统、传动系统、钟表机构、触头系统和时间调整系统等组成。

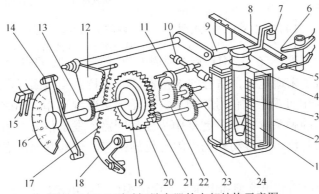

图 4.18　DS 型时间继电器的内部结构示意图

1—线圈；2—电磁铁；3—可动铁芯；4—返回弹簧；5、6—瞬时静触头；7—绝缘件；
8—瞬时动触头；9—压杆；10—平衡锤；11—摆动卡板；12—扇形齿轮；13—传动齿轮；
14—主动触头；15—主静触头；16—标度盘；17—拉引弹簧；18—弹簧拉力调节器；
19—摩擦离合器；20—主齿轮；21—小齿轮；22—掣轮；23、24—钟表机构传动齿轮

图 4.19 所示为 DS-110 型、DS-112 型时间继电器的内部接线图和图形符号。时间继电器的文字符号为 KT。DS-110 型为直流时间继电器，DS-120 型为交流时间继电器，延时范围均为 0.1～9s。

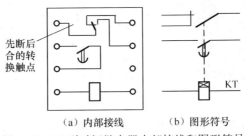

先断后合的转换触点

（a）内部接线　　（b）图形符号

图 4.19　DS 型时间继电器内部接线和图形符号

当时间继电器的线圈 1 接通工作电压后，铁芯 3 吸入，使被卡住的传动系统运动。传动系统通过齿轮带动钟表机构以一定速度顺时针转动，带动动触头运动，经过预定的行程，动

触头和静触头闭合，完成延时目的。时间继电器的时限调整通过改变主静触头 15 的位置，即改变主动触头 14 的行程获得。

④ 电磁式信号继电器。信号继电器在继电保护装置中用于发出指示信号，表示保护动作，同时接通信号回路，发出灯光或者音响信号。信号继电器的内部结构如图 4.20 所示。图 4.20（a）所示为其内部接线图，图 4.20（b）所示为其图形符号。信号继电器的文字符号为 KS。

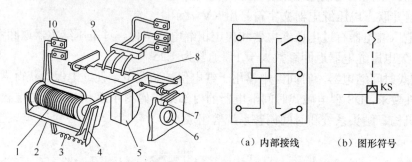

图 4.20　DX-11 型信号继电器及其内部接线和图形符号
1—线圈；2—电磁铁；3—短路环；4—衔铁；5—信号牌；
6—玻璃窗孔；7—复位旋钮；8—动触头；9—静触头；10—接线端子

信号继电器线圈 1 未通电时，信号牌 5 由衔铁 4 支持。当线圈通电时，电磁铁 2 吸合衔铁，从玻璃窗孔 6 中可观察到信号牌掉下，表示保护装置动作，同时带动转轴旋转，使转轴上的动触头 8 与静触头 9 闭合，起动中央信号回路，发出信号。信号继电器动作后，要解除信号，需手动复位，即转动外壳上的复位旋钮 7，使其常开触点断开，同时信号牌复位。

DX-11 型信号继电器有电流型和电压型。电流型信号继电器串联接入二次电路，电压型信号继电器并联接入二次电路。

⑤ 电磁式中间继电器。中间继电器的触头容量较大，触头数量较多，在继电保护装置中用于弥补主继电器触头容量或触头数量的不足。图 4.21 所示为 DZ-10 型中间继电器的内部结构图及其内部接线和图形符号。中间继电器的文字符号为 KM。当中间继电器的线圈通电时，衔铁动作，带动触头系统使动触头与静触头闭合或断开。

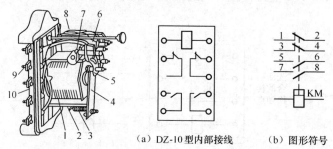

（a）DZ-10 型内部接线　　　　（b）图形符号

图 4.21　电磁式中间继电器及其内部接线、图形符号
1—线圈；2—电磁铁；3—弹簧；4—衔铁；5—动触点；6、7—静触点；8—连接线；9—接线端子；10—底座

（2）感应式继电保护装置

GL-10 和 GL-20 型感应式电流继电器的内部结构如图 4.22 所示。

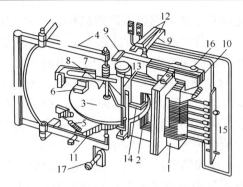
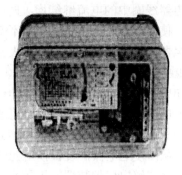

图 4.22　GL-10 型感应式过电流继电器的内部结构图与产品外形图

1—线圈；2—电磁铁；3—铝盘；4—铝框架；5—调节弹簧；6—接线端子；7—扇形齿轮与蜗杆；
8—制动永久磁铁；9—扁杆；10—衔铁；11—钢片；12—继电器触点；13—时限调节螺杆；
14—短路环；15—动作电流调节插销；16—速断电流调节螺钉

感应式电流继电器有两个系统：感应系统和电磁系统。

继电器的感应系统主要由线圈 1，带短路环 14 的电磁铁 2 和装在可偏转的框架（包括扇形齿轮 7、制动永久磁铁 8 以及铝盘 3）组成。继电器的电磁系统由线圈 1、电磁铁 2 和衔铁 10 组成。

当继电器的线圈中通过电流时，电磁铁在无短路环的磁极内产生磁通 Φ_1，在带短路环的磁极内产生磁通 Φ_2，两个磁通作用于铝盘，产生转矩 M_1，使铝盘开始转动。同时铝盘转动切割制动永久磁铁 8 的磁通，在铝盘上产生蜗流，蜗流与永久磁铁的磁通作用，又产生一个与转矩 M_1 方向相反的制动力矩 M_2，当铝盘转速增大到某一定值时，$M_1=M_2$，这时铝盘匀速转动。

继电器的铝盘在上述 M_1 和 M_2 的作用下，铝盘受力有使框架绕轴顺时针偏转的趋势，但受到弹簧 5 的阻力，当通过继电器线圈中的电流增大到继电器的动作电流时，铝盘受力增大，克服弹簧阻力，框架顺时针偏转，铝盘前移，使蜗杆与扇形齿轮啮合，这就叫继电器的感应系统动作。

由于铝盘的转动，扇形齿轮沿着蜗杆上升，最后使继电器触头 12 闭合，同时信号牌掉下，从观察孔中可看到红色的信号指示，表示继电器已动作。从继电器感应系统动作到触头闭合的时间就是继电器的动作时限。铝盘受力示意图如图 4.23 所示。

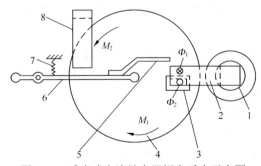

图 4.23　感应式电流继电器铝盘受力示意图

1—线圈；2—电磁铁；3—短路环；4—铝盘；5—钢片；6—铝框架；7—框架弹簧；8—制动永久磁铁

继电器线圈中的电流越大，铝盘转速越快，扇形齿轮上升速度也越快，因此动作时限越短。这就是感应式电流继电器的反时限特性。

当继电器线圈中的电流继续增大时，电磁铁中的磁通逐渐达到饱和，作用于铝盘的转矩不再增大，使继电器的动作时限基本不变。这一阶段的动作特性称为定时限特性。

当继电器线圈中的电流进一步增大到继电器的速断电流整定值时，电磁铁2瞬时将衔铁10吸下，触头闭合，同时也使信号牌掉下。这是感应式继电器的速断特性。继电器电磁系统的速断动作电流与继电器的感应系统动作电流之比，称为速断电流倍数，用 n_{qb} 表示。

感应式电流继电器的这种有一定限度的反时限动作特性，称为"有限反时限特性"。综上所述，感应式电流继电器具有前述电磁式电流继电器、时间继电器、信号继电器、中间继电器的功能，从而使继电保护装置使用元件少、接线简单，在供配电系统中得到广泛应用。

（3）数字式继电保护装置。近年来，继电保护专业技术人员借助各种先进科学技术手段做出了不懈的努力。在继电保护原理完善的同时，构成继电保护装置的元件、材料等也发生了巨大的变革，数字式继电器便是在这种形式下应运而生的。数字式继电器采用了数字电路设计，既能实现各种单功能型继电器的保护功能，又带有数显表的数据显示功能。作为传统电磁式、感应式继电器的替代产品，数字式继电器兼顾了方便灵活和智能的特点，具有保护功能较多，灵敏度高，动作时间整定灵活，过、欠模式同机整定，实时测量并显示当前电参量的值，相当于在智能电测仪表的基础上增加了保护继电器的功能。当用户只需要单个保护功能，又要实现网络化、智能化时，数字式继电器能较好地满足要求。

（4）微机式继电保护装置。我国从20世纪70年代末即已开始了微机继电保护的研究，到1984年，我国研制的输电线路微机保护装置首先通过鉴定，并在系统中获得应用，揭开了我国继电保护发展史上新的一页，为微机保护的推广开辟了道路。随着微机保护装置的研究，在微机保护软件、算法等方面也取得了很多理论成果。可以说从20世纪90年代开始，我国继电保护技术进入微机保护时代。

随着电力系统对微机保护要求的不断提高，微机保护除了继电保护的基本功能外，还应具有大容量故障信息和数据的长期存放空间，快速的数据处理功能，强大的通信能力，与其他保护、控制装置和调度联网以共享全系统数据、信息和网络资源的能力，高级语言编程等。这就要求微机保护装置具有相当于一台PC的功能。在计算机保护发展初期，曾设想过用一台小型计算机做成继电保护装置。由于当时小型机体积大、成本高、可靠性差，这个设想是不现实的。现在，同微机保护装置大小相似的工控机的功能、速度、存储容量大大超过了当年的小型机，因此，用成套工控机做成继电保护的技术已经不成问题，同样微机保护的发展也逐步成熟化。

目前生产的微机继电保护装置，其通用硬件平台通常采用新一代基于DSP技术的全封闭机箱，硬件电路采用后插拔式的插件结构，插件通常包括有电源插件、信息量插件、CPU插件、交流插件、人机对话插件等。

微机继电保护装置的软件平台通常采用实时多任务操作系统，在充分保证软件系统高度可靠性的基础上，利用计算机技术的高速运算能力和完备的存储记忆能力，以及成熟的数据采集，A/D模数变换、数字滤波和抗干扰措施等技术，使其在速动性、可靠性方面均优于以往传统的常规继电保护，显示了强大生命力。

（5）继电保护的发展趋势。新中国成立以来，我国电力系统继电保护技术经历了4个时代。随着电力系统的高速发展和计算机技术、通信技术的进步，继电保护技术面临着进一步发展的趋势。国内外继电保护技术发展的趋势为：计算机化；网络化；保护、控制、测量、数据通信一体化和人工智能化，这对继电保护工作者提出了艰巨的任务，也开辟了活动的广阔天地。

我国常规继电保护起始于 20 世纪 50 年代，对其发展和进步经历了近 50 年的时间，到 2000 年继电保护基本实现了综合自动化，而综合自动化只经过了 2 年的时间就过渡到了数字自动化阶段，数字自动化只经历了 1 年的时间，我国出台的继电保护技术标准和设计规范又提出了智能化，出现了跨越式的发展。

目前继电保护技术中，为了测量、保护和控制的需要，室外变电站的所有设备，如变压器、线路等的二次电压、电流都必须用控制电缆引到主控室。所敷设的大量控制电缆不但需要大量投资，而且使二次回路非常复杂。但是如果能将上述的保护、控制、测量、数据通信一体化的计算机装置，就地安装在室外变电站的被保护设备旁，将被保护设备的电压、电流量在此装置内转换成数字量后，通过计算机网络送到主控室，则可免除大量的控制电缆。

研究发现和证明，如果用光纤作为网络的传输介质，可免除电磁干扰。现在光电流互感器（OTA）和光电压互感器（OTV）已在研究试验阶段，将来必然在电力系统中得到应用。在采用 OTA 和 OTV 的情况下，保护装置就可放置在距 OTA 和 OTV 最近的被保护设备附近。OTA 和 OTV 的光信号输入到此一体化装置中并转换成电信号后，一方面用作保护的计算判断；另一方面作为测量参量，通过网络送到主控室。从主控室通过网络可将对被保护设备的操作控制命令送到此一体化装置，由此一体化装置执行断路器的操作。

上述一次技术的革新，引领了继电保护的智能化。近年来，人工智能技术如神经网络、遗传算法、进化规划、模糊逻辑等在电力系统各个领域都得到了应用，在继电保护领域应用的研究也已开始。神经网络是一种非线性映射的方法，很多难以列出方程式或难以求解的复杂的非线性问题，应用神经网络方法则可迎刃而解。例如在输电线两侧系统电势角度摆开情况下发生经过渡电阻的短路就是一个非线性问题，距离保护很难正确做出故障位置的判别，从而造成误动或拒动。如果用神经网络方法，经过大量故障样本的训练，只要样本集中充分考虑了各种情况，则在发生任何故障时都可正确判别。其他如遗传算法、进化规划等也都有其独特的求解复杂问题的能力。将这些人工智能方法适当结合可使求解速度更快。可以预见，人工智能技术在继电保护领域必会得到应用，以解决用常规方法难以解决的问题。

4.2.3 继电保护装置的接线方式

由于工厂内的供配电线路一般不是很长，电压也不太高，而且多采用单电源供电的放射式供电方式，因此工厂供配电系统的继电保护装置接线方式通常比较简单。一般只需装设相间短路保护、单相接地保护和过负荷保护。

线路发生短路时，线路中的电流会突然增大，电压会突然降低。当流过被保护元件中的电流超过预先整定值时，断路器就会跳闸或发出报警信号，由此来构成线路的电流保护。电流保护的接线方式是指电流继电器与电流互感器的连接方式。继电保护装置可靠动作的前提是电流互感器能否正确反映外部情况，这与电流保护的接线方式有很大的关系。接线方式不同，流入继电器线圈中的电流也不一样。分析正常及各种故障时，继电器线圈中的电流与电流互感器二次电流的关系，可以判断不同接线方式时继电器对各种故障的灵敏度。工厂供配电系统的继电保护中，常用的接线方式有以下几种。

1. 三相三继电器式接线

接线方式如图 4.24 所示。

在被保护线路的每一相上都装有电流互感器和电流继电器，分别反映每相电流的变化。这种接线方式，对各种形式的短路故障都有反映。当发生任何形式的相间短路时，最少有两个电流互感器二次侧的继电器中流过故障相对应的二次故障电流，故至少有两个继电器动作。

在中性点直接接地系统中，若发生单相接地时，有一相流过短路电流，只流过接在故障相电流互感器二次侧的继电器，并使之动作。

由上述讨论可见，三相三继电器式接线方式，任何形式的短路发生时，都有相应的二次故障电流流入继电器，因此可以保护各种形式的相间短路和单相接地短路故障。但是这种接线方式所用设备较多，接线较复杂，因此主要用于大接地电流系统中的保护。

2. 两相两继电器接线

其接线方式如图 4.25 所示。

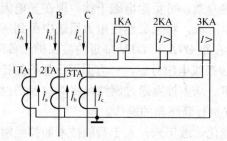
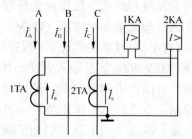

图 4.24 三只继电器三相完全星形接线方式　　　图 4.25　两只电流互感器不完全星形接线方式

两相两继电器接线方式将两只电流继电器分别与装设在 A、C 两相的电流互感器连接，因此又称为不完全星形接线。由于 B 相没有装设电流互感器和电流继电器，因此，它不能反应单相短路，只能反应相间短路，其接线系数在各种相间短路时均为 1。

可见，两相两继电器式接线方式，能保护各种相间短路，但不能保护某些两相接地短路和未装电流互感器那一相的单相接地短路故障。这种接线方式比较简单、所用设备较少。通常多用于中性点不接地或经消弧线圈接地的系统中。

3. 两相一继电器接线

其接线方式如图 4.26（a）所示。

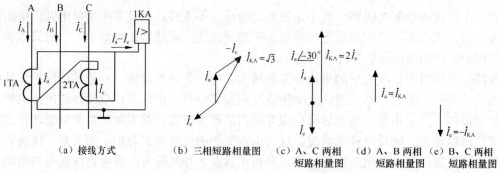

（a）接线方式　（b）三相短路相量图　（c）A、C 两相　（d）A、B 两相　（e）B、C 两相
　　　　　　　　　　　　　　　　　　短路相量图　　　短路相量图　　　短路相量图

图 4.26　两只单相电流互感器电流差式接线示意图

这种接线方式中，电流互感器通常接在 A 相和 C 相，继电器中流过的电流为两相电流的相量之差，即 $\dot{I}_{KA} = \dot{I}_a - \dot{I}_c$，因此又称为两相电流差式接线。

当发生三相短路时，由于三相电流对称，流过继电器的电流为电流互感器二次电流的 $\sqrt{3}$ 倍，即 $I_{KA}^{(3)} = \left| \dot{I}_a - \dot{I}_c \right| = \sqrt{3} I_a$，如图 4.26（b）所示。

当装有电流互感器的 A、C 两相发生短路时，A 相和 C 相电流大小相等，方向相反，所以 $I_{KA}^{(3)} = \left| \dot{I}_a - \dot{I}_c \right| = 2 I_a$，如图 4.26（C）所示。

A、B 或 B、C 两相短路时，由于 B 相无电流互感器，流入继电器的电流与电流互感器二次电流相等，所以 $I_{KA}^{(3)} = \left| \dot{I}_a - \dot{I}_c \right| = \dot{I}_a$ 或 $I_{KA}^{(3)} = \left| \dot{I}_a - \dot{I}_c \right| = -\dot{I}_c$，如图 4.26（d）和（e）所示。这是因为故障电流只有一相反映到电流互感器二次侧，所以流过继电器线圈的电流等于相应的二次故障电流，此时，继电器保护装置动作。

可见，这种接线可反应各种相间短路，但其接线系数随短路种类不同而不同，保护灵敏度也不同，主要用于高压小容量电动机的保护。

4．接线系数

不同的接线方式在不同的短路类型下，实际流过继电器的电流与电流互感器的二次电流不一定相同。为了表明流过继电器电流 I_{KA} 与电流互感器二次电流 I_2 之间的关系，引入一个接线系数的参量，其表达式为

$$K_W = I_{KA} / I_2 \tag{4-2}$$

在三相三继电器接线方式和两相两继电器接线方式中，$K_W = 1$。对于两相一继电器接线方式，当三相短路时，$K_W = \sqrt{3}$；只有一相装电流互感器的两相短路时，$K_W = 1$；对于两相都装有电流互感器的两相短路时，$K_W = 2$。

4.2.4　过电流保护类型及其原理

1．定时限过电流保护及其保护原理

定时限过电流保护是指保护装置的动作时间不随短路电流的大小而变化的一种保护。定时限过电流保护常用于工厂配电线路的保护。

定时限过电流保护的实例如图 4.27 所示。其中图 4.27（a）所示为原理图，原理图中所有元件的组成部分都集中表示出来；图 4.27（b）所示为展开图，展开图中所有元件的组成部分按所属回路分开表示。显然展开图简明清晰，因此工厂配电线路的二次回路图通常采用展开图说明。

由图 4.27（b）展开图分析：当电力系统的一次线路发生短路时，通过线路的电流突然增大，与一次线路中的电流互感器相连的过电流继电器 1KA（或 2KA）中的电流也突然增大，当大于其设定的动作电流值时，就会引起过电流继电器 1KA（或 2KA）动作，使其连接在二次回路中的常开触点闭合，时间继电器 KT 线圈得电，经过一定的延时，KT 延时触点闭合，使信号继电器 KS 线圈得电，指示牌掉下，KS 常开触点闭合，启动信号回路，发出灯光和音响信号；中间继电器 KM 的线圈与 KS 同时得电，其常开触点闭合，接通断路器跳闸线圈 YR 的回路，使断路器 QF 跳闸，切除短路故障线路。

由于工厂配电线路一般都不是太长，因此，线路各点的短路电流区别不是太大，为了保证过电流保护的选择性，通常要求工厂与线路相连的变压器到车间、工段、生产线，均应设

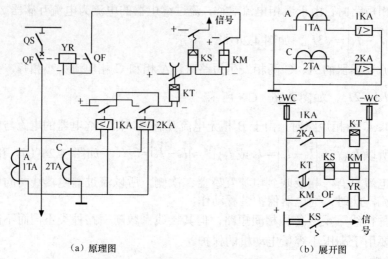

（a）原理图　　　　　　　　　　　　（b）展开图

图 4.27　定时限过电流保护的接线图

QF—断路器；TA—电流互感器；KA—电流继电器；KT—时间继电器；
KS—信号继电器；KM—中间继电器；YR—跳闸线圈

置时间继电器，并分别将给各线路段保护装置确定的动作时间逐步减少，使之有效地选择先切除线路上靠近发生相间短路故障点上游的保护装置。显然，定时限保护是一种由各个保护装置具有不同的延时动作时间来保证工厂配电线路安全的继电保护方式。

2．反时限过电流保护及其保护原理

反时限过电流保护是指保护装置的动作时间与短路电流的大小成反比。当流过电流继电器的电流值越大时，其动作时间就越短；反之动作时间就长。这种动作时限方式称为反时限，具有这一特性的继电器称为反时限过电流继电器，常用的反时限过电流继电器为感应式 GL 型继电器。最常用的型号有 JGL-15、HGL-15、JGL-12、HGL-12 静态反时限过电流继电器。

以图 4.28 所示的接线图为例，说明反时限过电流保护原理。

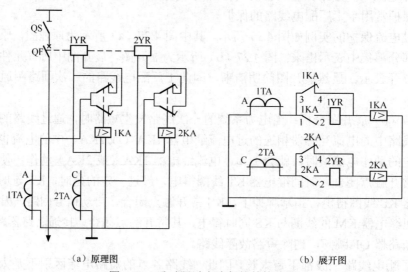

（a）原理图　　　　　　　　　　　　（b）展开图

图 4.28　反时限过电流保护的接线图

QF—断路器；TA—电流互感器；KA—电流继电器；YR—跳闸线圈

图 4.28 中的过电流继电器 1KA 和 2KA 均为 GL 型感应式过电流继电器。

分析：由图 4.28（b）所示的展开图可知，当线路正常运行时，跳闸线圈被 1KA 和 2KA 的常闭触点短路，电流互感器二次侧电流经继电器线圈及常闭触点直接构成回路，保护不动作。当线路发生短路时，1KA（或 2KA）继电器动作，其常闭触点打开、常开触点闭合，电流互感器二次侧电流流经跳闸线圈 1YR（或 2YR），由图 4.28（a）可读得，1YR 和 2YR 直接控制断路器 QF 的跳闸，因此当过电流直接流经 1YR（或 2YR）时，就会使断路器跳闸切除故障线路。

3．定时限与反时限过电流保护的比较

定时限过电流保护的优点是：动作时间较为准确，容易整定，误差小。缺点是：所用继电器数目较多，因此接线复杂，继电器触点容量较小，需要直流操作电源，投资较大，另外靠近电源处的保护动作时间太长。

反时限过电流保护的优点是：继电器的数量大大减少，其接线简单，只用一套 GL 系列继电器就可实现不带时限的电流速断保护和带时限的过电流保护。由于 GL 继电器触点容量大，因此可直接接通断路器的跳闸线圈，而且适用于交流操作。缺点是：运作时间的整定和配合比较麻烦，而且误差较大，尤其是瞬动部分，难以进行配合；而且当短路电流较小时，其动作时间可能会很长，延长了故障持续的时间。

通过以上比较可知，反时限过电流保护装置具有继电器数目少，接线简单，以及可直接采用交流操作跳闸等优点，常用于大容量电动机的保护。

4．速断保护

在带时限的过电流保护装置中，为了保证动作的配合性，其整定时限必须逐级增加，因而越靠近电源处，短路电流越大，相应动作时限也越长。这种情况对于切除靠近电源处的故障是不允许的。因此一般规定，当过电流保护的动作时限超过 1s 时，应该装设电流速断保护。

电流速断保护中不加时限，电流继电器可以瞬时动作。但是，无时限电流速断保护只能保护线路的一部分，不能保护线路全长。所以，为了保证动作的选择性，速断保护中的电流继电器的启动电流必须按最大运行方式来整定（即通过本线路的电流为最大电流），这种整定值显然存在着保护的死区。为了弥补速断保护无法保护线路全长的缺点，工程实际中通常采用略带时限的速断保护，即延时速断保护。这种保护一般与瞬时速断保护配合使用，其特点与定时限电流保护装置基本相同，所不同的是其动作时间比定时限过电流保护的整定时间短。为了使保护具有一定的选择性，其动作时间应比下一级线路的瞬时速断大一个时限级差，这个级差一般取 0.5s。

4.2.5　过电流保护的动作电流整定及保护灵敏度校验

1．动作电流的整定

带时限过电流保护，包括定时限和反时限两种的动作电流 I_{op}，是指继电器动作的最小电流。过电流保护的动作电流整定，必须满足下面两个条件。

① 为避免在最大负荷通过时保护装置误动作，过电流保护的动作电流整定应该躲过线路的最大负荷电流（包括正常过负荷电流和尖峰电流）I_{lmax}。

② 为保证保护装置在外部故障切除后，能可靠地返回到原始位置，防止发生误动作，保护装置的返回电流 I_{re} 也应该躲过线路的最大负荷电流 I_{lmax}。为说明这一点，现以图 4.29 所示

的为例来加以阐述。

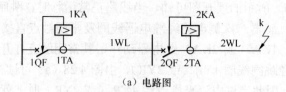

（a）电路图

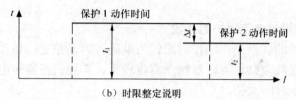

（b）时限整定说明

图 4.29　定时限过电流保护时限整定计算说明图

当线路 2WL 的首端 k 发生短路时，由于短路电流远远大于正常最大负荷电流，所以沿线路的过电流保护装置 1KA、2KA 都要启动。在正确动作情况下，应该是靠近故障点 k 的保护装置 2KA 首先断开 2QF，切除故障线路 WL2。这时继电保护装置 1KA 应返回，使 1WL 仍能正常运行。若 1KA 在整定时其返回电流未躲过线路 1WL 的最大负荷电流，即 1KA 的返回系数过低时，则 2KA 切除 2WL 后，1WL 虽然恢复正常运行，但 1KA 继续保持启动状态（这是因为 1WL 在 2WL 切除后，还有其他出线，因此还存在负荷电流），从而达到它所整定的时限（1KA 的动作时限比 2KA 的动作时限长）后，必将错误地断开 1QF，造成 1WL 也停电，扩大了故障停电范围，这是不允许的。所以保护装置的返回电流也必须躲过线路的最大负荷电流。

线路的最大负荷电流 I_{lmax} 应根据线路实际的过负荷情况来定，特别是尖峰电流，包括电动机的自启动电流。

设电流互感器的变流比为 K_i，保护装置的接线系数为 K_w，保护装置的返回系数为 K_{re}，则负荷电流换算到继电器中的电流为 $K_w I_{lmax} / K_i$。由于要求继电器的返回电流 I_{re} 也要躲过 I_{lmax}，即 $I_{re} > K_w I_{lmax} / K_i$。而 $I_{re} = K_{re} I_{op}$，因此 $I_{re} I_{op} > K_w I_{lmax} / K_i$，也就是 $I_{op} > K_w I_{lmax} / K_i K_{re}$。将此式写成等式，计入一个可靠系数 K_{rel}，由此可得到过电流保护动作电流整定公式为

$$I_{op} = \frac{K_{rel} K_w}{K_{re} K_i} I_{lmax} \tag{4-3}$$

式中，K_{rel} 为保护装置的可靠系数，对 DL 型继电器可取 1.2；对 GL 型继电器可取 1.3。K_w 为保护装置的接线系数，按三相短路来考虑，对两相两继电器接线为 1；对两相一继电器接线或两相电流差式接线均为 $\sqrt{3}$。I_{lmax} 为含尖峰电流的线路最大负荷电流，可取（1.5～3）I_{30}，I_{30} 为线路计算电流。

如果用断路器手动操作机构中的过电流脱扣器作过电流保护，则脱扣器动作电流应按下式整定

$$I_{op} = \frac{K_{rel} K_w}{K_i} I_{lmax} \tag{4-4}$$

式中，K_{rel} 为保护装置的可靠系数，可取 2～2.5，这里已考虑了脱扣器的返回系数。

【例 4-1】　某高压线路的计算电流为 100A，线路末端的三相短路电流为 1 200A。现采用 GL15/10 型电流继电器，组成两相电流差式接线的相间短路保护，电流互感器变流比为 320/5。试整定此继电器的动作电流。

解：取 $K_{re}=0.8$，$K_w=\sqrt{3}$，$K_{rel}=1.3$，$I_{1max}=2I_i=2\times100\text{A}=200\text{A}$。再由式（4-3）得

$$I_{op}=\frac{K_{rel}K_w}{K_{re}K_i}I_{1max}=\frac{1.3\times\sqrt{3}}{0.8\times(320/5)}\times200=8.795\text{A}$$

即此继电器的动作电流可取为整数 9A。

为了保证前后级保护装置动作时间的选择性，过电流保护装置的动作时限应按"阶梯原则"进行整定。就是在后一组保护装置所保护的线路首端发生三相短路时，前一组保护的动作时间应比后一组保护中最长的动作时间还要大一个时间级差 Δt，如图 4.29（b）所示，即 $t_1>t_2+\Delta t$。这一时间级差 Δt，应考虑到前一组保护动作时间 t_1 可能发生的负偏差，即可能提前动作一个时间 Δt_1；而后一组保护动作时间 t_2 又可能发生正偏差，即可能延后动作一个时间 Δt_2。此外应考虑到保护的动作，特别是采用 GL 型电流继电器时，还有一定的惯性误差 Δt_3。为了确保前后级保护的动作选择性，还应再加上一个保险时间 Δt_4，一般取 $0.1\sim0.15\text{s}$。因此，$\Delta t=\Delta t_1+\Delta t_2+\Delta t_3+\Delta t_4=0.5\sim0.7\text{s}$。

对于定时限过电流保护，可取 $\Delta t=0.5\text{s}$；对于反时限过电流保护，可取 $\Delta t=0.7\text{s}$。

定时限过电流保护的动作时间，利用时间继电器来整定。

反时限过电流保护的动作时间，由于 GL 型继电器的时限调节机构是按 10 倍动作电流的动作时间来标度的，而实际通过继电器的电流一般不会恰恰为动作电流的 10 倍，因此必须根据继电器的动作特性曲线图来整定。

图 4.30（a）中线路 2WL 保护 2 的继电器特性曲线为图 4.30（b）中的 2；保护 2 的动作电流为 $I_{op.KA2}$，线路 1WL 保护 1 的动作电流为 $I_{op.KA1}$。动作时限整定具体步骤如下。

a. 计算线路 2WL 首端 K 点三相短路时保护 2 的动作电流倍数 n_2。

$$n_2=\frac{I_{K.KA2}}{I_{op.KA2}}$$

式中，$I_{K.KA2}$ 为 K 点三相短路时，流经保护 2 继电器的电流，$I_{K.KA2}=K_{w.2}I_k/K_{i.2}$，$K_{w.2}$ 和 $K_{i.2}$ 分别为保护 2 的接线系数和电流互感器变比。

b. 由 n_2 从特性曲线 2 求 K 点三相短路时保护 2 的动作时限 t_2。

c. 计算 K 点三相短路时保护 1 的实际动作时限 t_1，t_1 应较 t_2 大一个时限级差 Δt，以保证动作的选择性，即 $t_1=t_2+\Delta t=t_2+0.7$

d. 计算 K 点三相短路时，保护 1 的实际动作电流倍数 n_1。

$$n_1=\frac{I_{K.KA1}}{I_{op.KA1}}$$

式中，$I_{K.KA1}$ 为 K 点三相短路时，流经保护 1 继电器的电流，$I_{K.KA1}=K_{w.1}I_k/K_{i.1}$，$K_{w.1}$ 和 $K_{i.1}$ 分别为保护 1 的接线系数和电流互感器变比。

e. 由 t_1 和 n_1 可以确定保护 1 继电器的特性曲线上的一个点 P，由 P 点找出保护 1 的特性曲线 1，并确定 10 倍动作电流倍数下的动作时限。

由图 4.30（a）可见，K 点是线路 2WL 的首端和线路 1WL 的末端，也是上下级保护

的时限配合点，若在该点 K 的时限配合满足要求，在其他各点短路时，都能保证动作的选择性。

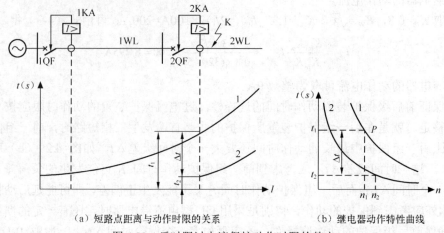

（a）短路点距离与动作时限的关系　　（b）继电器动作特性曲线

图 4.30　反时限过电流保护动作时限的整定

2．保护灵敏度校验

过电流保护的灵敏度用系统最小运行方式下线路末端的两相短路电流 $I_{k.min}^{(2)}$ 进行校验。灵敏系数 $S_p = I_{k.min}^{(2)} / I_{op1}$。式中 I_{op1} 为保护装置一次侧动作电流。

若过电流保护的灵敏度达不到要求，可采用带低电压闭锁的过电流保护，此时电流继电器动作电流按线路的计算电流整定，以提高保护的灵敏度。

【例 4-2】试整定图 4.31 所示线路 1WL 的定时限过电流保护。已知 1TA 的变比为 750/5A，线路最大负荷电流（含自启动电流）为 670A，保护采用两相两继电器接线，线路 2WL 定时限过电流保护的动作时限为 0.7s，最大运行方式时 K_1 点三相短路电流为 4kA，K_2 点三相短路电流为 2.5kA，最小运行方式时 K_1 和 K_2 点三相短路电流分别为 3.2kA 和 2kA。

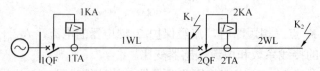

图 4.31　例 4-2 的电力线路图

解：① 整定动作电流

$$I_{op.kA} = \frac{K_{rel}K_w}{K_{re}K_i} I_{lmax} = \frac{1.2 \times 1.0}{0.85 \times 150} \times 670 = 6.3A$$

选 DL-11/10 电流继电器，线圈并联，整定动作电流 7A。

过电流保护一次侧动作电流为

$$I_{op1} = \frac{K_i}{K_w} I_{opkA} = \frac{150}{1.0} \times 7 = 1050A$$

② 整定动作时限

线路 1WL 定时限过电流保护的动作时限应较线路 2WL 定时限过电流保护动作时限大一

个时限级差 Δt。 $t_1 = t_2 + \Delta t = 0.7 + 0.5 = 1.2s$

③ 校验保护灵敏度

按规定，主保护 $S_p > 1.5$，后备保护的 $S_p \geqslant 1.25$。

保护线路 1WL 的灵敏度按线路 1WL 末端最小两相短路电流校验：

$$S_p = I_{k.min}^{(2)} / I_{opl} = 0.87 \times 3.2 / 1.05 = 2.65 > 1.5$$

线路 2WL 后备保护灵敏度，用线路 2WL 末端最小两相短路电流校验：

$$S_p = I_{k.min}^{(2)} / I_{opl} = 0.87 \times 2 / 1.05 = 1.65 > 1.25$$

由此可见，保护整定满足灵敏度要求。

图 4.32 所示为定时限过电流保护和电流速断保护接线图。其中定时限过电流保护和电流速断保护共用一套电流互感器和中间继电器，电流速断保护还单独使用电流继电器 3KA 和 4KA，信号继电器 2KS。

当线路发生短路，流经继电器的电流大于电流速断的动作电流时，电流继电器动作，其常开触点闭合，接通信号继电器 2KS 和中间继电器 KM 回路，KM 动作使断路器跳闸，2KS 动作表示电流速断保护动作，并启动信号回路发出灯光和音响信号。

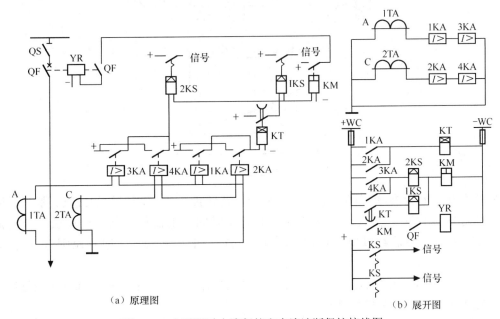

（a）原理图　　　　　　　　　　　　　　（b）展开图

图 4.32　定时限过电流保护和电流速断保护接线图

由于电流速断保护动作不带时限，为了保证速断保护动作的选择性，在下一级线路首端发生最大短路电流时电流速断保护不应动作，即速断保护动作电流 $I_{op1} > I_{K.max}$，从而，速断保护继电器的动作电流整定值为

$$I_{op.kA} = \frac{K_{rel} K_w}{K_i} I_{kmax}$$

式中，$I_{K.max}$ 为线路末端最大三相短路电流；K_{rel} 为可靠系数，DL 型继电器取 1.3，GL 型继电器取 1.5；K_w 为接线系数；K_i 为电流互感器变比。

由上式可求得的动作电流整定计算值，整定继电器的动作电流。对 GL 型电流继电器，还要整定速断动作电流倍数，即

$$n_{qb} = \frac{I_{OP.KA(qb)}}{I_{op.kA(oc)}}$$

式中，$I_{op.kA(qb)}$ 为电流速断保护继电器动作电流整定值；$I_{op.kA(oc)}$ 为过电流保护继电器动作电流整定值。

显然，电流速断保护的动作电流大于线路末端的最大三相短路电流，所以电流速继保护不能保护线路全长，只能保护线路的一部分，线路不能被保护的部分称为保护死区，线路能被保护的部分称为保护区。

由于电流速断的动作电流是按躲过线路末端的最大短路电流来整定的，因此在靠近线路末端的一段线路上发生的不一定是最大的短路电流，例如为两相短路电流时，电流速断保护装置就不可能动作，也就是说，电流速断保护实际上不能保护线路的全长。这种速断装置不能保护的区域称为"死区"，如图 4.33 所示。

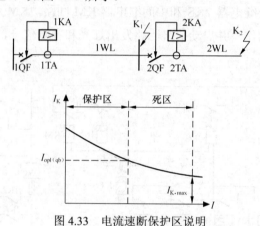

图 4.33　电流速断保护区说明

为了弥补速断存在死区的缺陷，一般规定，凡装设电流速断保护的线路，都必须装设带时限的过电流保护。而且，过电流保护的动作时间比电流速断保护至少长一个时间级差 $\Delta t = 0.5 \sim 0.7s$，前后级过电流保护的动作时间符合前面所说的"阶梯原则"，以保证选择性。

在速断保护区内，速断保护作为主保护，过电流保护作为后备保护；而在电流速断的死区内，则过电流保护为基本保护。

电流速断保护的灵敏度，按规定其保护装置安装处的最小短路电流可作为校验值，即电流速断保护的灵敏度必须满足条件：

$$S_p = \frac{K_w I_k^{(2)}}{K_i I_{qb}} \geq 1.5 \sim 2$$

式中，$I_k^{(2)}$ 为线路首端在系统最小运行方式下的两相短路电流。

在图 4.32（a）所示的原理图中，1KA、2KA 为定时限过电流保护继电器，3KA、4KA 为电流速断保护继电器。在速断保护的范围内发生短路时，由速断保护继电器动作，瞬时跳闸；在线路末端发生短路时，则由过电流保护继电器动作。

4.2.6　高频保护装置

为了实现远距离输电线路全线快速切除故障，必须采用一种新的继电保护装置——高频保护。

1．高频保护的基本原理

高频保护是将线路两端的电流相位或功率方向转化为高频信号，然后利用输电线路本身构成的高频电流通道，将此信号送至对端，比较两端电流相位或功率方向来确定保护是否应该跳闸。从原理上看，高频保护和纵差保护的工作原理相似，它不反应保护范围以外的故障，同时在定值及动作时限选择上无需和下一条线路相配合，能瞬时切除被保护线路内任何一点的各种类型的故障。因而能快速动作，保证线路全长。

目前，广泛采用的高频保护按其工作原理不同可分为高频闭锁方向保护和相差动高频保护两大类。由于高频闭锁方向保护不能做相邻线路保护的后备，故在距离保护上加上收发信机、高频通道设备组成高频距离保护，即高频闭锁距离保护。

（1）高频闭锁方向保护基本原理。通过高频通道传送两侧的功率方向，在每侧借助于高频信号判别故障是处于保护范围之内还是之外。一般规定：从母线流向线路的功率方向为正方向，从线路流向母线的功率方向为负方向。比较被保护线路两端的短路功率方向，即传送来的高频信号代表对侧的功率方向信号，当线路两端的功率方向都是由母线指向线路时，称为方向相同，保护装置动作；当线路外部发生故障时，一侧的功率方向指向母线，说明故障，该侧保护启动收发信机，发出闭锁信号。

（2）相差动高频保护的基本原理。利用高频信号将电流的相位传送到对侧，比较被保护线路两侧的电流相位，根据比较的结果产生速断动作或不动作。

2．高频保护的结构

高频保护的结构由继电部分和通信部分组成。

（1）继电部分。对反映工频电气量的高频保护来说，这类高频保护是在原有的保护原理上发展起来的，如方向高频保护、距离高频保护、电流相位差动高频保护等，他们的继电部分与原有的保护原理相似，而对于不反映工频电气量的高频保护来说，则其继电部分则是根据新原理构成的。

（2）通信部分。通信部分由收信机和通道组成。

实现高频保护首先要解决如何利用输电线路作为高频通道的问题。输电线路的载波频率为 $50 \sim 300 \mathrm{kHz}$，当频率低于 $50 \mathrm{kHz}$ 时受工频电压的干扰大，而各结合设备的构成也困难；当频率高于 $300 \mathrm{kHz}$ 时高频能量衰减大为增加，由于输电线路绝缘水平高，机械强度大，导线截面大使得通道的可靠性得到充分保障，但是输电线是传送高压工频电流的，要适应于传输高频信号必须增加一套结合设备，即高频收发信机。将高频收发信机与输电线路连接，用输电线路作为高频通道有两种选择方式：一种是利用"导线—大地"作为高频通道，另一种是利用"导线—导线"作为高频通道。前一种只需要在一相上装设构成通道的设备，因而投资少，但高频通道对高频信号的衰减以及干扰都较大。后一种需要在两相上装设构成通道的设备，因而投资较多，但高频信号的衰减及干扰均比前一种要小。在我国的电力系统中，目前广泛采用投资较小的"导线—大地"的通道方式。

利用输电线路构成的"导线—大地"制高频通道，电力线载波通道如图 4.34 所示。现以此图为例说明高频通道组成及其各部分的作用。

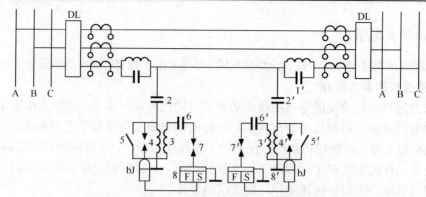

图 4.34 "导线—大地"制电力线载波通道的构成

1'—高频阻波器；2'—耦合电容器；3'—结合滤波器中的变压器；4'—放电间隙；
5'—接地刀闸；6'—结合滤波器中的电容；7'—高频电缆；8'—收发信机

① 阻波器是一个由电感电容组成的并联谐振回路。当它并联谐振时呈现的阻抗最大，利用这一特性可达到阻止高频电流向母线方向分流的目的，由于阻波器对 50Hz 工频电流的阻抗很小，所以不影响工频电流的传送。

② 耦合电容的电容量很小，因此对工频呈现出较大的阻抗，能阻止工频电压侵入收发信机，耦合电容与结合滤波器配合起来能使高频电流顺利地传送出去。

③ 结合滤波器是由一个可调节的空心变压器和电容器组成的"带通滤波器"。其作用除了可以减少其他频率信号的干扰外，同时还可使收发信机与高压设备进一步隔离，以保证高压设备及人身安全。结合滤波器又是一个阻抗匹配器，它可使高频电缆的输入阻抗与输电线路的输入阻抗相匹配，使高频能量的传输效率最高。

④ 高频电缆将位于主控室内的收发信机和高压配电装置中的结合滤波器连接起来，组成一个单芯同轴电缆。该段电缆并不很长，一般不超过几百米，但因工作频率很高，波长较短，若采用普通电缆将引起很大的衰减和损耗，而采用高频电缆其特性阻抗通常只有 100Ω。

⑤ 接地开关用在高频收发信机调整时进行安全接地。正常运行时，接地闸处于断开位置。

⑥ 放电间隙在线路过电压时放电，可使收发信机免遭击毁。

⑦ 高频收发信机的作用是发送和接受高频信号。在收发信机中再将高频信号进行解调，变成保护所用的信号。

3．高频通道的工作方式和高频信号的作用

（1）高频电流与高频信号。高频保护按通道工作方式可分为正常有高频电流通过时的长期发信方式和正常无高频电流通过时的故障再启动发信方式。

① 对于长期发信的高频保护，线路在正常运行时一直有高频电流，但这连续的高频电流不给任何信号，即没有闭锁信号，又没有允许跳闸信号。当线路上发生故障后，由操作电源调制高频电流，以使高频电流出现中断间隙信号。因此对长期发信的高频保护来说，有高频电流，表示无信号，而无高频电流却是表明有信号。

② 对于故障时启动发信的高频保护，线路在正常运行时没有高频电流，一旦发生故障，线路上才会有高频信号。

（2）传递高频信号的性质。传递的高频信号分别有以下 3 种类型。

① 闭锁信号：是能阻止保护动作于跳闸的信号。无闭锁信号存在是可保护动作与跳闸的必

要条件，但必须同时满足本端保护元件运作和没有闭锁信号两个条件时，保护才能作用于跳闸。

利用闭锁信号构成的高频保护方框图如图 4.35（a）所示。

② 允许信号：允许信号的存在是保护能动作跳闸的必要条件，欲使保护动作于跳闸，必须满足本端保护元件动作和有允许信号存在这两个条件。

利用允许信号构成的高频保护的方框图如图 4.35（b）所示。

③ 跳闸信号：能直接使断路器跳闸的信号称为跳闸信号。跳闸信号与保护元件是否动作无关，跳闸信号是保护能动作跳闸的充分条件。跳闸信号与允许信号相比，除直接动作于跳闸外，其他性质与允许信号相同。

利用跳闸信号构成的高频保护方框图如图 4.35（c）所示。

（a）闭锁信号　　　　　　　（b）允许信号　　　　　　　（c）跳闸信号

图 4.35　高频信号性质的分类示意图

4．高频保护的特点

（1）在被保护线路两侧各装半套高频保护，通过高频信号的传递和比较来实现保护。保护区只限于本线路，动作时限不必与相邻元件保护相配合，全线切除故障都是瞬动的。

（2）高频保护不能反应被保护线路以外的故障，因此，不能作下一段线路的后备保护，所以线路上还需要装设其他保护作为本段及下一段线路的后备保护。

（3）选择性好，灵敏度高，广泛应用在 110～220kV 及以上超高压电网中作线路主保护。

（4）高频保护因有收发信机等部分，故比较复杂，价格也比较昂贵。

5．高频保护的运行

（1）高频保护的投入与退出。线路两端的厂站运行值班员，应在调度员的命令下同时执行高频保护投入、退出运行操作。高频保护投入、退出运行的操作应通过操作保护压板来执行，除特殊情况外一般不关闭收发信机的电源。当高频通道衰耗超过规定范围时，规定当收信电平较正常值降低 6dB 时，应将高频保护退出运行。

（2）高频通道的检测。高频通道检测功能一般宜通过保护来实现，也可由收发信机单独完成。

① 高频保护应定期交换信号回路，以检查两侧保护和通道情况。在交换过程中应不影响保护装置的正常工作，一旦线路发生故障时，就自动断开交换信号回路接入正常工作回路。一般每日交换一次。每天手动进行一次高频通道检测，结束后应及时将信号复归，并对检测结果进行详细记录。不允许将高频收发信机的通道检测放在"自动"位置。

② 为防止信号衰减，使受端收信可靠。检查高频通道的规定裕量范围为 0.7～1.5dB。

③ 对于闭锁式高频保护，通道检测过程为按下"发信"或"通道检测"按钮，本侧收发信机发信 0.2s 后停信 5s，接受对侧发信 10s，本侧停信 5s 后再发信 10s，通道检测过程结束。

（3）运行监护。

① 运行人员应每天对收发信机及其回路进行巡视。

② 检查装置的信号灯、表计指示是否正确、数码管或液晶显示内容是否正确，面板上电

源指示灯是否亮。

③ 检查收发信机的电源电压、各电子管灯丝电流、晶体管发射极电流以及发信机的输出功率是否正常，有无告警等异常信号。

④ 有无回路无打火、接触不良、短路等明显异常。

⑤ 插件外观是否完整，有没有振动、发出异常声音、发热、散发明显异味等异常现象。

⑥ 当天气异常时，如雷、雨、风、雪等天气，应加强对高频通道及高频收发信机的巡视。

⑦ 高频保护因故退出运行时，每日高频通道的检测及巡视仍应照常进行。

⑧ 检查高频相差保护操作元件的操作电压是否符合要求。

⑨ 通过交换信号检查两侧保护的相互关系。对于方向高频和高频闭锁距离保护，主要是通过交换信号检查远方启动对侧发信机是否可靠；对于相差高频保护，则检查电流相位之间关系是否正确。利用负荷电流同时进行对试时，由于负荷电流与外部故障情况相似，线路两侧相位为 180°，相位比较回路不应动作。如果有一侧动作，则说明整定或操作元件存在问题。

（4）异常情况处理。

① 当高频收发信机动作时，无论是何种原因引起的，都要搞清启动原因。对当时的系统情况及收发信机的信号等进行详细记录，确认记录无误后将信号复归。必要时向调度汇报并申请退出高频保护。

② 收发信机直流电源消失告警时，应立即向调度汇报并申请退出该高频保护，检查电源开关及其回路是否正常。

③ 高频通道检测出现通道异常告警信号时，说明通道衰耗已大于 6dB，应立即向调度汇报并申请退出高频保护，检查收发信机及通道设备有无明显异常，若无法处理，应及时通知继电保护人员。

④ 收发信机出现其他异常告警时，应根据装置的具体情况进行处理。

问题与思考

1. 供配电系统继电保护的基本要求有哪些？什么是选择性动作？什么是灵敏度？

2. 为什么电流速断保护有的带时限，有的不带时限？

3. 什么是保护装置的接线系数？三相短路时，两相两继电器接线的接线系数为多少？两相一继电器接线的接线系数又为多少？

4. 为什么要求继电器的动作电流和返回电流均应躲过线路的最大负荷电流？

5. 什么是速断保护？速断保护和过电流保护有什么区别？

6. 某高压线路采用两相两继电器接线方式去分流跳闸原理的反时限过电流保护装置，电流互感器的变流比为 250/5，线路最大负荷电流为 220A，首端三相短路电流有效值为 5 100A，末端三相短路电流有效值为 1 900A。试整定计算其采用 GL15 型电流继电器的动作电流和速断电流倍数，并校验其过电流保护和速断保护的灵敏度。

7. 高频保护的基本原理是什么？说明高频通道的构成。高频保护有何特点？

技能训练一　二次回路识读图训练

1. 二次回路图

二次回路图主要有二次回路原理接线图、二次回路原理展开图、二次回路安装接线图。

（1）原理接线图。二次回路原理图主要是用来表示继电保护、断路器控制、信号等回路的工作原理，以原件的整体形式表示二次设备间的电气连接关系，原理接线图通常画出了相应的一次设备，便于了解各设备间的相互联系。

某 10kV 线路的过电流保护原理接线图如图 4.36 所示，其工作原理和动作顺序为：当线路过负荷或发生故障时，流过它的电流增大，使流过接于电流互感器二次侧的电流继电器的电流也相应增大。在电流超过保护装置的整定值时，电流继电器 1KA、2KA 动作，其常开触点接通时间继电器 KT，时间继电器 KT 线圈通电，经过预定的时限，KT 的触点闭合发出跳闸脉冲信号，使断路器跳闸线圈 YT 带电，断路器 QF 跳闸，同时跳闸脉冲电流流经信号继电器 KS 的线圈，其触点闭合发出信号。

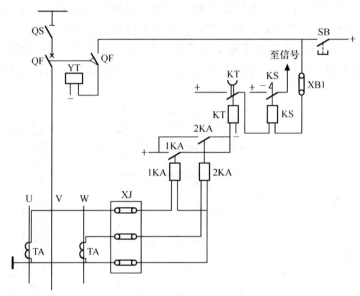

图 4.36　某 10kV 线路的过电流保护原理接线图

由以上分析可知，一次设备和二次设备都以完整的图形符号来表示，这有利于了解整套保护装置的工作原理，不过从中很难看清楚继电保护装置实际的接线及继电器线圈和接点之间的因果关系，特别是遇到复杂的继电保护装置（如距离保护装置）时，缺点就显得更加明显了。因此，接线原理图只用在设计初期。

（2）原理展开图。原理展开图将二次回路中的交流回路与直流回路分开来画。交流回路又分为电流回路和电压回路，直流回路又有直流操作回路与信号回路。在展开图中继电器线圈和触点分别画在相应的回路，用规定的图形和文字符号表示。在展开图的右侧，有回路文字说明，方便阅读。二次回路安装接线图画出了二次回路中各设备的安装位置及控制电缆和二次回路的连接方式，是现场施工安装、维护必不可少的图纸。图 4.36 对应的展开接线图如图 4.37 所示。

绘制展开接线图有如下规律。

① 直流母线或交流电压母线用粗线条表示，以区别其他回路的联络线。

② 继电器和各种电气元件的文字符号与相应原理接线图中的文字符号一致。

③ 继电器作用和每一个小的逻辑回路的作用都在展开接线图的右侧注明。

④ 继电器触点和电气元件之间的连接线段都有回路标号。

⑤ 同一个继电器的线圈与触点采用相同的文字符号表示。

⑥ 各种小母线和辅助小母线都有标号。

⑦ 对于个别继电器或触点不论是在另一张图中表示，还是在其他安装单位中有表示，都应在图纸中说明去向，对任何引进触点或回路也应说明出处。

⑧ 直流"＋"极按奇数顺序标号，"－"极按偶数标号。回路经过电气元件后，如线圈、电阻、电容等，其标号性质随之改变。

⑨ 常用的回路都有固定的标号，如断路器 QF 的跳闸回路用 33 表示，合闸回路用 3 表示等。

⑩ 交流回路的标号表示除用 3 位数字外，前面还应加注文字符号。交流电流回路标号的数字范围为 400～599，电压回路为 600～799。其中个位数表示不同回路；十位数表示互感器组数。回路使用的标号组，要与互感器文字后的"序号"相对应。如：电流互感器 1TA 的 U 相回路标号可以是 U411～U419；电压互感器 2TV 的 U 相回路标号可以是 U621～U629。

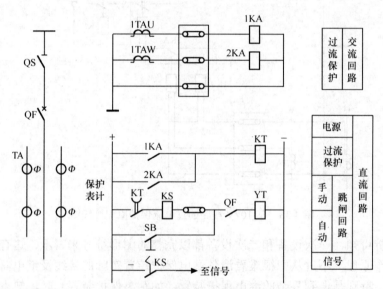

图 4.37　10kV 线路过电流保护展开接线图（右侧为一次电路）

（3）安装接线图。原理图或原理展开图通常是按功能电路（如控制回路、保护回路以及信号回路等）来绘制的，而安装接线图是按设备（如开关柜、继电器屏以及信号屏等）为对象绘制的。

安装接线图是用来表示屏内或设备中各元器件之间连接关系的一种图形，在设备安装、维护时提供导线连接位置。图中设备的布局与屏上设备布置后的视图是一致的，设备、元件的端子和导线、电缆的走向均用符号、标号加以标记。

安装接线图包括：屏面布置图，它表示设备和器件在屏面的安装位置，屏和屏上的设备、器件及其布置均按比例绘制；屏后接线图，用来表示屏内的设备、器件之间和与屏外设备之间的电气连接关系；端子排图用来表示屏内与屏外设备间的连接端子、同一屏内不同安装单位设备间的连接端子以及屏面设备与安装于屏后顶部设备间的连接端子的组合。

2．看端子排的要领

端子排图是一系列的数字和文字符号的集合，把它与展开图结合起来看就可清楚地了解它的连接回路。

三列式端子排图如图 4.38 所示。

图 4.38 中左列的是标号，表示连接电缆的去向和电缆所连接设备接线柱的标号。如 U411、V411、W411 是由 10kV 电流互感器引入的，并用编号为 1 的二次电缆将 10kV 电流互感器和端子排 I 连接起来的。

端子排图中间列的编号 1～20 是端子排中端子的顺序号。

端子排图右列的标号是表示到屏内各设备的编号。

两端连接不同端子的导线，为了便于查找其走向，采用专门的"相对标号法"。"相对标号法"是指每一条连接导线的任一端标以另一侧所接设备的标号或代号，故同一导线两端的标号是不同的，并与展开图上的回路标号无关。利用这种方法很容易查找导线的走向，由已知的一端便可知另一端接到何处。如 I4-1 表示连接到屏内安装单位为 I，设备序号为 4 的第 1 号接线端子。按照"相对标号法"，屏内设备 I4 的第 1 号接线端子侧应标 I-5，即端子排 I 中顺序号为 5 的端子。

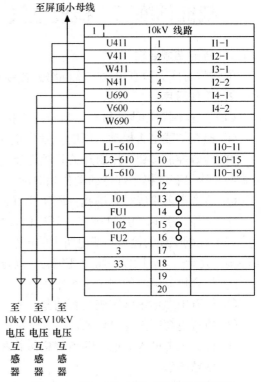

图 4.38　某 10kV 线路三列式端子排图

看端子排图的要领有以下几个方面。

① 屏内与屏外二次回路的连接、同一屏上各安装单位的连接以及过渡回路等均应经过端子排。

② 屏内设备与接于小母线上的设备，如熔断器、电阻、小开关等的连接一般应经过端子排。

③ 各安装单位的"+"电源一般经过端子排，保护装置的"-"电源应在屏内设备之间接成环形，环的两端再分别接至端子排。

④ 交流电流回路、信号回路及其他需要断开的回路，一般需用试验端子。

⑤ 屏内设备与屏顶较重要的控制、信号、电压等小母线，或者在运行中、调试中需要拆卸的接至小母线的设备，均需经过端子排连接。

⑥ 同一屏上的各安装单位均应有独立的端子排，各端子排的排列应与屏面设备的布置相配合。一般按照下列回路的顺序排列：交流电流回路、交流电压回路、信号回路、控制回路、其他回路以及转接回路。

⑦ 每一安装单位的端子排应在最后留 2～5 个端子作备用。正、负电源之间，经常带电的正电源与跳闸或合闸回路之间的端子排应不相邻或者以一个空端子隔开。

⑧ 一个端子的每一端一般只接一根导线，在特殊情况下 B1 型端子最多接两根。连接导线的截面积，对 B1 型和 D1-20 型的端子不应大于 6mm²；对 D1-10 型的端子不应大于 2.5mm²。

技能训练二　检查电气二次回路的接线和电缆走向

1．技能掌握要求

通过学习应会检查电气二次回路的接线和判断控制电缆的走向。

2．工作程序

（1）二次回路接线的检查。检查二次接线的主要内容有以下几个方面。

① 检查接线是否松动，以防止发生电流互感器开路运行而将电流互感器烧掉。

② 检查控制按钮、控制开关等触点及其连接是否与设计要求一致，辅助开关触点的转换是否与一次设备或机械部件的动作相对应。

③ 检查盘内接线是否绑扎并固定完好，检查其绝缘性是否良好。

④ 室外、潮湿、污秽的场所，还应检查其防雨、防潮、防污、防尘和防腐等措施是否完备。

（2）控制电缆的检查。变电所中的电缆，特别是控制电缆的数量较大，容量大的变配电所可能多达几十公里，所以要将电缆编号，以防弄错。检查控制电缆的内容主要有以下几个方面。

① 检查控制电缆的固定是否牢固。

② 检查电缆标示牌字迹是否清楚。

③ 检查电缆有无发热现象。

④ 检查电缆进入沟道、隧道等构筑物和屏、柜内以及穿入管子时，出口密封是否良好。

3．注意事项

控制电缆的编号由安装单位或安装设备符号及数字组成。数字编号为 3 位数字，根据不同的用途分组。

电缆编号是识别电缆的标志，故要求全厂或全所的编号不能重复，并具有明确含义和规律，应能表达电缆的特征。

每根电缆的编号列入电缆清册内。电缆牌上应标明电缆编号、规格、长度、起点、终点。电缆标示牌的大小以 60mm×40mm 左右为宜，可用白铁皮制作，但目前大都采用烫塑，书写都采用打印方法，以保持工整。

技能训练三　抄表

1．技能掌握要求

通过学习应会正确、按时抄录有关测量仪表数据。

2．相关知识

在电气运行值班过程中，除按时抄录有关指示仪表的数据外，还应定时抄录计量仪表的数据，以了解工厂的电能消耗情况，核算企业生产成本。计量仪表主要有有功电能表和无功电能表。

（1）电能表的接线。电能表的实物图如图 4.39 所示。电能表的下部有一排接线柱，利用这些接线柱，可把电能表的电流线圈串接在负载电路中，电压线圈并联在负载电路中。

① 单相电能表的接线。单相电能表的接线如图 4.40 所示。

图 4.39　电能表实物图

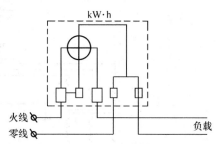

图 4.40　单相电能表的接线图

② 三相三线制电路中电能表的接线。在低压三相三线制电路中，有功电能的计量应采用新型的 DS862、DS864 型三相电能表，无功电能的计量采用 DX246 型。低压三相三线制电路有功电能表的接线图如图 4.41 所示。

高压三相三线制电路，测量三相有功电能可采用标定电流为 3X 1.5（6）A 或 3X 3（6）A 规格的电能表，括号内为最大电流。把 U 相和 W 相的电流互感器分别串联接入两个电流线圈，用两台单相电压互感器接成 V，v0 接线方式，如图 4.42 所示。也可以用 3 台单相或一台三相电压互感器，接成图 4.43 所示的 Y，y0 接线方式，按图接入两个电压线圈。

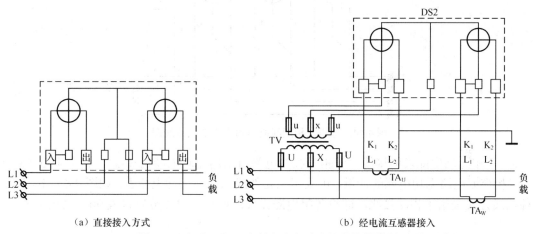

（a）直接接入方式　　　　　　　　　　　（b）经电流互感器接入

图 4.41　低压三相三线制电路有功电能表的接线图

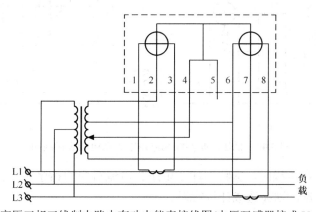

图 4.42　高压三相三线制电路中有功电能表接线图(电压互感器接成 V，v0 方式)

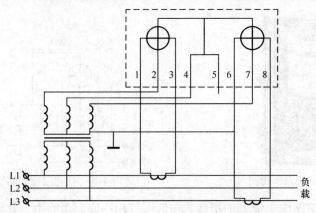

图 4.43　高压三相三线制电路中有功电能表接线图(电压互感器接成 Y，y0 方式)

③ 低压三相四线制电路中电能表的接线。对于低压三相四线制电路，应选用三相四线制有功电能表来计量电能，以保证在三相电压和电流不对称时，也能正确计量，其接线图如图 4.44 所示。当负载功率较大时，可将电能表配用电流互感器来计量电能。

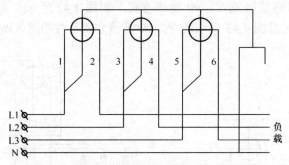

图 4.44　低压三相四线制电路中电能表接线图

④ 三相无功电能表的接线。三相三线制电路可采用无功电能表接线，如图 4.45（a）所示。三相交流电路无功电能的计量，可采用三元件或二元件无功电能表，如图 4.45（b）所示。这种接线方式采用了相法接线，即将各组电磁元件的电压、电流分别接成 90°的相位差。

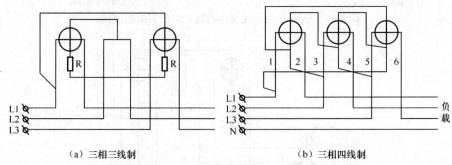

（a）三相三线制　　　　　　　　　　（b）三相四线制

图 4.45　低压三相四线制电路中无功电能表接线图

各种三相电能表在接线时，应特别注意电压、电流对应的相序和互感器的极性，如果相序和互感器的极性接反，则会造成计量错误。

（2）电能表倍率及计算。每只电能表都有铭牌，在铭牌上标明了制造厂名、型号、额定电流、额定电压、相数、准确度等级、每千瓦时的铝盘转数（统称电能表的常数）。

电能表常数用符号 R 表示，例如 DD862-4，5A、220V 电能表，每千瓦时 R=600r/kW·h，说明铝盘转动 600 转，显示耗电 1kWh。电能表计度器末位字轮转一周所需铝盘的转数，称为电能表的齿轮比。

电能表的倍率一般分两种，一种是由电能表结构决定的倍率，称为电能表本身倍率，它等于电能表的齿轮比除以电度表常数。如电能表的齿轮比及常数均为 2 500，其倍数实为 1。使用时将两次所抄电度数相减，即为实际用电量。这种情况下电能表的倍率按下式计算。

$$电能表倍率 = TV 变比 \times TA 变比 \times 电能表本身倍率$$

（3）测量仪表的异常运行及事故处理。无论是指示仪表，还是测量仪表，在过负荷、绝缘降低、电压过高、电流接头松动造成虚接开路等情况下，都可能发生冒烟现象。当发现接头冒烟现象后，应立即将表计电流回路短接、电压回路断开。在操作中应注意，勿将电压线圈短路、电流线圈开路。完成上述工作后，应报告上级有关部门，听候处理。

3．注意事项

为了保证电费的及时回收，抄表要按规定的时间和程序进行。

电能表在长期运行中可能出现计数器卡住不走的异常现象，例如，表内有脏物卡住计数器、由于检修质量不良造成字车和铝盘衔接太紧、各部螺丝松动造成计数器不走，止逆装置失灵、轴承磨损造成表慢以及电表空转等异常现象。属于测量仪表本身的问题，应立即通知有关人员修理。属于回路问题，运行人员应判明原因，并及时处理，处理后应报告上级有关部门；不能自行处理的，应报告上级有关部门，听候处理。

技能训练四　各种继电器的认识和实验

1．技能掌握要求

观察各种继电器的结构，掌握电磁型电流继电器的动作值和返回值的检验方法。

2．实验仪器仪表

各种电磁型电流继电器、电压继电器、时间继电器、中间继电器、信号继电器及 GL-10 型继电器；万用表、电压表、401 型秒表；滑线变阻器、刀开关等。

3．实验内容

（1）观察以上各种继电器的结构。

（2）电磁型电流继电器动作值、返回值的检验与调整。实验电路如图 4.46 所示。

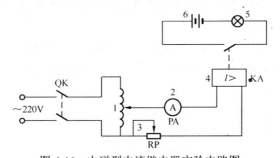

图 4.46　电磁型电流继电器实验电路图

1—自耦调压器；2—电流表；3—限流电阻器；4—电流继电器；5—指示灯；6—电池

实验步骤与方法如下。

① 按实验电路接线，将调压器指在零位，限流电阻器调到阻值最大位置。

② 将继电器线圈串联，整定值调整把手置于最小刻度，根据整定电流选择好电流表的量程。

③ 动作电流的测定。先经老师查线无问题后，再合上刀开关 QK，调节调压器及滑线变阻器使回路中的电流逐渐增加，直至动合触点刚好闭合，灯亮为止，此时电流表的指示值即为继电器在该整定值下的动作电流值，记录电流的指示值于表 4-2 中。动作值与整定值之间的误差 $\Delta I\%$ 不应超过继电器规定的允许值。

④ 返回电流的测定。先使继电器处于动作状态，然后缓慢平滑地降低通入继电器线圈的电流，使动合触点刚好打开，此时灯熄灭，电流表的读数即为继电器在该整定值下的返回电流值，记录电流表的指示值于表 4-2 中。

⑤ 每一整定值下的动作电流与返回电流应重复测定 3 次取其平均值，作为该整定点的动作电流与返回电流。

⑥ 将继电器调整把手放在其他刻度上，重复③、④、⑤步骤，测得继电器在不同整定值时的动作电流值和返回电流值，将实验数据填入表 4-2 中。

表 4-2　　　　　　　　　　　　　　实验记录表

序号	线圈连接	动作电流/A					返回电流/A					返回系数
		1	2	3	平均	Δ I%	1	2	3	平均	Δ I%	
1	串联											
2												
3												
4	并联											
5												
6												

⑦ 将继电器线圈改为并联，重复③、④、⑤步骤，测定在其他整定值时的动作电流值和返回电流值，将实验数据填入表 4-2 中。

4．注意事项

（1）继电器线圈有串联与并联两种连接方法，刻度盘所标刻度值为线圈串联时的动作整定值，并联使用时，其动作整定值=刻度值×2。

（2）准确读取数据。动作电流是指使继电器动作的最小电流值。返回电流是指使继电器返回连接点时打开的最大电流值。

（3）在检测动作电流或返回电流时，要平滑单方向调整电流数值。

（4）每次实验完毕应将调压器调至零位，然后打开电源刀开关。

问题与思考

1．什么是电流继电器的动作电流？返回电流？

2．什么是继电保护装置？其用途是什么？

3．分析本技能训练中的实验结果是否符合要求。

4．试说明 GL-10 型继电器中各符号的含义。

第5章
变配电技术与倒闸操作

变配电运行方式可分为系统正常与系统非正常两类运行方式。根据电网要求，由调度部门制定的最安全、可靠、灵活地运用情况为系统正常运行方式，除此之外的方式为系统非正常运行方式。学习相关变电运行技术，可以提高运行技术人员贯彻执行相关岗位责任制的意识，保证生产运行的正常进行。

为了提高电力工业的效益，发挥电网在输电以及在水、火、核能等多种能源间的相互补偿，调剂、错峰以及在互为备用、事故支援等方面的作用，电网间相互连接并逐步扩大是必然的趋势。

1998年年底，我国装机容量达到27 700万千瓦，居世界第二位。由于国内能源分布与经济发展格局在地域上的不平衡，西电东送、北电南送的网络格局成为必然。而且新的发电基地离负荷中心距离越来越长，目前大多采用了超高压输电线路。为实现东北与华北、华东与华中、山东与华北、福建与华东、江西与广东等电网间的联网计划，相应需要500kV输变电设备。因此，我国现将发展500kV超高压变电设备定为今后几年的重点，且重点发展高可靠性、高利用率、低损耗、低造价和占地面积小的一体化产品。其中三相变压器发展750MVA及以上并提高可用系数；断路器断流容量发展63kA及以上并开发免维护、智能化产品；二次产品发展计算机综合自动化设备。

此外，一些新技术、新产品也逐步应用于输变电领域。在美国、日本和欧洲各国政府大力发展高温超导技术下，出现了超导故障电流限制器、高温超导输电电缆、高温超导变压器、高温超导储能系统及高温超导电机等新产品。高温超导材料的发展，必然带动整个电力工业的革新和进步，并形成新的高新技术产业。为此，十分有必要学习一些变电技术的相关知识和技能，以适应行业对人才的要求。

学习目标

1. 了解电力系统稳定性的概念。
2. 掌握倒闸操作。

5.1 电力系统静动稳定及其保持的基本措施

稳定性问题是与电力系统发展密切相关的。对于一个孤立的发电厂或较小规模的区域供配电系统，它们之间并列运行的稳定性问题不十分重要，随着容量和地区的扩大，当许多发电厂及大型机组并列运行在同一电力系统时，电力系统运行的稳定性则越显重要。电力系统的稳定性来源于系统的静稳定和动稳定，当失去稳定时，系统内的同步发电机将失步，系统发生振荡，造成系统解列，甚至造成大面积用户停电，使国民经济遭受巨大损失。

5.1.1 电力系统静稳定

1. 影响静稳定性的原因

电力系统的静稳定即系统运行的静态稳定性，指正常运行的电力系统受到很小的扰动之后，自动恢复到原来运行状态的能力。

电力系统所受到的扰动主要有架空线路因风吹动、摆动引起线间距离的变化、发电机组的转速非绝对均匀和发电机组受到微小的机械振动等。不管哪一种变化，如果它的后使电力系统静态稳定遭受破坏，都将可能并导致发电机失步，造成系统解列，甚至大批负荷停电。

从整个系统来看，若要保证其静态稳定性，应在整个系统布局、用电负荷中心、线路的送电距离等方面统筹安排、精心计算，采用正确的运行方式，防止重要线路跳闸后负荷电流的变化引起系统的稳定受到严重破坏。

2. 维护电力系统静稳定性的措施

（1）减少系统各元件的感抗。主要减少发电机、变压器和输电线路的电抗。措施有以下几点。

① 在有水力发电厂时，根据具体情况选择适当参数的发电机组。

② 减小变压器电抗来提高系统稳定性。

③ 在远距离输电中使用分裂导线减小线路电抗、采用串联电容补偿以减少线路电抗、合理选择高一级的标准电压减少电抗或合理选择发电厂主接线，使大型发电机组直接与较高电压的电网连接。

（2）采用自动调节励磁装置。在发电机上装设自动调节励磁装置，维持发电机的端电压恒定不变，以实现减少发电机电抗，从而达到减少系统电抗的目的。自动调节励磁装置不仅在提高发电厂并列运行的稳定性方面有良好的作用，在提高系统的电压稳定性方面也有良好的作用。发电机的无功功率电压静态特性与发电机的电抗有关，同等电抗较大的发电机，在其端电压下降时，输出的无功功率减少；同等电抗较小的发电机，在其端电压下降时，输出的无功功率减少较缓慢，甚至反而增大；当电机装有自动调节励磁装置时，则可等值地减小发电机的电抗，甚至随着发电机端电压的下降还会使无功功率电压静态特性上升，达到电力系统电压稳定极限值下降的效果，以提高系统的电压稳定性。

（3）采用按周波（频率）减负荷装置。按事先制定的程序，当系统频率下降到某一定值而不能满足电能质量，同时也不能保证发电机组以及电力系统的运行时，可自动切除一部分次要负荷；当未恢复到需要状态时，再行切除部分负荷的装置称为周波减负荷装置。系统内装设低周波减负荷装置，可阻止系统频率继续下降，从而对系统运行的频率和稳定性起到了良好的作用。但是，周波减负荷势必降低一部分用户供电的可靠性，所以它是一种"牺牲局部，保存全局"的应急措施。

（4）增大电力系统的有功功率和无功功率的备用容量。

5.1.2　电力系统动稳定

电力系统动稳定是指当电力系统和发电机在正常运行时受到较大干扰，使电力系统的功率发生相当大的波动时，系统能保持同步运行的能力。

1．造成动稳定波动的原因

（1）负荷的突然变化，例如切除或投入大容量的用电设备。

（2）切除或投入电力系统的某些元件，如发电机组、变压器、输电线路等。

（3）电力系统内发生短路故障。

上述因素中，短路故障是最危险的，对中性点直接接地系统而言，三相短路由于其电压急剧下降，发电厂间的联系大大削弱，严重威胁电力系统运行的动态稳定性。

2．维护电力系统动稳定性的措施

提高动态稳定性的措施很多，主要有以下几种措施。

（1）快速切除短路故障。快速切除短路故障，对提高动态稳定性具有决定性的作用。快速切除短路故障，可有效地提高电厂之间并列运行的稳定性；可使电动机的端电压迅速回升，提高电动机的稳定性；减少由于短路电流而引起的过热或机械损伤对电气设备造成的危害。目前我国使用的快速切除短路故障的保护装置从发布跳闸脉冲直至开关跳闸仅需 0.1s。

（2）采用自动重合闸装置。由于电力系统内的故障大多数为瞬时性的，特别是超高压输电线路的故障。采用自动重合闸装置后，在故障发生时由保护装置将断路器断开，经一定时限又能自动将这一线路重合投入正常运行，从而提高了系统的动稳定性。

在 220kV 及以上的超高压线路中，使用按相重合闸装置，这种装置可以自动选出故障相，切除故障相，并使之重合。由于切除的只是故障相，而不是三相，在切除故障相后至重合闸前的一段时间里，使单回线输电系统送电端的发电厂与受电端的系统也没有完全失去联系，从而大大提高了系统的动态稳定性。

（3）采用电气制动和机械制动。

① 电气制动。电气制动就是当系统发生故障时，发电机输出的功率急剧减小，发电机组因功率过剩而加速时，迅速投入制动电阻，额外消耗发电机的有功功率，以抑制发电机加速，提高电力系统动态稳定。

制动电阻接入系统时，可以是串联接入送至发电厂的主电路，也可以是并联接入送入发电厂的高压母线上或发电机母线上。

采用电气制动提高系统的动态稳定时，制动电阻的大小要选择恰当，否则会发生欠制动，导致不能限制发电机的加速，发电机仍然会失步，或发生过制动，使切除故障时与制动电阻的摇摆过程中失去同步。

② 机械制动。机械制动是直接在发电机组的转轴上施加制动力矩，抵消机组的机械功率，以提高系统动态稳定性。

（4）变压器中性点经小电阻接地。变压器中性点经小电阻接地的作用原理与电气制动十分相似。在故障发生时，短路电流的零序分量将流过变压器的中性点，在所接的电阻上产生有功功率损耗，当故障发生在送电端时，这一损耗主要由送电端发电厂供给；故障发生在受电端时，则主要由受电端系统供给。所以，当送电端发生接地短路故障时，送电端发电厂要额外供给这部分有功功率损耗，使发电机受到的加速作用减缓，即这些电阻中的功率损耗起到了制动作用，从而提高了系统的动态稳定性。

应当提出的是，接地故障发生在靠近受电端时，受电端变压器中性点所接小电阻中消耗的有功功率主要是由受电端系统供给，如果受电端系统容量不够大，将使受电端发电机加剧减速，因此，这一电阻不仅不能提高系统动态稳定性，反而将使系统的动态稳定性恶化。针对这一情况，受电端变压器中性点一般不接小电阻，而是接小电抗。

变压器中性点接小电抗的作用原理与接小电阻不同，它只是起限制接地短路电流的作用，或者说，它增大了接地短路时功角特性曲线的幅值，从而减小发电机的输入功率与输出功率之间的差额，提高系统的动态稳定性。变压器中性点所接的用以提高系统稳定性的小电阻或小电抗一般不大于百分之几到百分之十几。

（5）设置开关站和采用强行串联电容补偿。这两种措施缩短了故障切除后的"电气距离"，提高了电力系统的动态稳定性。

① 设置开关站。当输电线路相当长，而沿途又没有大功率的用户需要设置变电所时，可以在输电线路中间设置开关站。

设置开关站后，当输电线上发生永久性故障而必须切除线路时，可以不切除整个一回线路，而只切除其故障段，这样，不仅提高了发生故障时的动态稳定性，而且提高了故障后的静态稳定性，改善了故障后的电压质量。

② 采用强行串联电容补偿。如果为了提高电力系统正常运行时的静态稳定性，改善正常运行时的电压质量，已经在线路上设置串联电容补偿，那么为了系统的动态稳定和故障后的静态稳定性以及改善故障后的电压质量，可以考虑采用强行串联电容补偿。

强行串联电容补偿，就是切除故障线段的同时切除部分并联着的电容器组。并联电容器组的切除，增大了补偿电容的电抗，部分地甚至全部地抵偿了由于切除故障线段而增加的线路感抗。

采用以上两种措施提高电力系统动态稳定性时，应注意以下几个问题。

● 统筹规划。在设计上，从节约投资出发，串联电容补偿，强行串联补偿的接线应与开关站或中间变电所的接线统一考虑。

● 开关站的多少应从技术与经济两方面综合确定。开关站的地点应考虑到沿线工农业负荷的发展，尽可能设置在远景规划中拟建立中间变电所的地方。

● 开关站的接线布置应兼顾到便于扩建为变电所的可能性。

● 采用强行串联补偿时，电容器组的额定电流比不采用强行串联补偿时大；否则，切除部分电容器后，余下的电容器将过负荷。

除以上所述几点外，还可考虑采用对发电机组连锁切机和使用快速控制调速气门装置来实现。

问题与思考

1. 什么是电力系统的静态稳定性？什么是动态稳定性？

2．保证系统静稳定可采取哪几种措施？动稳定呢？

3．造成系统功率发生大波动的因素有哪些？

4．系统失去稳定性有哪些危害？

5.2　电力系统经济运行方法和措施

电力系统的经济运行应包含电力网的经济运行、发电厂的经济运行和变配电站的经济运行以及综合考虑整个电力系统的情况。这里仅就电力网、发电厂、变配电站的经济运行做一简要说明。

5.2.1　电力网的经济运行

电力网的年运行费可用下列算式表示：

$$F = \alpha \Delta A + \frac{P_\text{Z}}{100}K + \frac{P_\text{W}}{100} + N \quad （元） \tag{5-1}$$

式中，α 为计算电价或损耗每千瓦小时的电价，单位：元/度；ΔA 为电力网全年的电能损耗，单位：kW·h；K 为电力网的初投资，单位：元；N 为电力网的维护管理费用，单位：元；P_Z 为电力网的折旧率，又称为折旧费占初投资的百分数；P_W 为电力网的维修率，又称为维修费占初投资的百分数。

从式（5-1）可以清楚地看出，要想降低年运行费用，主要要降低电力网全年的电能损耗。其方法有以下几方面。

1．提高电力网负荷的功率因数

提高电力网的功率因数 $\cos\varphi$，是降低电能损耗的有效措施。提高负荷的功率因数，就要减小电力网中通过的无功功率，一般采取如下措施。

（1）合理地选择调整异步电动机的运行，提高用户的功率因数。异步电动机在能量转换过程中既需要有功功率，也需要无功功率。异步电动机所需的无功功率由两部分组成：一部分是建立磁场所需的空载无功功率，为总无功功率的 60%～70%，与电动机的负荷系数无关；另一部分是绕组漏抗中消耗的无功功率，与电动机的负荷系数 P/PN 的平方成正比。

当电动机的负荷系数较小时，用户的功率因数就很低，因此应尽量使用户的负荷系数趋近于 1。

为了减少用户所需要的无功功率，通常在有条件的企业中用同步电动机代替异步电动机，因为同步电动机不仅可以不需要系统供给无功功率，还可以在过励磁情况下向系统送出无功功率。除了异步电动机需要无功功率外，变压器、感应电炉等设备也都需要无功功率。因此，合理地选择变压器容量，并限制变压器空载运行时间，也是提高功率因数的重要措施。

（2）利用并联补偿装置提高用户的功率因数。合理选择异步电动机及变压器容量，可以提高系统的功率因数，降低电能损耗，但不能完全限制无功功率在电网中通过，在用户处或靠近用户的变配电站中，装设无功功率补偿设备，可以就地平衡无功功率，限制无功功率。

2．提高电力网运行的电压水平

提高电力网运行的电压水平，是降低电力网电能损耗的措施之一。电力网运行时，线路和变压器等电气设备的绝缘所容许的最高工作电压，一般不超过额定电压的 10%，因此，电力网在运行时，在不超过允许的情况下，应尽量提高运行电压水平，以降低电能损耗。据统计，线路运行电压提高 5%，电能损耗就可降低 9%，效果很明显。

3．改变电力网的接线及运行方式

在有条件的地方，可将开式网改为闭式网运行，这也是降低电力网电能损耗的措施之一。例如有 A、B、C、D 四台变压器，A 到 B、B 到 C、C 到 D 和 D 到 A 的距离相等，每一条辐射电网都是匀布负荷，负荷密度平均，并设材料和截面也都相等，当电力网开式运行改为闭式运行时，其有功功率的损耗可降低数倍。

5.2.2　发电厂的经济运行

目前，我国电力系统中的发电厂主要有水力发电厂、凝汽式火力发电厂和热电厂等类型。水力发电厂一般建在江河等水力资源丰富的地方，距离负荷中心较远；火力发电厂通常建在煤炭、燃油等动力资源丰富的产地，以节约燃料运输费用，距离负荷中心也较远；热电厂则一般建在负荷中心。电力系统经济运行与否，不仅要考虑系统内各电厂的类型、电力网功率损耗的大小，还应考虑各种类型发电厂在电力系统日负荷曲线和年负荷曲线中的位置是否合理。电力系统在统一的调度下，应按负荷曲线的不同部分，调整各类型发电厂的负荷，以保证系统运行的经济性。

火力发电厂在运行时由于要烧燃料，在一般情况下各电厂中的多台汽轮发电机组的特性是不同的，有的机组单位发电量消耗燃料多一些，有的机组则可能消耗的少一些。因此，经济运行问题可归结为如何正确安排系统各机组的发电率，使总的燃料达到最少。

5.2.3　变电所的经济运行

变配电站的经济运行，实际上就是变压器的经济运行。合理地选择变压器容量，将变压器设置在负荷中心，可以提高电力网的功率因数，减小变配电站低压侧线路的长度，还可降低电力网的功率损耗与电能损耗。合理确定变配电站的变压器并列运行台数，使其总功率损耗最小。

问题与思考

1．电力系统的经济运行包括哪些方面？

2．为什么提高电力网的功率因数能降低能耗？提高功率因数的方法有哪些？

3．为什么提高电力网运行的电压水平能降低电能损耗？

4．为什么改变电力网的接线及运行方式能降低电能损耗？

5.3　变电所一次系统的防误操作装置

防误操作装置用以防止误操作，其标准有：防止误拉合断路器；防止带负荷拉合隔离开关；防止带接地线合闸；防止带电挂接地线；防止误入有电隔离。变配电所常用的防误装置有机械闭锁、电气闭锁、电磁闭锁、红绿牌闭锁、电脑闭锁等。

5.3.1　机械闭锁

当某元件操作后，另一元件就不能操作的闭锁方式称为机械闭锁，这是靠机械结构制约而达到闭锁目的的一种装置。机械闭锁一般有以下几种。

（1）线路（变压器）隔离开关和线路（变压器）接地开关闭锁。

（2）线路（变压器）隔离开关和断路器与线路（变压器）侧接地开关闭锁。

（3）母线隔离开关和断路器母线侧接地开关闭锁。

（4）电压互感器隔离开关和电压互感器接地隔离开关闭锁。

（5）电压互感器隔离开关和所属母线接地开关闭锁。

（6）旁路旁母隔离开关和旁母接地开关闭锁。

（7）旁路旁母隔离开关和断路器旁母侧接地开关闭锁。

由于机械闭锁只能和本身位于隔离开关处的接地开关进行闭锁，所以如果需要和断路器及其他隔离开关或接地开关进行闭锁，机械闭锁就无能为力了。为了解决这一问题，可以采用电气闭锁和电磁闭锁。

5.3.2　电磁闭锁

电磁闭锁是利用断路器、隔离开关、设备网门等设备的副触点，接通或断开隔离开关网门电磁锁电源，从而达到闭锁目的的一种装置。电磁闭锁一般有下列几种。

（1）线路（变压器）隔离开关或母线隔离开关和断路器闭锁。

（2）正、副母线隔离开关之间的闭锁。

（3）母线隔离开关和母联（分段）断路器、隔离开关的闭锁。

（4）所有旁路隔离开关和旁路断路器闭锁。

（5）母线接地隔离开关和所有母线隔离开关闭锁。

（6）断路器母线侧接地隔离开关和另一母线隔离开关闭锁。

（7）线路（变压器）接地开关和线路（变压器）隔离开关、旁路隔离开关闭锁。

（8）旁路母线接地开关和所有旁路隔离开关闭锁。

（9）母线隔离开关和设备网门之间闭锁。

（10）线路（变压器）隔离开关和设备网门之间闭锁。

5.3.3　电气闭锁

电气闭锁是利用断路器、隔离开关副触点接通或断开电气操作电源而达到闭锁目的的一种装置，普遍用于电动隔离开关和电动接地开关上。电气闭锁一般有以下几种。

（1）线路（变压器）隔离开关或母线隔离开关和断路器闭锁。

（2）正、副母线隔离开关之间的闭锁。

（3）母线隔离开关和母联（分段）断路器、隔离开关的闭锁。

（4）所有旁路隔离开关和旁路断路器闭锁。

（5）母线接地隔离开关和所有母线隔离开关闭锁。

（6）断路器母线侧接地开关和母线隔离开关之间的闭锁。另一母线隔离开关闭锁。

（7）线路（变压器）接地开关和线路（变压器）隔离开关、旁路隔离开关之间的闭锁。

5.3.4　红绿牌闭锁

这种闭锁方式通常用在控制开关上，利用控制开关的分合两种位置和红绿牌配合，进行定位闭锁，以达到防止误拉、误合断路器的目的。

5.3.5 电脑闭锁（模拟盘）

微机防误操作闭锁装置也称为电脑模拟盘，是专门为防止电力系统电气误操作事故而设计研制的，由电脑模拟盘、电脑钥匙、电编码开锁以及机械编码锁等几部分组成。电脑模拟盘可以检验及打印操作票，同时能对所有的一次设备强制闭锁。具有功能强、使用方便、安全简单、维护方便等优点，特别适用于我国早期投运的变电所，可以省去大量的二次电缆安装工作。该装置以电脑模拟盘为核心设备，在主机内预先储存了所有设备的操作原则，模拟盘上所有的模拟元件都有一对触点与主机相连。当运行人员接通电源在模拟盘上预演、操作时，微机就根据预先储存好的规则对每一项操作进行判断，如操作正确则发出一声表示操作正确的声音信号；如操作错误，则通过显示器闪烁显示错误操作项的设备编号，并发出持续的报警声，直至将错误项复位为止。预演结束后，可通过打印机打印出操作票，通过模拟盘上的传输插座，将正确的操作内容输入到电脑钥匙中，运行人员就可拿着电脑钥匙到现场进行操作。操作时，运行人员依据电脑钥匙上显示的设备编号，将电脑钥匙插入相应的编码锁内，通过其探头检测操作的对象是否正确，若正确则闪烁显示被操作设备的编号，同时开放其闭锁回路或机构就可以进行倒闸操作了。操作结束后，电脑钥匙自动显示下一项操作内容。若跑错仓位则不能开锁，同时电脑钥匙发出持续的报警声以提醒操作人员，从而达到强制闭锁的目的。

使用电脑模拟盘闭锁，最重要的是必须保证该模拟盘的正确性，即和现场设备的实际位置完全一致，这样才能达到防误装置的要求。

5.3.6 防误装置

运行人员在倒闸操作中，应牢记防误装置是保障运行人员的人身安全、保护设备安全和防止误操作的关键设备，但是由于防误装置本身存在着一些缺陷，操作中有时会失灵，同时有些特殊情况必须要解除闭锁才能操作，例如断路器机构故障要停电隔离就只能先拉隔离开关等。任何解锁操作均必须得到有关调度的同意。严禁不认真核对设备铭牌和实际位置随意解锁造成误操作事故。在解锁操作中必须遵守下列规定。

（1）防误装置解锁钥匙的保管：运行人员不准随手携带解锁钥匙，解锁钥匙应放在专用信封内封好保管，作为每次交接班内容之一。

（2）操作中必须解锁时应做到以下几点。

① 操作人、监护人发现防误装置失灵时，应停止操作，一同离开操作现场，到控制室向值班长或站长汇报防误装置失灵情况。经值班长或站长会同至少两名值班员检查设备实际位置，确认解锁不会发生误操作后，才可向当值调度申请使用防误解锁钥匙进行操作。例如线路停电恢复操作，应到达现场检查该断路器在断开位置，线路断路器绿灯亮，控制盘表计指示为零；倒母线操作应到达现场检查母联（分段）断路器在合上位置，母联（分段）控制盘上断路器红灯亮，三相电流表计有指示。

② 值班长将上述情况向当值调度汇报，在调度同意使用防误解锁钥匙进行操作后，值班长应在解锁操作记录簿上做好记录，才可拆开解锁信封取出防误解锁钥匙交监护人使用。

③ 操作人和监护人使用防误解锁钥匙进行操作时，更应认真执行倒闸操作监护制度，再

次检查设备的实际位置，认真核对铭牌，防止发生误操作事故。解锁操作只允许在当值调度员批准的内容中进行。

④　操作结束后，监护人将防误解锁钥匙交还值班长，值班长应将防误解锁钥匙装入专用信封并封好，按值移交，并将缺陷情况填写缺陷单上报。

问题与思考

1．供配电技术中有哪些常用的防误装置？

2．五防解锁操作有何规定？

5.4　断路器的运行

断路器的作用是切合工作电流和及时断开该回路的故障电流。高压断路器是变电所高压电气设备中的重要设备之一。当线路发生故障时，与保护装置配合，将故障部分从电网中快速切除，以减少停电范围，防止事故扩大，保证电网无故障部分正常运行。

5.4.1　高压断路器的正常运行

1．断路器运行操作的要求

（1）严禁将拒绝跳闸的断路器投入运行。

（2）严禁将有严重缺油，严重漏油或严重漏气的断路器投入运行。

（3）电动合闸时，应监视直流屏电流表的摆动情况，以防烧坏合闸线圈。

（4）电动跳闸时，若发现绿灯不亮，红灯已灭，应立即拔掉短路器操作回路控制保险，以防烧坏跳闸线圈。

（5）断路器合闸后，因拉杆断裂造成一相未合闸，缺相运行时，应立即停止运行。

2．SF_6断路器运行的有关规定

（1）正常运行及操作时的安全技术措施有以下几条。

①　SF_6断路器装于室内时，距地面人体最高处应设置含氧量报警装置和SF_6泄漏报警仪。含氧量浓度低至18‰时应发警报。SF_6泄漏报警仪在SF_6气体含量超过$1\,000\times10^{-6}$时应发警报。这些仪器应定期实验，保证完好。

②　为防止低凹处发生工作缺氧窒息事故，工作前应先开启SF_6断路器室底部通风机进行排风，进入低凹处工作前，应先用含氧量报警装置测试含氧量，浓度应大于18‰，用检漏仪测试SF_6气体浓度，应不大于$1\,000\times10^{-6}$。

③　在SF_6断路器进行正常操作时，禁止任何人在设备外壳上工作，并离开设备，直至操作结束为止。

（2）SF_6断路器发生故障造成气体外溢时的安全技术措施有以下几条。

①　人员立即迅速撤离现场，并立即开启全部通风装置。

②　在事故发生15min以内，人员不准进入室内。在15min以后，4h以内，任何人员进入室内都必须穿防护衣，戴手套及防毒面具。4h以后进入室内进行清扫，仍须采取上述安全措施。

③　若故障时有人被外溢气体侵袭，应立即送医院诊治。

（3）SF_6气体压力的监视内容有以下几条。

① 每周抄表一次，必要时应根据实际情况增加次数。

② 为使环境温度与 SF_6 断路器内部气体温度尽可能一致，抄表时间应选择在日温较稳定的一段时间的末尾进行。以便及早发现可能漏气的趋势。

③ 抄表发现压力降低或巡视时发现有异臭，应立即通知有关专业人员检查处理。

5.4.2 高压断路器的技术监督

1．运行监督

（1）每年对断路器安装地点的母线短路容量与断路器铭牌做一次校核。

（2）对断路器做出运行分析，不断积累运行经验。

（3）做断路器的点动作次数统计，正常操作次数和短路故障开段次数分别统计。

2．绝缘监督

（1）定期进行预防性试验。

（2）设备大修时，同样应规定进行必要的电气试验。

3．检修监督

（1）应按有关检修工艺规程，定期进行断路器的大修、小修。

（2）运行人员应监督断路器大修、小修计划的执行，大修报告应存入设备专档，对发现的权限和检修中未能消除的缺陷记入设备缺陷记录中。

（3）对使用液压机构的断路器，运行人员应及时记录液压机构油泵启动情况和次数，记录断路器短路故障分闸次数和正常操作次数，为临时性检修提供依据。

4．绝缘油油质监督

（1）新油或再生油使用前应按有关规定的项目进行试验，注入断路器后再进行取样实验，结果存入设备档案。

（2）断路器在运行时，应按规定周期对绝缘油进行定期试验。

（3）对绝缘油试验发现有水分或电气绝缘强度不合格以及可能影响断路器安全运行的其他不合格项目时应及时处理。

（4）对缺油的断路器补加新油时，应尽可能补充同一牌号的绝缘油，如需与其他牌号混用需做混油试验。

5．断路器用压缩空气气质监督

（1）高压储气罐的地步疏水闸每天清晨放水一次，直至无水雾喷出时为止。

（2）应定期对断路器本体储气罐、工作储气罐、工作母管进行排污。

（3）定期对断路器及空气管路系统的过滤器进行清洗滤网。

（4）空压机停机时对空压机出口处的排污阀进行排污。

6．断路器 SF_6 气体气质监督

（1）新装 SF_6 断路器投运之前必须复测断路器本体内部分气体的含水量和漏气率，灭弧室气室的含水量应小于 1.5×10^{-4}（体积比），其他气室应小于 2.5×10^{-4}（体积比），断路器年漏气率小于 1‰。

（2）运行中的 SF_6 断路器应定期测量 SF_6 气体含水量，新装或大修后，每 3 个月测量一次，待含水量稳定后，每年测量一次，灭弧室气室含水量应小于 3×10^{-4}（体积比），其他气室应小于 5×10^{-4}（体积比）。

（3）新装或投运的断路器内的 SF_6 气体严禁向大气排放，必须使用 SF_6 气体回放装置回收。

（4）SF_6 断路器需补气时，应使用检验合格的 SF_6 气体。

5.4.3　断路器正常运行的巡视检查

（1）断路器的检查，应按现场运行规程规定，每天至少巡视 1～2 次。

（2）断路器的巡视检查项目有以下几条。

① 断路器的分、合位置指示正确，并与当时实际运行情况相符。

② 主触头接触良好不发热，有关测温元件（示温蜡片、变色漆）无熔化、变色现象。

③ 套管油位正常，油色透明无炭黑悬浮物。

④ 断路器本体无渗、漏油痕迹，放油阀关闭紧密。

⑤ 套管、瓷瓶无裂痕，无放电声和电晕。

⑥ 引线的连线部位接触良好，无发热。

⑦ 接地良好。

⑧ 防雨帽无鸟窝。

⑨ 户外断路器栅栏完好，设备附近无杂草和杂物。

⑩ 户内配电室的门窗、通气及照明良好。

（3）空气断路器的巡视检查项目有以下几条。

① 断路器的分、合位置指示正确，并与当时实际运行工况相符。

② 维持断路器瓷套内壁正压的通风指示正常。

③ 配电箱压力表指示在正常气压范围内，箱内及连接管道和断路器本体无漏气声。

④ 绝缘子和瓷套无破损、无裂纹及放电痕迹。

⑤ 运行中断路器的供气阀在开启位置。

⑥ 断路器工作母管、高压罐定期排污。

⑦ 各接点无发热。

⑧ 灭弧室排气孔的挡板应关闭，无积水或鸟巢。

⑨ 接地完好。

⑩ 设备周围无杂草、杂物。

（4）SF_6 断路器的巡视检查项目有以下几条。

① 每日定时记录 SF_6 气体压力和温度。

② 断路器各部分和管道无异常音响（漏气、振动声）及异味。

③ 套管无裂痕、无放电声和电晕。

④ 引线接点无发热。

⑤ 断路器分、合位置指示正确，并和当时实际运行工况相符。

⑥ 落地罐式断路器防爆膜无异常。

⑦ 接地良好。

⑧ 设备周围无杂草、杂物。

（5）电磁机构的巡视检查项目有以下几条。

① 机构箱门平整、开启灵活、关闭紧密。

② 分、合闸线圈及合闸接触器线圈无冒烟、异味。

③ 直流电源回路接线端子无松动、脱落及氧化现象。

④ 加热器正常完好。

（6）液压机构的巡视检查项目有以下几条。

① 机构箱门平整、开启灵活、关闭紧密。

② 检查油箱、油位是否正常，有无渗漏油。

③ 高压油的油压在允许范围内。

④ 机构箱内无异味。

⑤ 加热器正常完好。

（7）弹簧机构的巡视检查项目有以下几条。

① 机构箱门平整、开启灵活、关闭紧密。

② 断路器在运行状态时，储能电动机的电源闸刀应在闭合位置。

③ 检查储能电动机，行程开关接点无卡位和变形，分、合闸线圈无冒烟、异味。

④ 断路器在分闸备用状态时，分闸连杆应复归，分闸锁扣到位，合闸弹簧应储能。

⑤ 防凝露加热器良好。

5.4.4 断路器的特殊巡视

（1）在系统或线路发生事故使断路器跳闸后，应对断路器进行下列检查。

① 检查有无喷油现象，油色、油位是否正常。

② 检查邮箱有无变形等现象。

③ 检查各部位有无松动、损坏，瓷件是否断裂等。

④ 检查各引线接点有无发热、熔化等。

（2）高峰负荷时应检查各发热部位是否发热变色，示温片有无熔化、脱落。

（3）天气突变，气温骤降时检查油位是否正常，连接导线是否紧密等。

（4）下雪天应观察各接头处有无融雪现象，以便判断接点有无发热。

（5）雪天、浓雾天气，检查套管有无严重放电闪络现象。

（6）雷雨、大风过后，检查套管瓷件有无闪络痕迹，室外断路器上有无杂物，导线有无松动现象。

问题与思考

对断路器运行操作的要求有哪些？

5.5 电气倒闸操作

变配电所的电气设备有运行、热备用、冷备用和检修 4 种不同的状态。使电气设备从一种状态转换到另一种状态的过程称为倒闸，此过程中进行的操作叫做倒闸操作。

5.5.1 运行人员在倒闸操作中的责任和任务

倒闸操作是电力系统保证安全、经济供配电的一项极为重要的工作。值班人员必须严格遵守规程制度，认真执行倒闸操作监护制度，正确实现电气设备状态的转换，以保证电网安全、稳定、经济的连续运行。倒闸操作人员的责任和任务如下。

（1）正确无误地接受当值调度员的操作预令，并记录。

（2）接受工作票后，认真审查工作票中所列安全措施是否正确、完备、是否符合现场条件。

（3）根据调度员或工作票所发任务填写操作票。

（4）根据当值调度员的操作指令按照操作票操作，操作完成后应进行一次全面检查。

（5）向调度员汇报并在操作票上盖"已执行"章，并按要求将操作情况记入运行记录。

（6）操作票收存于专用夹中。

5.5.2　倒闸操作现场必须具备的条件

正确执行倒闸操作的关键：一是发令、受令准确无误；二是填写操作票准确无误；三是具体操作过程中要防止失误。除此之外，倒闸操作现场还必须具备以下条件。

（1）变配电所的电气设备必须标明编号和名称，字迹清楚、醒目，不得重复，设备有传动方向指示、切换指示，以及区别相位的漆色，接地闸刀垂直连杆应漆黑色或黑白环色。

（2）设备应达到防误要求，如达不到，必须经上级部门批准。

（3）各控制盘前后、保护盘前后、端子箱、电源箱等均应标明设备的编号、名称，一块控制盘或保护盘有两个及以上回路时要划出明显的红白分界线。运行中的控制盘、保护盘盘后应有红白遮拦。

（4）所内要有和实际电路相符合的电气一次系统模拟图和继电保护图。

（5）变配电所要备有合格的操作票，还必须根据设备具体情况制定出现场运行有关规程、操作注意事项和典型操作票。

（6）要有合格的操作工具和安全用具，如验电器、验电棒、绝缘棒、绝缘手套、绝缘靴和绝缘垫等，接地线和存放架均应编号并对号入座。

（7）要有统一的、确切的调度术语及操作术语。

（8）值班人员必须经过安全教育、技术培训，熟悉业务和有关规章制度，经上岗考试合格后方能担任副值、正值或值班长，接受调度命令进行倒闸操作或监护工作。

（9）值班人员如调到其他所值班时也必须按第 8 条规定执行。

（10）新进值班人员必须经过安全教育技术培训 3 个月，培训后由所长、培训员考试合格后，经工区批准才可担任实习副值，而且必须在双监护下才能进行操作。

（11）值班人员在离开值班岗位 1～3 个月后，再回到岗位上时必须复习规章制度，并经所长和培训员考核及格后方可上岗工作。离开岗位 3 个月以上者，要经上岗考核合格后方能上岗。

5.5.3　设备倒闸操作的规定

1．断路器操作

（1）操作断路器的基本要求。

① 断路器无影响安全运行的缺陷。断路器遮断容量应满足母线短路电流要求，若断路器遮断容量等于或小于母线短路电流时，断路器与操动机构之间应有金属隔板或用墙隔离。有

条件时应进行远方操作，重合闸装置应停用。

② 断路器位置指示器应与指示灯信号及表计指示对应。

③ 断路器合闸前，应检查继电保护是否按规定投入。分闸前应考虑所带负荷的安排。

④ 一般不允许手动机械合断路器。

⑤ 在液压机构压力异常信号发出时，禁止操作弹簧储能机构。在液压机构储能信号发出时，禁止合闸操作。

⑥ 断路器跳闸次数临近检修周期时，需解除重合闸装置。

⑦ 操作时，控制开关不应返回太快，应待红、绿灯信号发出后再放手，以免分、合闸线圈短时通电而拒动。电磁机构不应返回太慢，防止辅助开关故障，烧毁合闸线圈。

⑧ 断路器合闸后，应确认三相均已接通，自动装置已按规定设置。

（2）操作断路器时应重点检查的项目。

① 根据电流、信号及现场机械指示检查断路器位置。

② 有表计实时监控的断路器应逐项检查电流、负荷和电压情况。

③ 操作前应检查控制回路、辅助回路控制电源的液压回路是否正常，检查动力机构是否正常，如果储能机构已储能，则开关具备运行操作条件。

④ 对油断路器和空气断路器，还应检查油断路器的油色、油位及为断路器气体压力和空气断路器储气罐压力是否在规定范围内。

⑤ 对长期停运的断路器，在正式执行操作前应通过远方控制方式进行 2～3 次试操作，无异常情况方能按操作票拟定方式操作。

⑥ 发现异常情况时，应立即通知操作人员和专业人员，并进行有关处理。

（3）断路器操作。

① 用控制开关拉合断路器，不要用力过猛，以免损坏控制开关，操作时不要返回太快，以免断路器合不上或拉不开。

② 设备停止操作前，对终端线路应先检查负荷是否为零。对并列运行的线路，在一条线路停役前应考虑有关速写值的调整，并注意在该线路拉开后另一线路是否过负荷。如有疑问应问清调度后再操作。断路器合闸前必须检查有关继电保护是否已按规定投入。

③ 断路器操作后，应检查与其相关的信号，如红绿灯、光示牌的变化，测量表计的指示。装有三相电流表的设备，应检查三相表计，并到现场检查断路器的机械位置以判断断路器分合的正确性，避免由于断路器假分假合造成误操作事故。

④ 操作主变压器断路器停役时，应先拉开负荷侧后再拉开电源侧，复役时顺序相反。

⑤ 如装有母差保护，当断路器检修或二次回路工作后，断路器投入运行前应先停用母差保护再合上断路器，充电正常后才能用上母差保护，并且有负荷电流时必须测量母差不平衡电流应为正常值。

⑥ 断路器出现非全相合闸时，首先要恢复其全相运行。当两相合上一相合不上时，应再合一次，如仍合不上则应将合上的两相拉开；如一相合上两相合不上时，应将合上的一相拉开，然后再做其他处理。

⑦ 断路器出现非全相分闸时，应立即设法将未分闸相拉开，如仍拉不开应利用母联或旁路进行倒换操作，之后通过隔离开关将故障断路器隔离。

⑧ 对于储能机构的断路器，检修前必须将能量释放，以免检修时引起人员伤亡。检修后

的断路器必须放在分开位置上，以免送电时造成带负荷合隔离开关的误操作事故。

⑨ 断路器累计分闸或切断故障电流的次数达到规定时，应停役检修。还要特别注意当断路器跳闸次数只剩有一次时，应停用合闸，以免故障重合时造成跳闸引起断路器损坏。

2. 隔离开关操作

（1）操作隔离开关的基本要求和注意事项。

① 操作前，应确保断路器在相应分、合闸位置，以防带负荷拉、合隔离开关。

② 操作中，如发现绝缘子严重破损、隔离开关传动杆严重损坏等严重缺陷时，不得进行操作。

③ 进行隔离开关倒闸操作时应严格监视隔离开关的动作情况，如发现卡涩和隔离开关有声音，应查明原因，并进行处理，严禁强行操作。

④ 隔离开关、接地开关和断路器之间安装有防误操作的闭锁装置时，倒闸操作一定要按顺序进行，如倒闸操作被闭锁不能操作时，应查明原因，正常情况下不得随意解除闭锁。

⑤ 确实因闭锁装置失灵而造成隔离开关和接地开关不能正确操作时，必须严格按闭锁要求的条件，检查相应的断路器和隔离开关的位置状态，只有在核对无误后才能解除闭锁进行操作。

⑥ 解除闭锁后应按规定方向迅速、果断地操作，即使发生带负荷合隔离开关，也禁止再返回原状态，以免造成事故扩大，但也不要用力过猛，以防损坏隔离开关；对单极刀闸，合闸时先合两边相，后合中间相，拉闸时，顺序相反。

⑦ 拉、合负荷及空载电流应符合有关章程的规定。

⑧ 对具有远方控制操作功能的隔离开关操作，一般在主控室进行操作，只有在远控电气操作失灵时，才可在征得所长和所技术负责人许可后，且有现场监督的情况下在现场就地进行电动或手动操作。

⑨ 远方控制操作完毕应检查隔离开关的实际位置，以免因控制回路中传动机构故障而出现拒分、拒合现象，同时应检查隔离开关的触头是否到位。

⑩ 发现隔离开关绝缘子断裂时，应根据规定拉开相应断路器。

⑪ 操作时应戴好安全帽，绝缘手套，穿好绝缘靴。

⑫ 操作隔离开关后，要将防误闭锁装置锁好，以防下次发生误操作。

（2）发生带负荷拉、合隔离开关的处理。

① 带负荷错拉隔离开关时，在动触头刚离开固定触头时，如产生电弧，应立即合上，以消除电弧，避免事故。如隔离开关已全部拉开，则不许将误拉的隔离开关再合上。

② 带负荷合隔离开关时，如发生弧光，应立即将隔离开关合上，即使发现误合，也不准将隔离开关再拉开，只能用断路器断开该回路后，才允许将误合的隔离开关拉开，以避免由于带负荷拉隔离开关造成三相弧光短路事故。

（3）隔离开关操作。

① 拉合隔离开关前必须查明有关断路器和隔离开关的实际位置，隔离开关操作后应查明实际分合位置。

② 手动合上隔离开关时，应迅速果断。在隔离开关快合到底时，不能用力过猛，以免损坏支持绝缘子。当合到底时发现有弧光或为误合时，不准再将隔离开关拉开，以免由于误操

作而发生带负荷拉隔离开关，扩大事故。

③ 手动拉开隔离开关时，应慢而谨慎。如触头刚分离时发生弧光应迅速合上并停止操作，立即检查是否为误操作而引起电弧。值班人员在操作隔离开关前，应先判断拉开该隔离开关是否会产生弧光，在确保不发生差错的前提下，对于会产生的弧光操作则应迅速果断，尽快使电弧熄灭，以免烧坏触头。

④ 装有电磁闭锁的隔离开关当闭锁失灵时，应严格遵守防误装置解锁规定，认真检查设备的实际位置，并得到当班调度员同意后，方可解除闭锁进行操作。

⑤ 电动操作的隔离开关如遇电动失灵，应查明原因和与该隔离开关有闭锁关系的所有断路器、隔离开关、接地开关的实际位置，正确无误后才可拉开隔离开关操作电源而进行手动操作。

⑥ 隔离开关操作机构的定位销操作后一定要销牢，以免滑脱发生事故。

⑦ 隔离开关操作后，检查操作是否良好，合闸时三相同期且接触良好；分闸时断口张开角度或闸刀拉开距离应符合要求。

3．母线操作应遵循的原则

用开关向不带电的母线充电时，应使用充电保护；用其他保护代替时，保护方向应指向被充电的母线或短接保护的方向元件，必要时，应调整保护定值。

倒母线操作，即由一条母线倒换部分或全部元件至另一条母线，首先应使母联断路器及两侧隔离开关均在合位，并取下母联断路器的操作熔断器，方可进行倒闸操作。其目的是防止在母联断路器断开的情况下，操作人员未及时发觉，造成带负荷拉、合隔离开关或带电源拉、合隔离开关的误操作事故；必要时也可改变母线保护运行方式，待操作完毕后投入母线开关操作电源熔断器。倒母线操作时，应注意采取措施，防止电压互感器二次反充电，避免运行中电压互感器熔断器熔断而使保护失压误动。

5.5.4　倒闸操作标准设备名称及操作术语

1．常用操作标准设备名称

主变（所变）、开关（断路器）、闸刀（刀闸）、接地闸刀（刀闸）、母线、线路、压变、流变、电缆、避雷器、电容器、电抗器、消弧、令克（跌落式熔断器）、保护。

2．常用操作术语

（1）开关、刀闸、接地闸刀、令克合上、拉开。

（2）接地线：装设、拆除。

（3）各种熔丝：放上、取下。

（4）继电保护及自动装置：启用、停用。

（5）压板：放上、取下、投入、退出、从××位置切至××位置、短路并接地。

（6）交、直流回路各种转换开关：从××位置切至××。

（7）二次空气开关：合上、分开。

（8）二次回路小闸刀：合上、拉开。

3．倒闸操作票的格式

倒闸操作票的格式如表5-1所示。

表 5-1　　　　　　　　　　　　　变电所倒闸操作票　　　　　　　　　　　　　编号：

操作开始时间：　年　月　日　时　分　终止时间：　日　时　分		
操作任务：		
	顺　　序	操 作 项 目
备　注		

操作人：　　　　　　　　监护人：　　　　　　　　　　　　　　　　工作许可人：

问题与思考

1. 什么叫做倒闸操作？倒闸操作应具备哪些条件？

2. 断路器不能分、合闸，应如何处理？断路器非全相分、合闸，应如何检查处理？

技能训练　模拟工厂供电倒闸操作实训

1. THSPGC-1 型工厂供电技术实训装置简介

THSPGC-1 型工厂供电技术实训装置是根据机械工业职业技能鉴定指导中心编写的《高级电工技术》、《电工基础》（高级工适用）、《电工技师培训教材》结合"工厂供电"和"供配电技术"等课程由天煌教仪公司研制生产的。THSPGC-1 型工厂供电技术实训装置如图 5.1 所示。

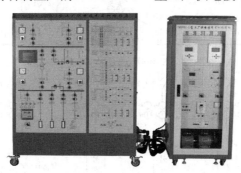

图 5.1　THSPGC-1 型工厂供电技术实训装置

THSPGC-1 型工厂供电技术实训装置由工厂供配电网络单元、微机线路保护及其设置单元、10kV 母线低压减载单元、电秒表计时单元、微机电动机保护及其设置单元，电动机组启动及负荷控制单元、PLC 控制单元、仪表测量单元、有载调压分接头控制单元、无功自动补偿控制单元、备自投控制单元、上位机系统管理单元、接口备用扩展单元及电源单元构成。

该装置主要对教材中的 35kV 总降压变电所、10kV 高压变电所及车间用电负荷的供配电线路中涉及的微机继电保护装置、备用电源自动投入装置、无功自动补偿装置、智能采集模块以及工业人机界面等电气一次、二次、控制、保护等重点教学内容设计开发和研制的。通过在该装置中的技能训练，能在深入理解专业知识的同时，培养学生的实践技能，有利于学生对变压器、电动机组、电流互感器、电压互感器、模拟表记、数字电秒表及开关元器件工作特性和接线原理的理解和掌握。

2. 模拟工厂供配电电力网络单元

整个工厂的供配电电力一次主接线线路结构如图 5.2 所示。

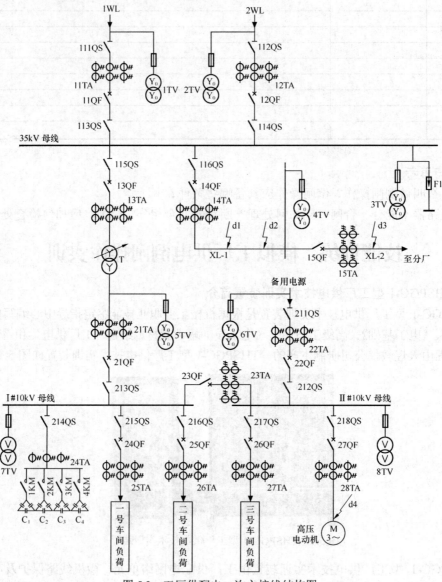

图 5.2　工厂供配电一次主接线结构图

本系统模拟有 35kV、10kV、380/220V 三个不同的电压等级的中型工厂供电系统。通过操作面板上的按钮和选择开关可以接通和断开线路，进行系统模拟倒闸操作。

3. 实训原理说明

倒闸操作是指按规定实现的运行方式，对现场各种开关（断路器及隔离开关）进行的分闸或合闸操作。

（1）倒闸操作的具体要求。

① 变配电所的现场一次、二次设备要有明显的标志，包括命名、编号、铭牌、转动方向、切换位置的指示以及区别电气相别的颜色等。

② 要有与现场设备标志和运行方式相符合的一次系统模拟图、二次回路的原理图和展开图及继电保护和二次设备。

③ 要有考试合格并经领导批准的操作人和监护人。

④ 操作时不能单凭记忆，应在仔细检查了解了操作地点及设备的名称编号后，才能进行操作。

⑤ 操作人不能依赖监护人，应对操作内容完全做到心中有数。

⑥ 在进行倒闸操作时，不要做与操作无关的工作。

⑦ 处理事故时，操作人员应沉着冷静，果断地处理事故。

⑧ 操作时应有确切的调度命令、合格的操作或经领导批准的操作卡。

⑨ 要采用统一的、确切的操作术语。

⑩ 要用合格的操作工具、安全用具和安全设施。

（2）倒闸操作的步骤。变配电所的倒闸操作可参照以下步骤进行。

① 接受主管人员的预发命令。值班人员接受主管人员的操作任务和命令时，一定要记录清楚主管人员所发的任务或命令的详细内容，明确操作目的和意图。在接受预发命令时，要停止其他工作，集中思想接受命令，并将记录内容向主管人员复诵，核对其正确性。对枢纽变电所重要的倒闸操作应有两人同时听取和接受主管人员的命令。

② 填写操作票。值班人员根据主管人员的预发令，核对模拟图，核对实际设备，认真填写操作票。填写操作票的顺序不可颠倒，字迹清楚，不得涂改，不得用铅笔填写。而在事故处理、单一操作、拉开接地刀闸或拆除全所仅有的一组接地线时，可不用操作票，但应将上述操作记入运行日志或操作记录本上。

③ 审查操作票。操作票填写后，写票人自己应进行核对，确定无误后再交监护人审查。监护人应对操作票的内容逐项审查。对上一班预填的操作票，即使不在本班执行，也要根据规定进行审查。审查中若发现错误，应由操作人重新填写。

④ 接受操作命令。在主管人员发布操作任务或命令时，监护人和操作人应同时在场，仔细听清主管人员所发的任务和命令，同时要核对操作票上的任务与主管人员所发布的是否完全一致。并由监护人按照填写好的操作票向发令人复诵。经双方核对无误后在操作票上填写发令时间，并由操作人和监护人签名，此时这份操作票才合格可用。

⑤ 预演。操作前，操作人、监护人应先在模拟图上按照操作票所列的顺序逐项唱票预演，再次对操作票的正确性进行核对，并相互提醒操作的注意事项。

⑥ 核对设备。到达操作现场后，操作人应先站准位置核对设备名称和编号，监护人核对操作人所站的位置、操作设备名称及编号应正确无误。检查核对后，操作人穿戴好安全用具，取立正姿势，眼看编号，准备操作。

⑦ 唱票操作。监护人看到操作人准备就绪，按照操作票上的顺序高声唱票，每次只准唱一步。严禁凭记忆不看操作票唱票，严禁看编号唱票。此时操作人应仔细听监护人唱票，并看准编号，核对监护人所发命令的正确性。操作人认为无误时，开始高声复诵，并用手指编号，做操作手势。严禁操作人不看编号复诵，严禁凭记忆复诵。在监护人认为操作人复诵正确、两人一致认为无误后，监护人发出"对，执行"的命令，操作人方可进行操作，并记录操作开始的时间。

⑧ 检查。每一步操作完毕后，应由监护人在操作票上打一个"√"号。同时两人应到现场检查操作的正确性，如设备的机械指示、信号指示灯、表计变化情况等，以确定设备的实际分合位置。监护人认可后，应告诉操作人下一步的操作内容。

⑨ 汇报。操作结束后，应检查所有操作步骤是否全部执行，然后由监护人在操作票上填写操作结束时间，并向主管人员汇报。对已执行的操作票，在工作日志和操作记录本上做好记录，并将操作票归档保存。

⑩ 复查评价。变配电所值班负责人要召集全班，对本班已执行完毕的各项操作进行复查、评价并总结经验。

（3）牢记倒闸操作的注意事项。进行倒闸操作应牢记并遵守下列注意事项。

① 倒闸操作前必须了解运行、继电保护及自动装置等情况。

② 在电气设备送电前，必须收回并检查有关工作票，拆除临时接地线或拉下接地隔离开关，取下标识牌，并认真检查隔离开关和断路器是否在断开位置。

③ 倒闸操作必须由两人进行，一人操作一人监护。操作中应使用合格的安全工具，如验电笔、绝缘手套、绝缘靴等。

④ 变配电所上空有雷电活动时，禁止进行户外电气设备的倒闸操作；高峰负荷时要避免倒闸操作；倒闸操作时不进行交接班。

⑤ 倒闸操作前应考虑继电保护及自动装置整定值的调整，以适应新的运行方式。

⑥ 备用电源自动投入装置及重合闸装置，必须在所属主设备停运前退出运行，在所属主设备送电后再投入运行。

⑦ 在倒闸操作中应监视和分析各种仪表的指示情况。

⑧ 在断路器检修或二次回路及保护装置上有人工作时，应取下断路器的直流操作保险，切断操作电源。油断路器在缺油或无油时，应取下油断路器的直流操作保险，以防系统发生故障而跳开该油断路器时发生断路器爆炸事故。

⑨ 倒母线过程中拉或合母线隔离开关、断路器旁路隔离开关及母线分段隔离开关时，必须取下相应断路器的直流操作保险，以防止带负荷操作隔离开关。

⑩ 在操作隔离开关前，应先检查断路器确在断开位置，并取下直流操作保险，以防止操作隔离开关过程中因断路器误动作而造成带负荷操作隔离开关的事故。

（4）停送电操作时拉、合隔离开关的次序。操作隔离开关时，绝对不允许带负荷拉闸或合闸。故在操作隔离开关前，一定要认真检查断路器所处的状态。停电时可能出现的误操作情况有：断路器尚未断开电源而先拉隔离开关，造成了带负荷拉隔离开关；断路器虽已断开，但在操作隔离开关时由于走错间隔而错拉了不应停电的设备。为了在发生错误操作时能缩小事故范围，避免人为扩大事故，停电时应先拉线路侧隔离开关，送电时应先合母线侧隔离开关。

（5）变压器的倒闸操作。

① 变压器停送电操作顺序：送电先送电源侧，后送负荷侧；停电操作顺序与此相反。

按上述顺序操作的原因是：由于变压器主保护和后备保护大部分装在电源侧，送电时，先送电源侧，在变压器有故障的情况下，变压器的保护动作使断路器跳闸切除故障，便于按送电范围检查、判断及处理故障。送电时，若先送负荷侧，在变压器有故障的情况下，由于小容量变压器主保护及后备保护均装在电源侧，保护拒动将造成越级跳闸或扩大停电范围；由于大容量变压器均装有差动保护，无论从哪一侧送电，变压器故障均在其保护范围内，但大容量变压器的后备保护（如过流保护）均装在电源侧，为取得后备保护，仍按先送电源侧，后送负荷侧为好。停电时，先停负荷，在负荷侧为多电源的情况下，可避免变压器反充电；反之，将会造成变压器反充电，并增加其他变压器的负担。

② 凡有中性点接地的变压器，变压器的投入、停用或在充电状态时，均应合上各侧中性点接地隔离开关。

中性点接地隔离开关合上的目的：其一，可以防止单相接地产生过电压和避免产生某些操作过电压，保护变压器绕组不致因过电压而损坏；其二，中性点接地隔离开关合上后，当发生单相接地时，有接地故障电流流过变压器，使变压器差动保护和零序电流保护动作，将故障点切除。

③ 两台变压器并联运行，在倒换中性点接地隔离开关时，应先合上中性点未接地的接地隔离开关，再拉开另一台变压器中性点接地的隔离开关，并将零序电流保护切换至中性点接地的变压器上。

④ 变压器分接开关的切换。无载分接开关的切换应在变压器停电状态下进行，分接开关切换后，必须用欧姆表测量分接开关接触电阻合格后，变压器方可送电。有载分接开关在变压器带负荷状态下，可手动或电动改变分接头位置，但应防止连续调整。

4. 实训内容与步骤

（1）送电操作。变配电所送电时，一般先从电源侧的开关合起，依次合到负荷侧的各开关。按这种步骤进行操作，可使开关的合闸电流减至最小，比较安全。如果某部分存在故障，该部分合闸便会出现异常情况，故障容易被发现。但是在高压断路器—隔离开关及低压断路器—刀开关电路中，送电时一定要按照先操作母线侧隔离开关或刀开关，再操作线路侧隔离开关或刀开关，最后操作高压或低压断路器的顺序进行操作。

① 在"1WL"或"2WL"上任选一条进线，在此以选择进线 I 为例：合上隔离开关 QS111，拨动"1WL 进线电压"电压表下面的凸轮开关，观察电压表的电压是否正常，有无缺相现象。然后再合上隔离开关 113QS，接着合上断路器 11QF，如一切正常，合上隔离开关 115QS 和断路器 13QF，这时主变压器投入。

② 拨动 10kV 进线 I 电压表下面的凸轮开关，观察电压表的电压是否正常，有无缺相现象。如一切正常，依次合上隔离开关 213QS 和断路器 21QF、23QF，再依次合上隔离开关 215QS 和断路器 24QF、隔离开关 216QS 和断路器 25QF、隔离开关 217QS 和断路器 26QF，给一号车间变电所、二号车间变电所和三号车间变电所送电。

（2）停电操作。变配电所停电时，应将开关拉开，其操作步骤与送电相反，一般先从负荷侧的开关拉起，依次拉到电源侧开关。按这种步骤进行操作，可使开关分断产生的电弧减至最小，比较安全。

（3）断路器和隔离开关的倒闸操作。倒闸操作步骤：合闸时应先合隔离开关，再合断路器；拉闸时应先断开断路器，然后再拉开隔离开关。

问题与思考

1. 变配电所在运行过程中如果进线突然停电后，为什么应该把出线开关全部拉开？

2. 送电过程中为什么要先合隔离开关后合断路器？如果不按这样的规则操作会产生什么样的后果？

第6章
负荷计算和设备的选择与校验

在供配电系统中，装设有各种高、低压电器、变压器等电气设备以及架空线、电缆线等输配电线路，这些电气设备和输配电线总是在一定的电压、电流、频率和工作环境条件下正常运行和工作。在工厂里，各种用电设备在运行中负荷总是时大时小地变化着，由于各种用电设备的最大负荷不会在同一时间出现，所以工厂的最大负荷总是比全厂用电设备总的额定容量要小。因此，负荷总量的变化一般不会超过其额定总容量。

在选择供配电设备时，若根据全厂用电设备额定总容量作为计算负荷来选择电气设备，就会造成投资和设备的浪费；若负荷计算过小，又会造成电气设备出现过热危险，以致绝缘过早损坏。因此，要合理地选择供配电系统中的导线、开关电器、变压器等设备，必须合理地进行电力负荷的计算。

一般情况下，按计算负荷选择的电气设备和导线是能够满足正常条件下的电气运行条件的，而用于供配电系统的电气设备和母线，还应具备事故状态下能够承受因故障电流所产生的热量和电动力的能力。因此，供电系统中还需考虑系统中可能出现的最大短路电流，即三相短路电流的计算，以及对所选择的电气设备和母线等要进行动稳定和热稳定的校验。

供配电系统中的电气设备，包括电力变压器、高低压开关电器及互感器等，均需依据正常工作条件、环境条件及安装条件进行选择，部分设备还需依据故障情况下的短路电流进行动、热稳定度的校验，同时要求其工作安全可靠、运行维护方便和投资经济合理。本章将首先介绍负荷计算的方法及应用场合；其次介绍短路电流及其计算；然后阐述功率因数的提高及无功补偿；最后重点讲述企业变配电所高低压一次电气设备选择校验的项目和具体方法。本章内容是分析供配电系统和进行供电设计计算的基础。

学习目标
1. 了解工厂电力负荷对供电的要求及与负荷计算有关的物理量。
2. 掌握按需要系数法确定计算负荷的方法，了解二项式法确定计算负荷，熟悉单相设备等效三相负荷的计算。

3．了解工厂供电系统的功率损耗及电能损耗。

4．熟悉工厂年电能消耗量的计算方法，掌握工厂计算负荷的确定方法。

5．了解单台和多台用电设备尖峰电流的计算。

6．熟悉供配电系统短路的原因，了解短路的后果及短路的形式，掌握用欧姆法进行短路计算和采用标幺法进行短路计算的方法。

7．了解选择电气设备的一般条件，掌握各类电气设备的选择和校验方法。

8．了解和熟悉进行供配电系统设计的程序和要求，了解电气设计内容的深度，初步掌握和具有运用所学知识设计较为简单的工厂供配电系统的技能。

6.1 工厂的电力负荷和负荷曲线

电力负荷也称电力负载，是指企业耗用电能的用电设备或用电单位，有时也把用电设备或用电单位所耗用的电功率或电流大小称为电力负荷。学会计算或估算电力负荷的大小是供配电技术中很重要的一种技能，它是正确选择供配电系统中开关电器、变压器、导线、电缆等的基础，也是保障供配电系统安全可靠运行必不可少的环节。

6.1.1 企业用电设备的工作制

企业用电设备种类繁多，用途各异，工作方式也各不同，按其工作制可分以下3类。

1. 连续工作制

连续工作制的电气设备在恒定负荷下运行，且运行时间长到足以使之达到热平衡状态，如通风机、水泵、空气压缩机、电炉、照明灯或电机发电机组等。

2. 短时工作制

短时工作制的用电设备特点是工作时间很短，而停歇时间相当长。如水闸用电动机、机床上进给电动机类辅助电动机等。

3. 断续周期工作制

断续周期工作制的用电设备，时而工作、时而停歇，如此反复运行，而工作周期一般不超过 10min，如吊车电动机和电焊变压器等。为表示其反复短时工作的情况，用它们在一个工作周期里的工作时间与整个周期时间的百分比值来描述，这个比值称为暂载率或负荷持续率（ε），计算公式如下。

$$\varepsilon = \frac{t}{T} \times 100\% = \frac{t}{t + t_0} \times 100\% \qquad (6-1)$$

式中，T 为工作周期；t 为工作周期内的工作时间；t_0 为工作周期内的停歇时间。

6.1.2 负荷曲线

1. 负荷曲线的类型与绘制方法

负荷曲线是表示电力负荷随时间变动情况的一种图形，反映了电力用户用电的特点和规律。在负荷曲线中通常用纵坐标表示负荷大小，横坐标表示对应负荷变动的时间。

负荷曲线可根据需要绘制成不同的类型。按所表示负荷变动的时间可分为日、月、年或工作班的负荷曲线；按负荷范围可分为全厂的、车间的或某设备的负荷曲线；按负荷的功率性质可分为有功和无功负荷曲线等。

日负荷曲线表示负荷在一昼夜间（0～24h）的变化情况。日负荷曲线可用测量的方法绘制。绘制的方法：①以某个监测点为参考点，在24h 中各个时刻记录有功功率表的读数，逐点绘制而成折线形状，称折线形负荷曲线，如图6.1（a）所示；②通过接在供电线路上的电度表，每隔一定的时间间隔（一般为半小时）将其读数记录下来，求出0.5h 的平均功率，再依次将这些点画在坐标上，把这些点连成阶梯状的阶梯形负荷曲线，如图6.1（b）所示。

为计算方便，负荷曲线多绘成阶梯形。其时间间隔取的越短，曲线越能反映负荷的实际变化情况。日负荷曲线与横坐标所包围的面积代表全天所消耗的电能。

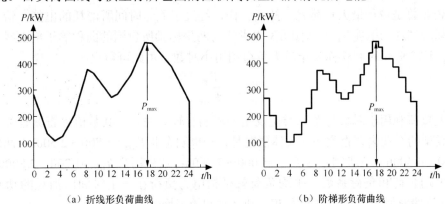

（a）折线形负荷曲线　　　　　（b）阶梯形负荷曲线

图 6.1　日有功负荷曲线

年负荷曲线反映负荷全年（8 760h）的变动情况。如图 6.2 所示。

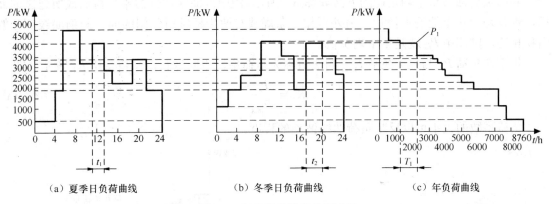

（a）夏季日负荷曲线　　　（b）冬季日负荷曲线　　　（c）年负荷曲线

图 6.2　年负荷曲线及绘制方法

年负荷曲线又分为年运行负荷曲线和年持续负荷曲线，通常用年持续负荷曲线来表示年负荷曲线。年运行负荷曲线可根据全年日负荷曲线间接绘制而成；年持续负荷曲线的绘制，要借助一年中有代表性的冬季日负荷曲线和夏季日负荷曲线。其中夏季和冬季在全年中所占的天数视地理位置和气温情况而定。一般在北方，近似认为冬季 200 天，夏季 165 天；南方近似认为冬季 165 天，夏季 200 天。图 6.2（c）是南方某用户的年负荷曲线，图中 P_1 在年负荷曲线上所占的时间为 $T_1=200t_1+165t_2$。

注意： 日负荷曲线是按时间先后顺序绘制，而年负荷曲线是按负荷的大小和累计时间绘制的。

2．负荷曲线的有关物理量

对供配电设计人员来说，分析负荷曲线可以了解负荷变动的规律，获得一些对设计有用的资料；对运行来说，可合理地、有计划地安排用户、车间、班次或大容量设备的用电时间，降低负荷高峰，填补负荷低谷，这种"削峰填谷"的办法可使负荷曲线比较平坦，提高企业的供电能力，也有利于企业降损节能。

（1）年最大负荷和年最大负荷利用小时数。年最大负荷是指全年中负荷最大的工作班内（为防止偶然性，这样的工作班至少要在负荷最大的月份出现 2～3 次）30min 平均功率的最大值，因此年最大负荷有时也称为 30min 最大负荷 P_{30}。

假设企业总是按年最大负荷 P_{max} 持续工作，经过了 T_{max} 时间所消耗的电能，恰好等于企业全年实际所消耗的电能 W_a，即图 6.3 中虚线与两坐标轴所包围的面积等于剖面线部分的面积。则 T_{max} 这个假想时间就称为年最大负荷利用小时数。由此可得出：

$$T_{max} = \frac{W_a}{P_{max}} \tag{6-2}$$

年最大负荷利用小时数与企业类型及生产班制有较大关系，其数值可查阅有关参考资料或到相同类型的企业去调查收集。大体情况是，一班制企业 $T_{max}=1\,800\sim2\,500h$；两班制企业 $T_{max}=3\,500\sim4\,500h$；三班制企业 $T_{max}=5\,000\sim7\,000h$；居民用户 $T_{max}=1\,200\sim2\,800h$。

（2）平均负荷和负荷系数。平均负荷就是指电力负荷在一定时间内消耗的功率的平均值。如在 t 这段时间内消耗的电能为 W_t，则 t 时间的平均负荷为

$$P_{av} = \frac{W_t}{t} \tag{6-3}$$

利用负荷曲线求平均负荷的方法如图 6.4 所示。图中剖面线部分为年负荷曲线所包围的面积，也就是全年电能的消耗量。另外再作一条虚线与两坐标轴所包围的面积和剖面线部分的面积相等，则图中 P_{av} 就是年平均负荷。

年平均负荷 P_{av} 与最大负荷 P_{max} 的比值称为负荷率，也叫做负荷系数，用 K_L 表示，即

$$K_L = \frac{P_{av}}{P_{max}} \tag{6-4}$$

负荷系数的大小可以反映负荷曲线波动的程度。

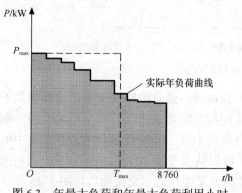

图 6.3　年最大负荷和年最大负荷利用小时

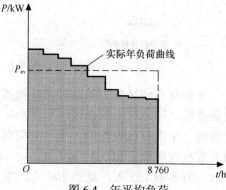

图 6.4　年平均负荷

问题与思考

什么是负荷曲线？负荷曲线有哪几种类型？与负荷曲线有关的物理量有哪些？

6.2　电力负荷的计算

6.2.1　计算负荷的概念

全年中负荷最大工作班内消耗电能最大的半小时，其平均功率称之为半小时最大负

荷 P_{30}。通常把半小时最大负荷 P_{30} 称为"计算负荷"，并作为按发热条件选择电气设备的依据。

当供电线路上只连接一台用电设备时，线路的计算负荷可按设备容量来确定，此时求单台电动机的计算负荷公式为

$$P_{30} = \frac{P_N}{\eta_N} \tag{6-5}$$

对白炽灯、电热设备、电炉变压器等的计算负荷公式为

$$P_{30} = P_N \tag{6-6}$$

式中，P_N 是用电设备的额定功率，单位 kW；η_N 是用电设备工作在额定容量时的效率。

当工厂、车间供配电干线上均连接有多台用电设备时，由于用电设备的特性各异，各设备不一定同时工作，即使同时工作的设备也不一定都满负荷，设备本身及配电线路有功率损耗，还有其他人为用电因素，这些都影响到电力负荷，所以负荷计算无法用一个"精确"的公式来确定。

计算负荷是供配电系统设计计算的基本依据。计算负荷的确定是否合理，将直接影响到电器设备和导线电缆的选择是否经济合理。工程上依据不同的计算目的，针对不同类型的用户和不同类型的负荷，在实践中总结出了各种负荷的计算方法，常用的有估算法、需要系数法、二项式法、单相负荷计算等。

6.2.2　按需要系数法确定计算负荷

1．需要系数的含义

需要系数的含义以一组用电设备为例来进行说明。设某组设备有几台电动机，其额定总容量为 P_e，由于该组电动机实际上不一定都同时运行，而且运行的电动机也不可能都满负荷，同时设备本身及配电线路也有功率损耗，因此这组电动机的有功计算负荷应为

$$P_{30} = \frac{K_\Sigma K_L}{\eta_N \eta_{WL}} P_e \tag{6-7}$$

式中，η_N 是指用电设备的输出容量与输入容量之间具有的平均效率；因用电设备不一定满负荷运行，因此引入负荷系数 K_L；用电设备本身以及配电线路有功率损耗，所以引入一个线路平均效率 η_{WL}；用电设备组的所有设备不一定同时运行，故引入一个同时系数 K_Σ。令式中 $K_\Sigma K_L / \eta_N \eta_{WL} = K_d$，即

$$K_d = \frac{P_{30}}{P_e} = \frac{K_\Sigma K_L}{\eta_N \eta_{WL}} \tag{6-8}$$

式中，K_d 就是用电设备组的需要系数，即用电设备组在最大负荷时需要的有功功率与其设备容量的比值。

实际上，需要系数 K_d 不仅与用电设备组的工作性质、设备台数、设备效率和线路损耗等因素有关，而且与操作人员的技能和生产组织等多种因素都有关，因此应尽可能地通过实际测量分析确定，一般设备台数多时取较小值，台数少时取较大值，以尽量接近实际。各种用电设备组的需要系数值如表 6-1 所示。

表 6-1 用电设备组的需要系数、二项式系数及功率因数值

用电设备组名称	需要系数 (K_d)	二项式系数		最大容量设备台数	$\cos\varphi$	$\tan\varphi$
		b	c			
小批生产的金属冷加工机床电动机	0.16~0.2	0.14	0.4	5	0.5	1.73
大批生产的金属冷加工机床电动机	0.18~0.25	0.14	0.5	5	0.5	1.73
小批生产的金属热加工机床电动机	0.25~0.3	0.24	0.4	5	0.6	1.33
大批生产的金属热加工机床电动机	0.3~0.35	0.26	0.5	5	0.65	1.17
通风机、水泵、空压机及电动发电机组电动机	0.7~0.8	0.65	0.25	5	0.8	0.75
非连锁的连续运输机械及铸造车间整砂机械	0.5~0.6	0.4	0.4	5	0.75	0.88
连锁的连续运输机械及铸造车间整砂机械	0.65~0.7	0.6	0.2	5	0.75	0.88
锅炉房和机加、机修、装配等类车间的吊车	0.1~0.15	0.06	0.2	2	0.5	1.73
铸造车间的吊车（$\varepsilon=25\%$）	0.15~0.25	0.09	0.3	3	0.5	1.73
自动连续装料的电阻炉设备	0.75~0.8	0.7	0.3	2	0.95	0.33
实验室用的小型电阻炉、干燥箱等电热设备	0.7	0.7	0	—	1.0	0
不带无功补偿装置的工频感应电炉	0.8	—	—		0.35	2.67
不带无功补偿装置的高频感应电炉	0.8	—	—		0.6	1.33
电弧熔炉	0.9	—	—		0.87	0.57
点焊机、缝焊机	0.35	—	—		0.6	1.33
对焊机、铆钉加热机	0.35	—	—		0.7	1.02
自动弧焊变压器	0.5	—	—		0.4	2.29
单头手动弧焊变压器	0.35	—	—		0.35	2.68
多头手动弧焊变压器	0.4	—	—		0.35	2.68
单头弧焊电动发电机组	0.35	—	—		0.6	1.33
多头弧焊电动发电机组	0.7	—	—		0.75	0.88
生产厂房及办公室、阅览室、实验室照明	0.8~0.1	—	—	—	1.0	0
变配电所、仓库照明	0.5~0.7	—	—	—	1.0	0
宿舍、生活区照明	0.6~0.8	—	—	—	1.0	0
室外照明、事故照明	1	—	—		1.0	0

2．三相用电设备组计算负荷的基本公式

由式（6-8）可知，有功计算负荷为

$$P_{30} = K_{\mathrm{d}} P_{\mathrm{e}} \tag{6-9}$$

无功计算负荷为

$$Q_{30} = P_{30} \tan\varphi \tag{6-10}$$

视在计算负荷为

$$S_{30} = \sqrt{P_{30}^2 + Q_{30}^2} = P_{30} / \cos\varphi \tag{6-11}$$

计算电流

$$I_{30} = S_{30} / \sqrt{3} U_{\mathrm{N}} \tag{6-12}$$

下面结合例题说明如何按需要系数法确定三相用电设备组的计算负荷的计算公式。

（1）单组用电设备组的计算负荷。

【例 6-1】　已知某机修车间的金属切削机床组，有电压为 380V 的电动机 30 台，其总的设备容量为 120kW。试求其计算负荷。

解：查表 6-1 中的"小批生产的金属冷加工机床电动机"项，可得 K_{d}=0.16～0.2，这里取 K_{d}=0.18，$\cos\varphi$=0.5，$\tan\varphi$=1.73。根据式（6-9）得

$$P_{30} = K_{\mathrm{d}} P_{\mathrm{e}} = 0.18 \times 120 = 21.6\mathrm{kW}$$

根据式（6-10）得

$$Q_{30} = P_{30} \tan\varphi = 21.6 \times 1.73 = 37.37\mathrm{kvar}$$

根据式（6-11）得

$$S_{30} = P_{30} / \cos\varphi = 21.6 / 0.5 = 43.2\mathrm{kVA}$$

根据式（6-12）得

$$I_{30} = S_{30} / \sqrt{3} U_{\mathrm{N}} = \frac{43.2}{\sqrt{3} \times 0.38} = 65.6\mathrm{A}$$

（2）多组用电设备组的计算负荷。确定拥有多组用电设备的干线上或车间变电所低压母线上的计算负荷时，考虑到干线上各组用电设备的最大负荷不同时出现的因素，求干线上的计算负荷时，将干线上各用电设备组用电设备的计算负荷相加后应乘以相应的最大负荷同时系数。有、无功同时系数可取 $K_{\Sigma P}$=0.85～0.95，$K_{\Sigma Q}$=0.9～0.97。

若进行计算的负荷有多种，则可将用电设备按其设备性质不同分成若干组，对每一组选用合适的需要系数，算出每组用电设备的计算负荷，然后由各组计算负荷求总的计算负荷。所以需要系数法一般用来求多台三相用电设备的计算负荷。

求车间变电所低压母线上的计算负荷时，如果是以车间用电设备进行分组，求出各用电设备组的计算负荷，然后相加求车间低压母线计算负荷，此时同时系数取为 $K_{\Sigma P}$=0.8～0.9，$K_{\Sigma Q}$=0.85～0.95。如果是用车间干线计算负荷相加来求出低压母线计算负荷，则同时系数取为 $K_{\Sigma P}$=0.9～0.95，$K_{\Sigma Q}$=0.93～0.97。

求多组用电设备或多条干线总的计算负荷时，可利用以下计算公式。

总有功计算负荷为

$$P_{30} = K_{\Sigma P} \varepsilon P_{30i} \tag{6-13}$$

总无功计算负荷为

$$Q_{30} = K_{\Sigma Q} \varepsilon Q_{30i} \tag{6-14}$$

总视在计算负荷为

$$S_{30} = \sqrt{P_{30}^2 + Q_{30}^2} \tag{6-15}$$

总的计算电流为

$$I_{30} = S_{30} / \sqrt{3} U_N \tag{6-16}$$

式中，U_N 为用电设备组或干线的额定电压，单位为 kV。

【例 6-2】 某机修车间的 380V 线路上，接有金属切削机床电动机 20 台共 50kW，其中较大容量电动机有 7.5kW 的两台，4kW 的两台，2.2kW 的 8 台；另接通风机 1.2kW 的两台；电阻炉一台 2kW。试求计算负荷（设同时系数 $K_{\Sigma P}$、$K_{\Sigma Q}$ 均为 0.9）。

解： 以车间为范围，将工作性质、需要系数相近的用电设备合为一组，共分成以下 3 组。先求出各用电设备组的计算负荷。

① 冷加工电动机组。查表 6-1 可得 $K_{d1}=0.2$，$\cos\varphi_1=0.5$，$\tan\varphi_1=1.73$

因此

$$P_{301} = K_{d1} P_{e1} = 0.2 \times 50 = 10 \text{kW}$$

$$Q_{301} = P_{301} \tan\varphi_1 = 10 \times 1.73 = 17.3 \text{kvar}$$

② 通风机组。查表 6-1 可得

$$K_{d2}=0.8, \quad \cos\varphi_2=0.8, \quad \tan\varphi_2=0.75$$

因此

$$P_{302} = K_{d2} P_{e2} = 0.8 \times 2.4 = 1.92 \text{kW}$$

$$Q_{302} = P_{302} \tan\varphi_2 = 1.92 \times 0.75 = 1.44 \text{kvar}$$

③ 电阻炉。因只有一台，所以计算负荷等于设备容量，即

$$P_{303} = P_{e3} = 2 \text{ kW}$$

$$Q_{303} = 0$$

以车间为范围，已知同时系数 $K_{\Sigma P}$、$K_{\Sigma Q}$ 均为 0.9，则车间计算负荷如下。

总有功计算负荷为

$$P_{30} = K_{\Sigma P} \varepsilon P_{30i} = 0.9 \times (10 + 1.92 + 2) \approx 12.5 \text{kW}$$

总无功计算负荷为

$$Q_{30} = K_{\Sigma Q} \varepsilon Q_{30i} = 0.9 \times (17.3 + 1.44 + 0) \approx 16.9 \text{kvar}$$

总视在计算负荷为

$$S_{30} = \sqrt{P_{30}^2 + Q_{30}^2} = \sqrt{12.5^2 + 16.9^2} \approx 21.02 \text{ kVA}$$

总的计算电流为

$$I_{30} = \frac{S_{30}}{\sqrt{3} U_N} = \frac{21.02}{1.732 \times 0.38} \approx 31.9 \text{A}$$

用此电流即可选择这条 380V 导线的截面及型号。

需要系数值与用电设备的类别和工作状态有关，计算时一定要正确判断用电设备的类型，否则会造成错误。如机修车间的金属切削机床电动机属于小批生产的冷加工机床电动机；各类锻造设备应属热加工机床；起重机、行车或电葫芦都属吊车等。

（3）对连续工作制和短时工作制的用电设备组，设备容量是所有设备的铭牌额定容量之和。

（4）对断续周期工作制的用电设备组的设备容量，就是将其所有设备在不同负荷持续率下的铭牌额定容量统一换算到一个规定的负荷持续率下的容量之和。

其中，电焊机要求容量统一换算到 $\varepsilon=100\%$，故设备总容量为

$$P_e = P_N \sqrt{\frac{\varepsilon_N}{100\%}} = S_N \cos\varphi \sqrt{\varepsilon_N}$$

吊车电动机组，要求容量统一换算到 $\varepsilon=25\%$，由此可得吊车电动机组的设备容量为

$$P_e = P_N \sqrt{\frac{\varepsilon_N}{0.25}} = 2P_N \sqrt{\varepsilon_N}$$

需要系数法求计算负荷，其特点是简单方便，计算结果较符合实际，而且长期使用已积累了各种设备的需要系数，因此是世界各国普遍采用的基本方法。但是，把需要系数看作一个固定值，与一组设备中设备的多少及容量是否相差悬殊等都无关，就会使考虑不全面。实际上只有当设备台数较多、总容量足够大、没有特大型用电设备时，表中的需要系数值才较符合实际。所以，需要系数法普遍应用于求用户、全厂和大型车间变电所的计算负荷。而在确定设备台数较少而容量差别悬殊的分支干线的计算负荷时，我们常采用另一种方法——二项式法。

6.2.3　按二项式法确定计算负荷

用二项式法进行负荷计算时，既要考虑用电设备组的平均负荷，又要考虑到几台最大用电设备引起的附加负荷，其计算公式为

$$P_{30} = bP_e + cP_x \qquad (6\text{-}17)$$

$$Q_{30} = P_{30} \tan\varphi \qquad (6\text{-}18)$$

其中，S_{30} 和 I_{30} 的计算公式同式（6-11）和式（6-12）。

1. 配电干线和车间支线上的计算负荷

式（6-17）中的 b、c 为二项式系数；P_e 是该组干线或支线上的设备总容量；P_x 为 x 台最大设备的总容量（b、c、x 的值可查表 6-1），当用电设备组的设备总台数 $n<2x$ 时，最大容量设备台数取 $x=n/2$，且按"四舍五入"法取整；当只有一台设备时，可认为 $P_e=P_N$；$\tan\varphi$ 为设备功率因数角的正切值。在确定配电干线和车间支线上的总计算负荷时，考虑到干线所带设备负荷及车间支线的用电设备其最大负荷不同时出现的因素，只能在各组用电设备中取一组最大的附加负荷，再加上各组用电设备的平均负荷，即

$$P_{30} = \sum (bP_e)_i + (cP_x)_{max} \qquad (6\text{-}19)$$

$$Q_{30} = \sum (bP_x \tan\varphi)_i + (cP_x)_{max} \tan\varphi_{max} \qquad (6\text{-}20)$$

式中，$(bP_e)_i$ 为各用电设备组的平均功率，其中 P_e 是各用电设备组的设备总容量；cP_x 为每组用电设备组中 x 台容量较大的设备的附加负荷；$(cP_x)_{max}$ 为附加负荷最大的一组设备的附加负荷；$\tan\varphi_{max}$ 为最大附加负荷设备组的功率因数角的正切值。

【例 6-3】 试用二项式法来确定例 6-2 中的计算负荷。

解： 求出各组的平均功率 bP_e 和附加负荷 cP_x。

① 金属切削机床电动机组。

查表 6-1，取 b_1=0.14，c_1=0.4，x_1=5，$\cos\varphi_1$=0.5，$\tan\varphi_1$=1.73，x=5，则

$$(bP_e)_1 = 0.14 \times 50 = 7\text{kW}$$

$$(cP_x)_1 = 0.4(7.5 \times 2 + 4 \times 2 + 2.2 \times 1) = 10.08\text{kW}$$

（注：此组设备总台数为 20 台，但因容量不同，所以取较大的部分电机容量作为附加负荷。）

② 通风机组。

查表 6-1，取 b_2=0.65，c_2=0.25，$\cos\varphi_2$=0.8，$\tan\varphi_2$=0.75，n=2<2x，取 x_2=n/2=1，则

$$(bP_e)_2 = 0.65 \times 2.4 = 1.56\text{kW}$$

$$(cP_x)_2 = 0.25 \times 1.2 = 0.3\text{kW}$$

③ 电阻炉。

$$(bP_e)_3 = 2\text{kW}$$

$$(cP_x)_3 = 0$$

显然，三组用电设备中，第一组的附加负荷$(cP_x)_1$ 最大，故总计算负荷为

$$P_{30} = 0.9 \times [\sum (bP_e)_i + (cP_x)_{max}] = 0.9 \times [(7 + 1.56 + 2) + 10.08] \approx 18.6\text{kW}$$

$$\begin{aligned} Q_{30} &= 0.9 \times [\sum (bP_x\tan\varphi)_i + (cP_x)_{max}\tan\varphi_{max}] \\ &= 0.9 \times [(7 \times 1.73 + 1.56 \times 0.75 + 0) + 10.08 \times 1.73] \\ &\approx 27.6\text{kvar} \end{aligned}$$

$$S_{30} = \sqrt{P_{30}^2 + Q_{30}^2} = \sqrt{18.6^2 + 27.6^2} \approx 33.3\text{kVA}$$

$$I_{30} = \frac{S_{30}}{\sqrt{3}U_N} = \frac{33.3}{1.732 \times 0.38} \approx 50.6\text{A}$$

比较例 6-2 和例 6-3 的计算结果可知，按二项式法计算的结果比按需要系数法计算的结果大得多。可见二项式法更适用于容量差别悬殊的用电设备的负荷计算。

2. 单相用电设备等效三相计算负荷的确定

在企业里，除了广泛应用的三相设备外，还有一些单相用电设备，如电焊机、电炉和照明等设备，单相设备可接于相电压或线电压，但应尽可能使三相均衡分配，以使三相负荷尽量平衡。由于确定计算负荷的目的主要是为了选择线路上的设备和导线，使其在计算电流通过时不至过热或损坏，因此在接有较多单相设备的三相线路中，不论单相设备接于相电压还是接于线电压，只要三相不平衡，就应以最大负荷相有功负荷的 3 倍作为等效三相有功负荷进行计算。具体进行单相用电设备的负荷计算时，可按照下述方法处理。

（1）如果单相设备的总容量不超过三相设备总容量的 15%，则不论单相设备如何连接，均可作为三相平衡负荷对待。

（2）单相设备接于相电压时，在尽量使三相负荷均衡分配后，取最大负荷相所接的单相设备容量乘以 3，便可求得其等效三相设备容量。

（3）单相设备接于线电压时，其等效三相设备容量 P_e 按以下公式计算。

单台设备时

$$P_e = \sqrt{3} P_{e\varphi}$$

2～3 台设备时

$$P_e = 3 P_{e\varphi\,max}$$

式中，$P_{e\varphi}$ 是单相设备的设备容量，单位为 kW；$P_{e\varphi\,max}$ 是负荷最大的单相设备的设备容量，单位为 kW。

等效三相设备容量是从产生相同电流的观点来考虑的。当设备为单台时，单台单相设备接于线电压产生的电流为 $P_{e\varphi}/U_N$，与等效三相设备产生的电流相同；当用电设备为 2～3 台时，则考虑的是最大一相电流，并以此求等效三相设备的容量。

（4）单相设备分别接于线电压和相电压时，首先应将接于线电压的单相设备容量换算为接于相电压的设备容量，然后分别计算各相的设备容量和计算负荷。而总的等效三相有功计算负荷就是最大有功负荷相的有功计算负荷的 3 倍。总的等效三相无功计算负荷就是最大无功负荷相的无功计算负荷的 3 倍。需要特别注意的是：最大相的有功计算负荷和最大相的无功计算负荷不一定在同一相上。

6.2.4　工厂电气照明负荷的确定

照明供电系统是工厂供电系统的组成部分之一，电气照明负荷也是电力负荷的一部分。良好的照明环境是保证工厂安全生产、提高劳动生产率、提高产品质量、改善职工劳动环境和保障职工身体健康的重要条件。工厂的电气照明设计，一般应根据生产的性质、厂房自然条件等因素选择合适的光源和灯具，进行合理的布置，使工作场所的照明度达到规定的要求。

1．照明设备容量的确定

（1）白炽灯、碘钨灯等不用镇流器的照明设备，容量通常指灯头的额定功率，即 $P_e = P_N$。

（2）荧光灯、高压汞灯、金属卤化物灯等需用镇流器的照明设备，其容量包括镇流器中的功率损失，所以一般略高于灯头的额定功率，即 $P_e = 1.1 P_N$。

（3）照明设备的额定容量还可按建筑物的单位面积容量法估算，即 $P_e = \omega S/1\,000$。其中，ω 是建筑物单位面积的照明容量，单位为 W/m^2；S 是建筑物的面积，单位是 m^2。

2．照明计算负荷的确定

照明设备通常都是单相负荷，在设计安装时应将它们均匀地分配到三相上，力求减少三相负荷不平衡。设计规范规定，如果三相电路中单相设备总容量不超过三相设备容量的 15%，且三相明显不对称时，则首先应将单相设备容量换算为等效三相设备容量。换算的简单方法是，选择其中最大的一相单相设备容量乘以 3，作为等效三相设备容量，再与需要系数及功率因数值按表 6-2 选取，负荷计算公式采用前面所讲的需要系数法。

表 6-2 照明设备组的需要系数及功率因数

光源类别	需要系数（K_d）	功率因数 $\cos\varphi$				
		白炽灯	荧光灯	高压汞灯	高压钠灯	金属卤化物灯
生产车间办公室	0.8～1	1	0.9（0.55）	0.45～0.65	0.45	0.40～0.61
变配电所、仓库	0.5～0.7	1	0.9（0.55）	0.45～0.65	0.45	0.40～0.61
生活区宿舍	0.6～0.8	1	0.9（0.55）	0.45～0.65	0.45	0.40～0.61
室外	1	1	0.9（0.55）	0.45～0.65	0.45	0.40～0.61

6.2.5 全厂计算负荷的确定

1. 用需要系数法计算全厂计算负荷

在已知全厂用电设备总容量 P_e 的条件下，乘以一个工厂的需要系数 K_d 即可求得全厂的有功计算负荷，即 $P_{30}=K_d P_e$，其中 K_d 是全厂需要系数值。

其他计算负荷求法与前面讲得相同，全厂负荷的需要系数及功率因数如表 6-3 所示。

表 6-3 全厂负荷的需要系数及功率因数

工厂类别	需要系数	功率因数	工厂类别	需要系数	功率因数
汽轮机制造厂	0.38	0.88	石油机械制造厂	0.45	0.78
锅炉制造厂	0.27	0.73	电线电缆制造厂	0.35	0.73
柴油机制造厂	0.32	0.74	开关电器制造厂	0.35	0.75
重型机床制厂	0.32	0.71	橡胶厂	0.5	0.72
仪器仪表制造厂	0.37	0.81	通用机械厂	0.4	0.72
电机制造厂	0.33	0.81			

【**例 6-4**】 已知某开关电器制造厂用电设备总容量为 4 500kW，试估算该厂的计算负荷。

解：查表 6-3 取 K_d 为 0.35，$\cos\varphi = 0.75$，则 $\tan\varphi = 0.88$，可得

$$P_{30} = K_d P_e = 0.35 \times 4\,500 = 1\,575\text{kW}$$

$$Q_{30} = P_{30}\tan\varphi = 1\,575 \times 0.88 = 1\,386\text{kvar}$$

$$S_{30} = \sqrt{P_{30}^2 + Q_{30}^2} = \sqrt{1\,575^2 + 1\,386^2} \approx 2\,098\text{ kVA}$$

$$I_{30} = \frac{S_{30}}{\sqrt{3}U_N} = \frac{2\,098}{1.732 \times 0.38} \approx 3\,188\text{A}$$

2. 用逐级推算法计算全厂的计算负荷

在确定了各用电设备组的计算负荷后，要确定车间或全厂的计算负荷，可以采用由用电设备组开始，逐级向电源方向推算的方法，在经过变压器和较长的线路时，应加上变压器和线路的损耗。

逐级推算法示意图如图 6.5 所示。

在确定全厂计算负荷时，应从用电末端开始，逐步向上推算至电源进线端。

P_{305} 是图 6.5 所示所有出线上的计算负荷（P_{306} 等）之和，再乘上同时系数 K_Σ；由于 P_{304} 要考虑线路 2WL 的损耗，因此 $P_{304}= P_{305}+\Delta P_{2WL}$；$P_{303}$ 由 P_{304} 等几条高压配电线路上计算负荷之和乘以一个同时系数 K_Σ 而得；P_{302} 还要考虑变压器的损耗，因此 $P_{302}= P_{303}+\Delta P_{1WL} +\Delta P_1$；$P_{301}$ 由 P_{302} 等几条高压配电线路上计算负荷之和乘以一个同时系数 K_Σ 而得。

对中小型工厂来说，厂内高低压配电线路一般不长，其功率损耗可略去不计。

电力变压器的功率损耗，在一般的负荷计算中，可采用简化公式来近似计算，公式如下。

有功功率损耗：

$$\Delta P_T = 0.015 S_{30} \tag{6-21}$$

无功功率损耗：

$$\Delta Q_T = 0.06 S_{30} \tag{6-22}$$

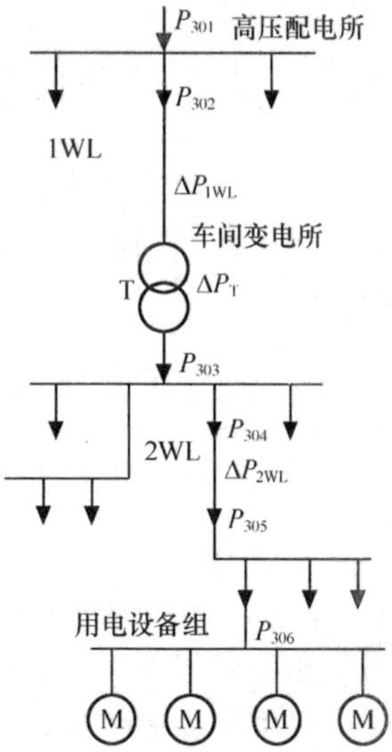

图 6.5　逐级推算法示意图

式中，S_{30} 为变压器二次侧的视在计算负荷，它是选择变压器的基本依据。

3. 按年产量和年产值估算全厂的计算负荷

已知全厂的年产量 A 或年产值 B，就可根据全厂的单位产量耗电量 a 或单位产值耗电量 b，求出全厂的全年耗电量：

$$W_a = Aa = Bb \tag{6-23}$$

求出全年耗电量后，即可根据下式求出全厂的有功计算负荷。

$$P_{30} = \frac{W_a}{T_{max}} \tag{6-24}$$

式（6-24）中，T_{max} 为工厂的年最大负荷利用小时。

问题与思考

1．什么叫计算负荷？为什么计算负荷通常采用半小时最大负荷？正确确定计算负荷有何意义？

2．需要系数的含义是什么？

3．确定计算负荷的需要系数法和二项式法各有什么特点？各适用哪些场合？

4．如何将单相负荷简便地换算为三相负荷？

5．已知线电压为 380V 的三相供电线路供电给 35 台小批量生产的冷加工机床电动机，总容量为 85kW，其中较大容量的电动机有 7.5kW 的一台，4kW 的 3 台，3kW 的 12 台。试分别用需要系数法和二项式系数法确定其计算负荷。

6．有一个机修车间，有冷加工机床 30 台，设备总容量为 150kW，电焊机 5 台，共 15.5kW，利用率只有 65%，通风机 4 台，共 4.8kW，车间采用 380/220V 线路供电，试确定该车间的计算负荷。

6.3 工厂供电系统的电能损耗及无功补偿

工厂供电系统中的线路和变压器由于常年运行，其电能损耗相当大，直接关系到供电系统的经济效益问题。作为供配电技术人员，应了解和掌握降低供电系统电能损耗的相关知识和技能。

6.3.1 线路的电能损耗

线路上全年的电能损耗用 ΔW 表示，其计算公式为

$$\Delta W_a = 3I_{30}^2 R_{WL} \tau \tag{6-25}$$

式中，I_{30} 为通过线路的计算电流；R_{WL} 为线路每相的电阻值；τ 为年最大负荷损耗小时数。

在供配电系统中，因负荷随时间不断变化，其电能损耗计算困难，故通常利用年最大负荷损耗小时数 τ 来近似计算线路和变压器的有功电能损耗。τ 的物理含义：当线路或变压器以最大计算电流 I_{30} 流过 τ 小时后所产生的电能损耗，恰与全年流过实际变化的电流时所产生的电能损耗相等。可见，τ 是一个假想时间，与年最大负荷利用小时 T_{max} 有一定的关系。不同功率因数下的 τ 与 T_{max} 的关系如图 6.6 所示。

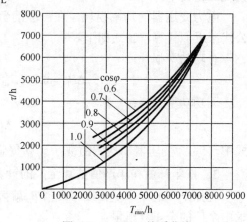

图 6.6 $\tau—T_{max}$ 关系曲线

即

$$\tau = \frac{T_{max}^2}{8\,760} \tag{6-26}$$

当 $\cos\varphi = 1$，且线路电压不变时，全年的电能损耗为

$$\Delta W_a = 3I_{30}^2 R_{WL} \frac{T_{max}^2}{8\,760} \tag{6-27}$$

6.3.2 变压器的电能损耗

1. 由铁损引起的电能损耗

$$\Delta W_{a1} = \Delta P_{Fe} \times 8\,760 \approx \Delta P_0 \times 8\,760 \tag{6-28}$$

式（6-28）表明：只要外施电压和频率不变，铁损所引起的电能损耗也固定不变，且 ΔP_{Fe} 近似等于空载损耗 ΔP_0。

2. 由铜损引起的电能损耗

$$\Delta W_{a2} = \Delta P_{Cu} \beta^2 \tau \approx \Delta P_k \beta^2 \tau \tag{6-29}$$

由式（6-29）可知，由变压器铜损引起的电能损耗，与负荷电流的平方成正比（$P=I^2R$），与变压器负荷率 β 的平方成正比，且 ΔP_{Cu} 近似等于短路损耗 ΔP_k。

因此，变压器全年的电能损耗为

$$\Delta W_a = \Delta W_{a1} + \Delta W_{a2} \approx \Delta P_0 \times 8\,760 + \Delta P_k \beta^2 \tau \tag{6-30}$$

6.3.3　工厂的功率因数和无功补偿

1. 工厂的功率因数

（1）瞬时功率因数。瞬时功率因数可由功率因数表直接查表得出，也可间接测量，即根据功率表、电流表和电压表的读数按下式求出。

$$\cos\varphi = \frac{P}{\sqrt{3}UI} \tag{6-31}$$

式中，P 为三相总有功功率，单位为 kW；I 为线电流，单位为 A；U 为线电压，单位为 V。瞬时功率因数用来了解和分析工厂在生产过程中无功功率的变化情况，以便采取适当的补偿措施。

（2）平均功率因数。平均功率因数又称为加权平均功率因数，按下式计算。

$$\cos\varphi = \frac{W_P}{\sqrt{W_P^2 + W_q^2}} = \frac{1}{\sqrt{1 + (\dfrac{W_q}{W_p})^2}} \tag{6-32}$$

式中，W_P 为某一时间内消耗的有功电能，由有功电度表读取；W_q 为某一时间内消耗的无功电能，由无功电能表读取。我国电业部门每月向工业用户收取的电费，规定要按月平均功率因数的高低来调整。

（3）最大负荷时的功率因数。最大负荷时功率因数指在年最大负荷时的功率因数，可按下式计算。

$$\cos\varphi = \frac{P_{30}}{S_{30}} \tag{6-33}$$

2. 功率因数对供配电系统的影响

所有具有电感特性的用电设备都需要从供配电系统中吸收无功功率，从而降低功率因数。功率因数太低会给供配电系统带来以下不良影响。

（1）电能损耗增加。当输送功率和电压一定时，由 $P = \sqrt{3}UI\cos\varphi$ 可知，功率因数越低，线路上电流越大，因此在输电线上产生的电能损耗 $\Delta p = I^2 R_l$ 增加。

（2）电压损失增大。线路上电流增大，必然也造成线路压降的增大，而线路压降增大，又会造成用户端电压降低，从而影响供电质量。

（3）供电设备利用率降低。无功电流增加后，供电设备的温升会超过规定范围。为控制设备温升，工作电流也将受到控制，在功率因数降低后，不得不降低输送的有功功率 P 来控制电流 I 的值，这样必然会降低供电设备的供电能力。

由于功率因数在供配电系统中影响很大，所以要求电力用户功率因数必须至少保证一定的值，不能太低，太低就必须进行补偿。国家标准 GB/T 3485—1998《评价企业合理用电技术导则》中规定："在企业最大负荷时的功率因数应不低于 0.9，凡功率因数未达到上述规定的，应在负荷侧合理装置集中与就地无功补偿设备"。为鼓励提高功率因数，供电部门规定，凡功率因数低于规定值时，将予以罚款；相反，功率因数高于规定值时，将得到奖励，即采用"高奖低罚"的原则。这里所指的功率因数，是最大负荷时的功率因数。

3．电力电容器

电力电容器在交流电路中，其电流始终超前电压 90°，发出容性无功功率，并具有聚集电荷而存储电场能量的基本性能，因此电力系统中常利用电力电容器进行无功补偿。

（1）电力电容器在电力系统中的作用。在供配电系统中，电力电容器具有多种用途。首先，补偿电力系统中的无功功率，从而大量节约电力，这种电容器称为移相电容器。其次，电容器还可以用来补偿长距离输电线路本身的电感损失，提高输电线路输送电力的容量。

电力系统的负荷（如感应电动机、电焊机、感应电炉等）除了在交流电能的发、输、用过程中，用来转换成光能、热能和机械能消耗的有功功率外，还要用于与磁场交换的电路内电能，即"吸收"无功电力。这里所说的有功功率是指消耗掉的平衡功率；无功功率则指波动的交换功率。在电力系统中，无功功率用于建立磁场的能量，这部分能量给有功功率的转换创造了条件。

由于电力系统中许多设备不仅要消耗有功功率，设备本身的电感损失也要消耗无功功率，使系统的功率因数降低。如果把能"发出"无功电力的电力电容器并接在负荷或供电设备上运行，那么，负荷或供电设备要"吸收"的无功电力正好由电容器"发出"的无功电力供给，从而起到无功补偿作用，这也是电力电容器在电力系统中的主要作用。在电力线路两端并联移相电容器，线路上就可避免无功电力的输送，以达到减少线路能量损耗、减小线路电压降，提高系统有功功率的目的，因此，移相电容器是提高电力系统功率因数的一种重要电力设备。

（2）电力电容器部分型号表示。电力电容器部分型号表示如表 6-4 所示。

表 6-4　　　　　　　　　　　　电力电容器部分型号表示

第一位字母	含　义	第二位字母	含　义	第三位字母	含　义
B	标准	D	充氮单相	F	复合介质
Y	移相用			W	户外式
C	串联用	Y	油浸	S	水冷
J	均压			T	可调
O	耦合	L	氯化联苯浸渍	C	冲击放电
L	滤波用			B	薄膜
M	脉冲用			D	一般接地
F	防护用			R	电容式
R	电热				

【例 6-5】 试述 CY0.6-10-1 型串联电容器的型号含义。

解： 查表 6-4 可知，C 表示串联用电容，Y 表示油浸式。另外：0.6 表示额定电压为 0.6kV，10 表示标称容量为 10kvar，1 表示单相。

4．调相机

调相机是吸收系统少量有功功率来供给本身的能量损耗，向系统发出无功功率和吸收无功功率的一种电气设备。调相机不需要原动机拖动，但必须和电网并列运行而不能单独运行。

（1）调相机在电力系统中的作用。随着电力系统的不断发展与扩大，无功功率也不断增加。有功与无功的比率比例为 1∶1.2～1∶1.3，因而单靠发电机供电，必然会影响其有功功率的出力。为了减少系统输电线往返传送中的各种损耗，减少电能损失，改善功率因数，有效地提高系统电压水平，提高发电设备的利用率，电力系统一般要在负荷中心或附近设置一定数量的无功电源设备，以补偿无功功率的不足，提高电力系统的经济运行。

电力系统设置一定数量的无功补偿设备——调相机和电容器后，不但可以降低网络中的功率和电能损耗，提高系统运行的经济性，还可调整网络的节点电压，维持负荷的电压水平，提高供电电能的质量。

（2）调相机与电容器的比较。

① 静电电容器的最大优点是损耗小、效率高，损耗占本身容量的 0.3%～0.5%，调相机的有功功率损耗为额定容量的 1.5%～5.5%。

② 电容器设备费用与总容量几乎无关，调相机则不然，当容量较大时，其单位造价比较低，而容量减小时，单位造价偏高。

③ 补偿方式上，调相机只能在负荷中心使用，静电电容器既可以集中使用，又可以分散使用。

④ 调相机最大的优点是装设励磁装置，能得到均匀调压，既能发出无功功率又能吸收无功功率；电容器则用分级调压，当网络电压降低时输出功率急剧下降，可利用式 $Q = \omega C U^2$ 计算输出功率。

⑤ 调相机装有自动励磁装置，在故障时能保持电力系统的电压，从而达到提高系统稳定性的目的；而电力电容器对系统稳定性不起作用。

⑥ 调相机维护工作量大，电容器维护量小。

5. 调相机的型号表示

例如，TT-15-8 型号调相机的含义：第一位字母 T 表示同步；第二位字母 T 表示调相机；数字 15 表示调相机的功率为 15Mvar；而最后的数字 8 表示其磁极数为 8 极（第二位数字有时也表示调相机的额定电压，单位是 kV）。

6. 无功功率补偿

工厂中的电气设备绝大多数都是感性的，因此功率因数偏低。若要充分发挥设备潜力、改善设备运行性能，就必须考虑用人工补偿方法提高工厂的功率因数。通过提高功率因数进行无功功率的补偿方法有以下几种。

（1）提高自然功率因数。功率因数不满足要求时，首先应提高自然功率因数。自然功率因数是指未装设任何补偿装置的实际功率因数。提高自然功率因数，就是不添加任何补偿设备，采用科学措施减少用电设备的无功功率的需要量，使供配电系统总功率因数提高。它不需增加设备，因而是改善功率因数的最理想、最经济的方法。

① 合理选择电动机的规格、型号。笼型电动机的功率因数比绕线式电动机的功率因数高，开启式和封闭式的电动机比密闭式的功率因数高。在满足工艺要求的情况下，尽量选用功率因数高的电动机。

由于异步电动机的功率因数和效率在 70%至满载运行时较高，在额定负荷时功率因数为 0.85～0.9，而在空载或轻载运行时的功率因数和效率都较低，空载时功率因数只有 0.2～0.3，所以在选择电动机的容量时要避免容量选择过大，从而造成空载或轻载。一般选择电动机的额定容量为拖动负载的 1.3 倍左右。

异步电动机要向电网吸收无功，而同步电动机则可向电网送出无功，所以对负荷率不大于 0.7 及最大负荷不大于 90%的绕线式异步电动机，必要时可使其同步化，从而提高功率因数。

② 防止电动机空载运行。如果由于工艺要求，电动机在运行中必然要出现空载情况，则必须采取相应的措施。如装设空载自停装置或降压运行（如将电机的定子绕组由三角形接线改为星形接线，或由自耦变压器、电抗器或调压器实现降压）等。

③ 保证电动机的检修质量。电动机的定转子间气隙的增大和定子线圈的减少都会使励磁电流增加，从而增加向电网吸收的无功量而使功率因数降低，因此检修时要严格保证电动机的结构参数和性能参数。

④ 合理选择变压器的容量。变压器轻载时功率因数会降低，但满载时有功损耗会增加。因此选择变压器的容量时要从经济运行和改善功率因数两方面来考虑，一般选择电力变压器在负荷率为 0.6 以上运行比较经济。

⑤ 交流接触器的节电运行。用户中存在着大量的电磁开关（交流接触器），其线圈是感性负载，消耗无功功率。由于交流接触器的数量较多、运行时间长，故其所消耗的无功功率不能忽略。可以用大功率晶闸管取代交流接触器，这样可大量减少电网的无功功率负担。晶闸管开关不需要无功功率，开关速度远比交流接触器快，且还具有无噪声、无火花和拖动可靠性强等优点。

如果不想用大功率晶闸管代替交流接触器，可将交流接触器改为直流运行或使其无电压运行（即在交流接触器合闸后用机械锁扣装置自行锁扣，此时线圈断电，不再消耗电能）。

（2）人工补偿法。用户的功率因数仅仅靠提高自然功率因数一般是不能满足要求的，还必须进行人工补偿。人工补偿的方法有以下几种。

① 并联电容器。即采用并联电力电容器的方法来补偿无功功率，从而提高功率因数。这种方法具有以下优点，是目前用户、企业内广泛采用的一种补偿装置。

- 有功损耗小，为 0.25%～0.5%，而同步调相机为 1.5%～3%。
- 无旋转部分，运行维护方便。
- 可按系统需要，增加或减少安装容量和改变安装地点。
- 个别电容器损坏不影响整个装置运行。
- 短路时，同步调相机增加短路电流，增大了用户开关的断流容量，电容器无此缺点。

用电容器改善功率因数，可以获得经济效益。但如果电容性负荷过大会引起电压升高，带来不良影响。所以在用电容器进行无功功率补偿时，应适当选择电容器的安装容量。在变电所 6～10kV 高压母线上进行人工补偿时，一般采用固定补偿，即补偿电容器不随负荷变化投入或切除，其补偿容量按下式计算。

$$Q_{30C} = P_{av}(\tan\varphi_{av1} - \tan\varphi_{av2}) \tag{6-34}$$

式中，Q_{30C} 为补偿容量；P_{av} 为平均有功负荷；$\tan\varphi_{av1}$ 为补偿前平均功率因数角的正切值；$\tan\varphi_{av2}$ 为补偿后平均功率因数角的正切值；$\tan\varphi_{av1} - \tan\varphi_{av2}$ 称为补偿率。

在变电所 0.38kV 母线上进行补偿时，都采用自动补偿，即根据 $\cos\varphi$ 测量值，按功率因数设定值，自动投入或切除电容器。确定了并联电容器的容量后，根据产品目录就可以选择并联电容器的型号规格，并确定并联电容器的数量。如果计算出并联电容器的数值在某一型号下不是整数时，应取相近偏大的整数；如果是单相电容器，还应取为 3 的倍数，以便三相均衡分配。实际工程中，都选用成套电容器补偿柜（屏）。

当然，该补偿方法也存在缺点，如只能有级调节，而不能随无功变化进行平滑的自动调节；当通风不良及运行温度过高时易发生漏油、鼓肚、爆炸等故障。

② 同步电动机补偿。在满足生产工艺的要求下，选用同步电动机，通过改变励磁电流来调节和改善供配电系统的功率因数。过去，由于同步电动机的励磁机是同轴的直流电动机，其价格高，维修麻烦，所以同步电动机应用不广。现在随着半导体变流技术的发展，励磁装置已比较成熟，因此采用同步电动机补偿是一种比较经济实用的方法。

同步电动机与异步电动机相比，有以下优点。

- 当电网频率稳定时，它的转速稳定。
- 转矩仅和电压的一次方成正比，电压波动时，转矩波动比异步电动机小。
- 便于制造低速电动机，可直接和生产机械连接，减少损耗。
- 铁芯损耗小，同步电动机效率比异步电动机效率高。

③ 动态无功功率补偿。在现代工业生产中，有一些容量很大的冲击性负荷（如炼钢电炉、黄磷电炉、轧钢机等）会使电网电压严重波动，恶化功率因数。一般并联电容器的自动切换装置响应太慢无法满足要求。因此必须采用大容量、高速的动态无功功率补偿装置，如晶闸管开关快速切换电容器、晶闸管励磁的快速响应式同步补偿机等。

目前已投入到工业运行的静止动态无功补偿装置有可控饱和电抗器式静补装置、自饱和电抗器式静补装置、晶闸管控制电抗器式静补装置、晶闸管开关电容器式静补装置、强迫换流逆变式静补装置及高阻抗变压器式静补装置等。

【例 6-6】 已知某工厂的有功计算负荷为 650kW，无功计算负荷为 800kvar。为使工厂的功率因数不低于 0.9，现要在工厂变电所低压侧装设并联电容器组进行无功补偿，问需装设多少补偿容量的并联电容器？假设补偿前工厂变电所主变压器的容量选择为 1 250kV，则补偿后工厂变电所主变压器的容量有何变化？

解： ① 补偿前的变压器容量

$$S_{30(2)} = \sqrt{650^2 + 800^2} \approx 1\,031 \text{kVA}$$

变电所二次侧的功率因数

$$\cos\varphi_{(2)} = P_{30(2)} / S_{30(2)} = 650 / 1\,031 \approx 0.63$$

② 按相关规定，补偿后变电所高压侧的功率因数不应低于 0.9，即 $\cos\varphi_{(2)} \geq 0.9$。考虑到变压器的无功功率损耗远大于有功功率损耗，所以低压侧补偿后的功率因数应略高于 0.9，这里取 0.92。因此，在低压侧需要装设的并联电容器容量为

$$Q_{30C} = 650 \times [\tan(\arccos 0.63) - \tan(\arccos 0.92)] \approx 524 \text{kvar}$$

取整数 530kvar。

③ 变电所低压侧的视在计算负荷为

$$S'_{30(2)} = \sqrt{650^2 + (800 - 530)^2} \approx 704 \text{kVA}$$

补偿后重新选择变压器的容量为 800kVA。

④ 补偿后变压器的功率损耗为

$$\Delta P_T = 0.015 S'_{30(2)} = 0.015 \times 704 \approx 10.6 \text{kW}$$

$$\Delta Q_{\text{T}} = 0.06 S'_{30(2)} = 0.06 \times 704 \approx 42.2 \text{kvar}$$

变电所高压侧的计算负荷为

$$P'_{30(1)} = 650 + 10.6 = 661 \text{kW}$$

$$Q'_{30(1)} = 800 - 530 + 42.2 \approx 312 \text{kvar}$$

$$S'_{30(1)} = \sqrt{661^2 + 312^2} \approx 731 \text{kVA}$$

补偿后的功率因数为

$$\cos\varphi' = 661 / 731 \approx 0.904 > 0.9$$

⑤ 无功补偿前后进行比较

$$S'_{\text{N}} - S_{\text{N}} = 1250 - 800 = 450 \text{kVA}$$

即补偿后主变压器的容量减少了450kVA。由此可以看出，在变电所低压侧装设了无功补偿装置后，低压侧总的视在功率减小，变电所主变压器的容量也减小，功率因数提高。

问题与思考

1．什么是年最大负荷损耗小时？它与年最大负荷利用小时的区别在哪里？

2．什么叫平均功率因数和最大负荷时功率因数？各如何计算，各有何用途？

3．提高功率因数进行无功功率补偿有什么意义？无功功率补偿有哪些方法？

6.4 尖峰电流的计算

尖峰电流 I_{pk} 是指单台或多台用电设备持续 1～2s 短时的最大负荷电流。尖峰电流是由于电动机启动、电压波动等原因引起的，与计算电流不同，计算电流是指半小时最大电流，尖峰电流比计算电流大得多。

计算尖峰电流的目的是选择熔断器、整定低压断路器和继电保护装置，计算电压波动及检验电动机自启动条件等。

6.4.1 单台用电设备尖峰电流的计算

单台用电设备的尖峰电流就是其启动电流，因此

$$I_{\text{pk}} = K_{\text{st}} I_{\text{N}} \tag{6-35}$$

式中，I_{N} 为用电设备的额定电流；K_{st} 为用电设备的启动电流倍数（可查样本或铭牌，对笼型电动机一般为 5～7，对绕线型电动机一般为 2～3，对直流电动机一般为 1.7，对电焊变压器一般为 3 或稍大）。

6.4.2 多台用电设备尖峰电流的计算

多台用电设备的线路上，其尖峰电流应按下式计算。

$$I_{\text{pk}} = K_{\Sigma} \sum_{i=1}^{n-1} I_{\text{N}i} + I_{\text{st max}} \tag{6-36}$$

或者
$$I_{pk} = I_{30} + (I_{st} - I_N)_{max} \qquad (6\text{-}37)$$

式中，$\sum\limits_{i=1}^{n-1} I_{Ni}$ 是将启动电流与额定电流之差为最大的那台设备除外的其他（$n-1$）台设备的额定电流求和所得；I_{stmax} 为用电设备组中启动电流与额定电流之差为最大的那台设备的启动电流；$(I_{st}-I_N)_{max}$ 为用电设备组中启动电流与额定电流之差为最大的那台设备的启动电流与额定电流之差；K_Σ 为上述（$n-1$）台设备的同时系数，其值按台数多少选取，一般为 0.7～1；I_{30} 为全部设备投入运行时线路的计算电流。

【例 6-7】 有一条 380V 的配电干线，给 3 台电动机供电，已知 I_{N1}＝5A，I_{N2}＝4A，I_{N3}＝10A，I_{st1}＝35A，I_{st2}＝16A，K_{st3}＝3，求该配电线路的尖峰电流。

解：
$$I_{st1} - I_{N1} = 35 - 5 = 30A$$
$$I_{st2} - I_{N2} = 16 - 4 = 12A$$
$$I_{st3} - I_{N3} = K_{st3}I_{N3} - I_{N3} = 3 \times 10 - 10 = 20A$$

可见，$(I_{st}-I_N)_{max}$＝30A，则 I_{stmax}＝35A，取 K_Σ＝0.9，因此该线路的尖峰电流为
$$I_{pk} = K_\Sigma (I_{N2} + I_{N3}) + I_{stmax} = 0.9 \times (4+10) + 35 = 47.6A$$

问题与思考

1．什么叫尖峰电流？尖峰电流的计算有什么用处？

2．有一条 380V 的三相输电线路，供电给表 6-5 所示 4 台电动机，试计算这条输电线路的尖峰电流。

表 6-5 电动机参数表

参数	电动机			
	M1	M2	M3	M4
额定电流 I_N(A)	5.8	5	35.8	27.6
启动电流 I_{st}(A)	40.6	35	197	193.2

6.5 短路故障和短路电流计算

在供配电系统的设计和运行中，不仅要考虑系统的正常运行状态，还要考虑系统的不正常运行状态和故障情况，最严重的故障是短路故障。

短路电流计算的目的：一是校验所选设备在短路状态下是否满足动稳定和热稳定的要求；二是为线路过电流保护装置动作电流的整定提供依据。

6.5.1 短路故障的原因和种类

1．短路故障的原因

短路故障是指运行中的电力系统或工厂供配电系统的相与相或者相与地之间发生的金属性非正常连接。短路产生的原因主要是系统中带电部分的电气绝缘出现破坏，其直接原因一般是过电压、雷击、绝缘材料的老化以及运行人员的误操作和施工机械的破坏，或由于鸟害、鼠害。

以运行人员带负荷分断隔离开关为例，由于隔离开关起隔离和分断小电流的作用，无

灭弧装置或只有简单的灭弧装置，因此它不能分断大电流。如果运行人员带大电流分断隔离开关，就会使强大的电流在隔离开关的断口形成电弧，由于隔离开关无法熄灭电弧，很容易就形成"飞弧"，造成隔离开关的相与相或者相与地之间出现短路，导致人身和设备的安全事故。

2．短路故障的种类

在电力系统中，短路故障对电力系统的危害最大，按照短路的情况不同，短路的类型可分为 4 种，各种短路的符号和特点如表 6-6 所示。

三相交流系统的短路种类主要有表 6-6 中所示的三相短路、两相短路、单相短路和两相接地短路。其中单相短路是指供配电系统中任一相经大地与中性点或与中线发生的短路，用 $K^{(1)}$ 表示；两相短路是指三相供配电系统中任意两相导体间的短路，用 $K^{(2)}$ 表示；三相短路是指供配电系统三相导体间的短路，用 $K^{(3)}$ 表示；两相接地短路是指中性点不接地系统中任意两相发生单相接地而产生的短路，用 $K^{(1,1)}$ 表示。

当线路设备发生三相短路时，由于短路的三相阻抗相等，因此，三相电流和电压仍是对称的，所以三相短路又称为对称短路。其他类型的短路不仅相电流、相电压大小不同，而且各相之间的相位角也不相等，这些类型的短路统称为不对称短路。

表 6-6 　　　　　　　　　短路种类、表示符号、性质及特点

短路名称	表示符号	示意图	短路性质	特点
单相短路	$K^{(1)}$		不对称短路	短路电流仅在故障相中流过，故障相电压下降，非故障相电压会升高
两相短路	$K^{(2)}$		不对称短路	短路回路中流过很大的短路电流，电压和电流的对称性被破坏
两相短路接地	$K^{(1,1)}$		不对称短路	短路回路中流过很大的短路电流，故障相电压为零
三相短路	$K^{(3)}$		对称短路	三相电路中都流过很大的短路电流，短路时电压和电流保持对称，短路点电压为零

电力系统中，发生单相短路的可能性最大，而发生三相短路的可能性最小，但通常三相短路电流最大，造成的危害也最严重。因此常以三相短路时的短路电流热效应和电动力效应来校验电气设备。

3．短路的危害

发生短路时，由于短路回路的阻抗很小，产生的短路电流比正常电流大数十倍，短路电流甚至可能高达数万安培甚至数十万安培。同时系统电压降低，离短路点越近电压降低越大，

三相短路时，短路点的电压可能降到零。因此，短路将造成严重危害。

（1）短路产生很大的热量，导体温度升高，将绝缘损坏。

（2）短路产生巨大的电动力，使电气设备受到机械损坏。

（3）短路使系统电压严重降低，电器设备正常工作遭到破坏。例如，异步电动机的转矩与外加电压的平方成正比，当电压降低时，其转矩降低使转速减慢，造成电动机过热甚至烧坏。

（4）短路造成停电，给国民经济带来损失，给人民生活带来不便。

（5）严重的短路将影响电力系统运行的稳定性，使并联运行的同步发电机失去同步，严重的可能造成系统瓦解，甚至崩溃。

（6）单相短路产生的不平衡磁场，对附近的通信线路和弱电设备产生严重的电磁干扰，影响其正常工作。

由此可见，短路产生的后果极为严重，在供配电系统的设计和运行中应采取有效措施，设法消除可能引起短路的一切因素，使系统安全可靠地运行。同时，为了减轻短路的严重后果和防止故障扩大，还需要计算短路电流，以便正确地选择和校验各种电器设备，计算和整定保护短路的继电保护装置和选择限制短路电流的电器设备（如电抗器）等。

4．短路计算方法简介

短路计算常用的方法有 3 种：有名值法、标幺值法（又称相对单位制法）和短路容量法。当供配电系统中某处发生短路时，其中一部分阻抗被短接，网络阻抗发生变化，所以在进行短路电流计算时，应先对各电气设备的参数进行计算。如果各种电气设备的电阻和电抗及其他电气参数用有名值表示，称为有名值法；如果各种电气设备的电阻和电抗及其他电气参数用相对值表示，称为标幺值法；如果各种电气设备的电阻和电抗及其他电气参数用短路容量表示，称为短路容量法。

在低压系统中，短路电流计算通常用有名值法；而在高压系统中，通常采用标幺值法或短路容量法计算。这是由于高压系统中存在多级变压器耦合，如果用有名值法，当短路点不同时，同一元件所表现的阻抗值就不同，必须对不同电压等级中各元件的阻抗值按变压器的变比归算到同一电压等级，使短路计算的工作量增加。

用有名值法与标幺值法进行短路计算的步骤。

（1）用有名值法进行短路计算的步骤：绘制短路回路等效电路；计算短路回路中各元件的阻抗值；求等效阻抗，化简电路；计算三相短路电流周期分量有效值及其他短路参数；列短路计算表。

（2）用标幺值法进行短路计算的步骤：选择短路基准容量、基准电压、计算短路点的基准电流；绘制短路回路的等效电路；计算短路回路中各元件的电抗标幺值；求总电抗标幺值，化简电路；计算三相短路电流周期分量有效值及其他短路参数；列短路计算表。

6.5.2　短路电流的计算概述

进行短路电流计算，首先要绘制计算电路图，如图 6.7 所示。

在计算电路图上将短路计算所需考虑的各元件的额定参数都表示出来，并将各元件依次编号，然后确定短路计算点。短路计算点的选取应使需要进行短路校验的电气元件有最大可能的短路电流通过。接下来要按所选择的短路计算点绘出等效电路图，如图 6.8 所示。

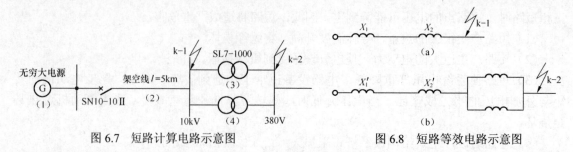

图 6.7 短路计算电路示意图　　　　图 6.8 短路等效电路示意图

计算等效电路中各主要元件的阻抗。在等效电路图上，只需将被计算的短路电流所流经的一些主要元件表示出来，并标明其序号和阻抗值。一般是分子标序号，分母标阻抗值；既有电阻又有电抗时，用复数形式表示。然后将等效电路化简。对于工厂供电系统来说，由于将电力系统当作无限大容量电源，而且短路电路也比较简单，因此一般只需采用阻抗串、并联的方法即可将电路化简，求出其等效总阻抗，最后计算短路电流和短路容量。

短路电流的计算，常用的有欧姆法和标幺制法。

短路计算中有关物理量一般采用以下单位。电流单位为 kA；电压单位为 kV；短路容量和断流容量单位为 MVA；设备容量单位为 kW 或 kVA；阻抗单位为 Ω 等。如果采用工程上常用的单位来计算，则应注意所用公式中各物理量单位的换算系数。

6.5.3 采用欧姆法进行短路计算

欧姆法因其短路计算中的阻抗都采用有名单位"欧姆"而得名。在无限大容量系统中发生三相短路时，其三相短路电流周期分量有效值可按下式计算。

$$I_k^{(3)} = \frac{U_c}{\sqrt{3}|Z_\Sigma|} = \frac{U_c}{\sqrt{3}\sqrt{R_\Sigma^2 + X_\Sigma^2}} \tag{6-38}$$

式中，U_c 为短路点的短路计算电压，也称为平均额定电压。由于线路首端短路时其短路最为严重，因此按线路首端电压考虑，即短路计算电压取值比线路额定电压 U_N 高5%。

在高电压的短路计算中，通常总电抗远比总电阻大，所以一般可只计电抗，不计电阻。在计算低压侧短路时，只有当短路电路的电阻大于 $\frac{1}{3}$ 电抗时才需考虑电阻。

不计电阻时，三相短路电流的周期分量有效值为

$$I_k^{(3)} = \frac{U_c}{\sqrt{3}X_\Sigma} \tag{6-39}$$

三相短路容量为

$$S_k^{(3)} = \sqrt{3}U_c I_k^{(3)} \tag{6-40}$$

1．电力系统的阻抗

电力系统的电阻相对于电抗来说很小，一般不予考虑。电力系统的电抗，可由电力系统变电所高压馈电线出口断路器的断流容量 S_{OC} 来估算，S_{OC} 可看作是电力系统的极限短路容量 S_k，因此电力系统的电抗为

$$X_S = U_c^2 / S_{OC} \tag{6-41}$$

式中，U_c 为高压馈电线的短路计算电压，但为了便于计算短路电流总阻抗，免去阻抗换算的

麻烦，U_c 可直接采用短路点的短路计算电压；S_{OC} 是系统出口断路器的断流容量，可查有关手册或产品样品；如只有开断电流 I_{OC} 的数据，则其断流容量为

$$S_{OC} = \sqrt{3} I_{OC} U_N \tag{6-42}$$

式中，U_N 为额定电压。

2. 电力变压器的阻抗

（1）变压器的电阻（R_T）

变压器的电阻 R_T 可由变压器的短路损耗 ΔP_k 近似地计算。

因

$$\Delta P_k \approx 3 I_N^2 R_T \approx 3(S_N / \sqrt{3} U_c)^2 R_T = (S_N / U_c)^2 R_T$$

所以

$$R_T \approx \Delta P_k (U_c / S_N)^2 \tag{6-43}$$

式中，U_c 为短路点的短路计算电压；S_N 为变压器的额定容量；ΔP_k 为变压器的短路损耗，可查有关手册或产品样本。

（2）变压器的电抗（X_T）

变压器的电抗可由短路电压近似计算。

因

$$U_k\% \approx (\sqrt{3} I_N X_T / U_c) \times 100 \approx (S_N X_T / U_c^2) \times 100$$

故

$$X_T \approx \frac{U_k\%}{100}(U_c^2 / S_N) \tag{6-44}$$

式中，$U_k\%$ 为变压器的短路电压百分值，可查有关手册或产品样本。

3. 电力线路的阻抗

（1）线路的电阻（R_{WL}）。线路的电阻 R_{WL} 可由导线电缆的单位长度电阻 R_0 求得。

即

$$R_{WL} = R_0 l \tag{6-45}$$

式中，R_0 为导线电缆单位长度的电阻，可查有关手册或产品样本；l 为线路长度。

（2）线路的电抗（X_{WL}）。线路的电抗 X_{WL} 可由导线电缆的单位长度电抗 X_0 求得。

即

$$X_{WL} = X_0 l \tag{6-46}$$

式中，X_0 为导线电缆单位长度的电抗，可查有关手册或产品样本；l 为线路长度。

如果线路的结构数据不详细，X_0 可根据表 6-7，取其电抗平均值，因为同一电压的同类线路电抗值变动幅度一般不大。

表 6-7　　　　　　　　电力线路每相的单位长度电抗平均值　　　　　　单位：Ω/km

线路结构	线路电压	
	6～10kV	220/380V
架空线路	0.38	0.32
电缆线路	0.08	0.066

求出短路电路中各元件的阻抗后，就化简了短路电路，求出其总阻抗，然后计算短路电流周期分量 $I_k^{(3)}$。

必须注意：在计算短路电路的阻抗时，假如电路内含有电力变压器，则电路内各元件的阻抗都应统一换算到短路点的短路计算电压。阻抗等效换算的条件是元件的功率损耗不变。阻抗换算的公式为

$$R' = R(U_c' / U_c)^2 \tag{6-47}$$

$$X' = X(U_c' / U_c)^2 \tag{6-48}$$

式中，R、X 和 U_c 为换算前元件的电阻、电抗和元件所在处的短路计算电压；R'、X' 和 U_c' 为换算后元件的电阻、电抗和短路点的短路计算电压。

6.5.4　采用标幺值法进行短路计算

标幺值法因其短路计算中的有关物理量是采用标幺值而得名。

用相对值表示元件的物理量，称为标幺值。

任一物理量的标幺值 A_d^*，为该物理量的实际值 A 与所选定的基准值 A_d 的比值，即

$$A_d^* = \frac{A}{A_d} \tag{6-49}$$

式中，A_d^* 是一个无量纲的比值。按标幺值法进行短路计算，一般是先选定基准容量 S_d 和基准电压 U_d。工程设计中通常取基准容量 $S_d=100MVA$；通常取元件所在处的短路计算电压为基准电压，即取 $U_d= U_c$。

选定了基准容量 S_d 和基准电压 U_d 以后，基准电流 I_d 按下式计算。

$$I_d = \frac{S_d}{\sqrt{3}U_d} = \frac{S_d}{\sqrt{3}U_c} \tag{6-50}$$

基准电抗 X_d 按下式计算。

$$X_d = \frac{U_d}{\sqrt{3}I_d} = \frac{U_d}{\sqrt{3}I_c} \tag{6-51}$$

一般来讲，基准值的选取是任意的，但为了计算方便，常取 100MVA 为基准容量，取线路平均额定电压为基准电压，即取 $S_d=100MVA$，$U_d=U_c$。线路的额定电压和基准电压对照值如表 6-8 所示。

表 6-8　　　　　　　　　　　　线路的额定电压和基准电压　　　　　　　　　　　　单位：kV

额定电压	0.38	6	10	35	110	220	500
基准电压	0.4	6.3	10.5	37	115	230	550

基准容量从一个电压等级换算到另一个电压等级时，其数值不变；而基准电压从一个电压等级换算到另一个电压等级时，其数值就是另一个电压等级的基准电压。下面以多级电压的供电系统为例说明这一特点，多级电压供电系统示意图如图 6.9 所示。

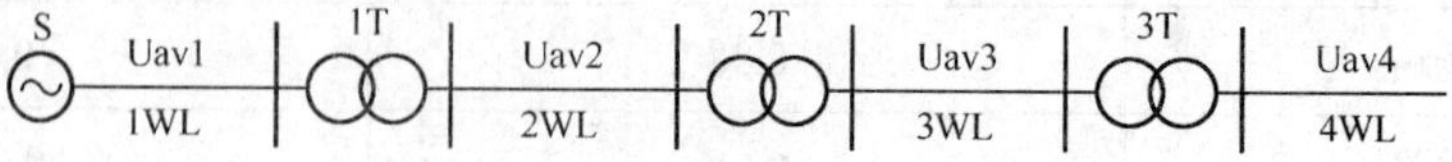

图 6.9　多级电压供电系统示意图

假设短路发生在 4WL，选基准容量为 S_d，各级基准电压分别为 $U_{d1}=U_{av1}$，$U_{d2}=U_{av2}$，$U_{d3}=U_{av3}$，$U_{d4}=U_{av4}$，则线路 1WL 的电抗 X_{1WL} 归算到短路点所在电压等级的电抗 X'_{1WL} 为

$$X'_{1WL} = X_{1WL}(\frac{U_{av2}}{U_{av1}})^2(\frac{U_{av3}}{U_{av2}})^2(\frac{U_{av4}}{U_{av3}})^2$$

1WL 的标幺值电抗为

$$X^*_{1WL} = \frac{X'_{1WL}}{Z_d} = X'_{1WL}\frac{S_d}{U_{d4}^2} = X_{1WL}(\frac{U_{av2}}{U_{av1}})^2(\frac{U_{av3}}{U_{av2}})^2(\frac{U_{av4}}{U_{av3}})^2\frac{S_d}{U_{av4}^2} = X_{1WL}\frac{S_d}{U_{av1}^2}$$

即

$$X^*_{1WL} = X_{1WL}\frac{S_d}{U_{d1}^2}$$

以上分析表明，用基准容量和元件所在电压等级的基准电压计算的阻抗标幺值，和将元件的阻抗换算到短路点所在的电压等级，再用基准容量和短路点所在电压等级的基准电压计算的阻抗标幺值相同，即变压器的变比标幺值等于1，从而避免了多级电压系统中阻抗的换算。

可见，短路回路总电抗的标幺值可直接由各元件的电抗标幺值相加而得，因而采用标幺值计算短路电流具有计算简单、结果清晰的优点。

下面分别讲述供电系统中各主要元件的电抗标幺值的计算（取 $S_d=100MVA$，$U_d=U_c$）

（1）电力系统的电抗标幺值的计算公式如下。

$$X^*_S = \frac{X_S}{X_d} = \frac{U_c^2/S_{OC}}{U_d^2/S_d} = \frac{S_d}{S_{OC}} \tag{6-52}$$

（2）电力变压器的电抗标幺值的计算公式如下。

$$X^*_T = \frac{X_T}{X_d} = \frac{U_k\%}{100}\cdot\frac{U_c^2/S_N}{U_d^2/S_d} = \frac{U_k\%S_d}{100S_N} \tag{6-53}$$

（3）电力线路的电抗标幺值的计算公式如下。

$$X^*_{WL} = \frac{X_{WL}}{X_d} = \frac{X_0l}{U_d^2/S_d} = X_0l\frac{S_d}{U_c^2} \tag{6-54}$$

短路电路中各主要元件的电抗标幺值求出以后，即可根据其电路图进行电路化简，计算其总电抗标幺值 X^*_Σ。由于各元件电抗均采用相对值，与短路计算点的电压无关，因此不需要进行电压换算，这也是标幺值法的优点。

所以，无限大容量系统三相短路电流周期分量有效值的标幺值可按下式计算。

$$I_k^{(3)*} = \frac{I_k^{(3)}}{I_d} = \frac{U_c^2/\sqrt{3}X_\Sigma}{S_d/\sqrt{3}U_c} = \frac{U_c^2}{S_dX_\Sigma} = \frac{1}{X^*_\Sigma} \tag{6-55}$$

由此可求得三相短路电流稳态分量的有效值为

$$I_k^{(3)} = I_k^{(3)*}I_d = \frac{I_d}{X^*_\Sigma} \tag{6-56}$$

三相短路容量的计算公式为

$$S_k^{(3)} = \sqrt{3}U_c I_k^{(3)} = \sqrt{3}U_c I_d / X_\Sigma^* = S_d / X_\Sigma^* \qquad (6\text{-}57)$$

【例 6-8】 试用标幺值法计算图 6.7 所示供电系统中 k-1 点和 k-2 点的三相短路电流和短路容量。

解：（1）确定基准值。

$$S_d = 100\text{MVA}, \quad U_{c1} = 10.5\text{kV}, \quad U_{c2} = 0.4\text{kV}$$

$$I_{d1} = \frac{S_d}{\sqrt{3}U_{c1}} = \frac{100}{1.732 \times 10.5} \approx 5.50\text{kA}$$

$$I_{d2} = \frac{S_d}{\sqrt{3}U_{c2}} = \frac{100}{1.732 \times 0.4} \approx 144\text{kA}$$

（2）计算短路电路中各主要元件的电抗标幺值。

① 电力线路查有关资料得 $S_{oc} = 500\text{MVA}$，所以

$$X_1^* = 100 / 500 = 0.2$$

② 架空线路查有关资料得 $X_0 = 0.38\,\Omega/\text{km}$，所以

$$X_2^* = 0.38 \times 5 \times 100 / 10.5^2 \approx 1.72$$

③ 电力变压器查有关资料得 $U_k\% = 4.5$，所以

$$X_3^* = X_4^* = \frac{U_k\% S_d}{100 S_N} = \frac{4.5 \times 100 \times 10^3}{100 \times 1000} = 4.5$$

绘出短路等效电路图如图 6.10 所示。

（3）求 k-1 点的短路电路总电抗标幺值及三相短路电流和短路容量。

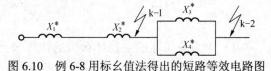

图 6.10　例 6-8 用标幺值法得出的短路等效电路图

① 总电抗标幺值：

$$X_{\Sigma(k-1)}^* = X_1^* + X_2^* = 0.2 + 1.72 = 1.92$$

② 三相短路电流周期分量有效值：

$$I_{k-1}^{(3)} = I_{d1} / X_{\Sigma(k-1)}^* = 5.50 / 1.92 \approx 2.86\text{kA}$$

③ 其他三相短路电流：

$$I_{k-1}^{''(3)} = I_\infty^{(3)} = I_{k-1}^{(3)} = 2.86\text{kA}$$

$$i_{sh}^{(3)} = 2.55 \times 2.86 \approx 7.29\text{kA}$$

$$I_{sh}^{(3)} = 1.51 \times 2.86 \approx 4.32\text{kA}$$

④ 三相短路容量：

$$S_{k-1}^{(3)} = S_d / X_{\Sigma(k-1)}^* = 100 / 1.92 \approx 52.1\text{MVA}$$

（4）求 k-2 点的短路电路总电抗标幺值及三相短路电流和短路容量。

① 总电抗标幺值：

$$X_{\Sigma(k-2)}^* = X_1^* + X_2^* + X_3^* / X_4^* = 0.2 + 1.72 + 4.5 / 2 = 4.17$$

② 三相短路电流周期分量有效值：

$$I_{k-2}^{(3)} = I_{d2} / X_{\Sigma(k-2)}^* = 144 / 4.17 \approx 34.5 \text{kA}$$

③ 其他三相短路电流：

$$I_{k-2}^{''(3)} = I_{\infty}^{(3)} = I_{k-2}^{(3)} = 34.5 \text{kA}$$

$$i_{sh}^{(3)} = 1.84 \times 34.5 \approx 63.5 \text{kA}$$

$$I_{sh}^{(3)} = 1.09 \times 34.56 \approx 37.6 \text{kA}$$

④ 三相短路容量：

$$S_{k-2}^{(3)} = S_d / X_{\Sigma(k-2)}^* = 100 / 4.7 \approx 21.3 \text{MVA}$$

6.5.5　两相短路电流的计算

在图 6.11 所示无限大容量系统发生两相短路时，其短路电流可由下式求得。

$$I_k^{(2)} = \frac{U_c}{2X_\Sigma} \tag{6-58}$$

式中，U_c 为短路点的平均额定电压，X_Σ 为短路回路一相总阻抗。

其他两相短路电流 $I^{''(2)}$、$I_\infty^{(2)}$、$i_{sh}^{(2)}$ 和 $I_{sh}^{(2)}$ 等，都可以按前面介绍的三相短路的对应短路电流的公式进行计算。

两相短路电流与三相短路电流的关系，可由 $I_k^{(2)} = \dfrac{U_c}{2|Z_\Sigma|}$ 和 $I_k^{(3)} = \dfrac{U_c}{\sqrt{3}|Z_\Sigma|}$ 两式比较得出，两相短路电流较三相短路电流小。

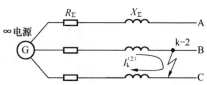

图 6.11　无限大容量系统中的两相短路

6.5.6　单相短路电流的计算

在中性点接地电流系统中或三相四线制系统中发生单相短路时，根据对称分量法可求得其单相短路电流为

$$I_k^{(1)} = \frac{U_\varphi}{|Z_{\varphi-0}|} \tag{6-59}$$

式中，U_φ 为电源的相电压；$|Z_{\varphi-0}|$ 为单相短路回路的阻抗，通常可按下式求得。

$$|Z_{\varphi-0}| = \sqrt{(R_T + R_{\varphi-0})^2 + (X_T + X_{\varphi-0})^2} \tag{6-60}$$

式中，R_T 和 X_T 分别为变压器单相的等效电阻和电抗；$R_{\varphi-0}$ 和 $X_{\varphi-0}$ 分别为相与零线或与 PE 线或 PEN 线的回路电阻和电抗，包括回路中低压断路器过电流线圈的阻抗、开关触头的接触电阻及电流互感器一次绕组的阻抗等，可查有关手册或产品样本获得。

单相短路电流与三相短路电流的关系如下所述。

在远离发电机的用户变电所低压侧发生单相短路时，正序阻抗 $Z_{1\Sigma}$ 约等于负序阻抗 $Z_{2\Sigma}$，因此可得单相短路电流：

$$I_k^{(1)} = \frac{3U_\varphi}{2Z_{1\Sigma} + Z_{0\Sigma}} \tag{6-61}$$

式中，U_φ 为电源相电压有效值，$Z_{0\Sigma}$ 为零序阻抗。

而三相短路时，三相短路电流为

$$I_k^{(3)} = \frac{U_\varphi}{Z_{1\Sigma}} \tag{6-62}$$

比较上述两式可得：在无限大容量系统中或远离发电机处短路时，两相短路电流和单相短路电流均较三相短路电流小，因此用于选择电气设备和导体的短路稳定度校验的短路电流，应采用三相短路电流；两相短路电流主要用于相间短路保护的灵敏度检验；单相短路电流主要用于单相短路保护的整定及单相短路热稳定度校验。

问题与思考

1. 短路故障的原因有哪些？有哪几种短路形式？它们各自的特点是什么？

2. 某供电系统如图 6.12 所示。试求工厂配电所 10kV 母线上 k-1 点短路和车间变电所低压 380V 母线上 k-2 点短路的三相短路电流和短路容量。

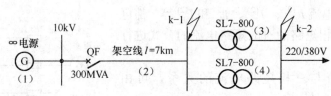

图 6.12　问题与计算 2 电路图

6.6　供配电系统电气设备的选择与校验

电气设备按正常工作条件进行选择，就是要考虑电气设备装设的环境条件和电气要求。环境条件是指电气设备所处的位置（户内或者户外），环境温度，海拔高度以及有无防尘、防腐、防火、防爆等要求；电气要求是指电气设备对电压、电流以及频率等方面的要求，对开关类电气设备还应考虑其断流能力。

6.6.1　电气设备选择校验的条件

电气设备按短路故障条件进行校验，就是要按最大可能的短路电流校验设备的动、热稳定度，以保证电气设备在短路故障时不致损坏。

高压一次设备的选择校验项目及条件如表 6-9 所示。

表 6-9　　　　　　　　　　高、低压电气设备选择校验的项目及条件

电气设备名称	正常工作条件选择			短路电流校验	
	电压（kV）	电流（A）	断流能力（kA）	动稳定度	热稳定度
高、低压熔断器	√	√	√	×	×
高压隔离开关	√	√	×	√	√
低压刀开关	×	√	√	—	—

电气设备名称	正常工作条件选择			短路电流校验	
	电压（kV）	电流（A）	断流能力（kA）	动稳定度	热稳定度
高压负荷开关	√	√	√	√	√
低压负荷开关	√	√	√	×	×
高压断路器	√	√	√	√	√
低压断路器	√	√	√	—	—
电流互感器	√	√	×	√	√
电压互感器	√	×	×	×	×
电容器	√	×	×	×	×
母线	×	√	×	√	√
电缆、绝缘导线	√	√	×	×	√
支柱绝缘子	√	×	×	√	×
套管绝缘子	√	√	×	√	√
选择校验的条件	电气设备的额定电压应大于安装地点的额定电压	电气设备的额定电流应大于通过设备的计算电流	开关设备的断开电流或功率应大于设备安装地点可能的最大断开电流或功率	按三相短路冲击电流值校验	按三相短路稳态电流值校验

注：① 表中"∨"表示必须校验；"×"表示不必校验；"—"表示可以不校验；

② 选择变电所高压侧的电气设备时，应取变压器高压侧额定电流；

③ 对高压负荷开关，最大断开电流应大于它可能断开的最大过负荷电流；对高压断路器，其断开电流或功率应大于设备安装地点可能的最大短路电流周期分量或功率；对熔断器的断流能力应依据熔断器的具体类型而定；对互感器应考虑准确度等级；对补偿电容器应按照无功容量选择。

6.6.2　电气设备的选择和校验

1．短路动稳定度的校验条件

（1）一般电器的动稳定校验条件需按下列公式校验。

$$i_{max} \geqslant i_{sh}^{(3)} \tag{6-63}$$

或

$$I_{max} \geqslant I_{sh}^{(3)} \tag{6-64}$$

式中，i_{max} 和 I_{max} 分别为动稳定电流的峰值和有效值，可查阅有关手册或产品样本获得。

（2）绝缘子的动稳定度校验条件

$$F_{aL} \geqslant F_C^{(3)} \tag{6-65}$$

式中，F_{aL} 为绝缘子的允许载荷，可由有关手册或产品样本中查出；$F_C^{(3)}$ 为三相短路电流作用在绝缘子上的计算力；如果母线在绝缘子上平放，则 $F_C^{(3)} = F^{(3)}$，竖放则 $F_C^{(3)} = 1.4F^{(3)}$，而 $F^{(3)} = \sqrt{3} i_{sh}^{(3)2} \dfrac{L}{a} \times 10^{-7} \text{N/A}^2$，其中 a 是两母线轴线间的距离；L 是导体的两相邻支撑点间的距离（即档距）。

（3）硬母线的动稳定度校验条件

按 $\sigma_{al} \geqslant \sigma_C$ 校验，其中 σ_{al} 是母线材料的最大允许应力。硬铜母线（TMY）的 $\sigma_{al} = 140\text{MPa}$，硬铝母线（LMY）的 $\sigma_{al} = 70\text{MPa}$，$\sigma_C$ 为母线通过 $i_{sh}^{(3)}$ 时所受到的最大计算应力，按下式计算。

$$\sigma_C = \frac{M}{W} \tag{6-66}$$

式中，M 为母线通过 $i_{sh}^{(3)}$ 时所受到的弯曲力矩。当母线档距数为 1～2 时，$M = F^{(3)}L/8$；当母线档数大于 2 时，$M = F^{(3)}L/10$，其中 L 为母线的档距，W 为母线的截面系数。当母线水平放置时，$W = b^2 h/6$，其中 b 为母线截面的水平宽度，h 为母线截面的垂直高度。

2．短路热稳定度的校验条件

（1）一般电器的热稳定度校验条件为

$$I_t^2 t \geqslant I_\infty^{(3)2} t_{ima} \tag{6-67}$$

式中，I_t 为实际短路时间；t 为该设备的热稳定试验时间，两者均可在有关手册或产品样本中查出；t_{ima} 为短路发热的假想时间，可由下式近似计算。

$$t_{ima} = t_k + 0.05\text{s} \tag{6-68}$$

式中，t_k 为实际短路时间，它是短路保护装置实际最长的动作时间 t_{op} 与断路器或开关的断开时间 t_{oc} 之和，即 $t_k = t_{op} + t_{oc}$。

对于一般高压油断路器，可取 $t_{oc} = 0.2\text{s}$；对于真空断路器，可取 $t_{oc} = 0.1～0.15\text{s}$。

（2）母线及绝缘导线和电缆等导体的热稳定度校验条件：

$$A_{min} = I_\infty^{(3)} \frac{\sqrt{t_{ima}}}{C}$$

式中，$I_\infty^{(3)}$ 为三相短路稳态电流；C 为导体的热稳定系数，可由导体的热稳定系数表查出，如铜母线为 171，铝母线为 87 等。

3．高压开关设备的选择与校验

高压开关设备的选择与校验，主要是指对高压断路器、高压隔离开关、高压负荷开关的选择与校验。下面通过例题介绍高压断路器选择与校验的具体方法，其余高压开关设备可参照该方法。

【例 6-9】 试选择图 6.13 所示电路中高压断路器的型号和规格。已知 10kV 侧母线短路电流为 5.3kA，控制 QF 的线路继电保护装置实际最长的动作时间为 1.0s。

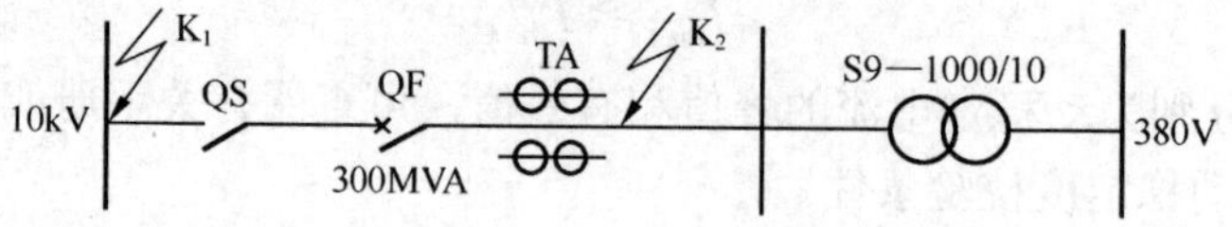

图 6.13 例 6.9 题电路图

解：变压器高压侧最大工作电流应按变压器的额定电流计算，即

$$I_{30} = I_{1NT} = \frac{S_N}{\sqrt{3}U_N} = \frac{1000}{1.732 \times 10} \approx 57.7\text{A}$$

线路首端短路时，流过断路器的短路电流最大，而线路首端 K_1 点短路与母线 K_2 点短路，其短路电流相等，即短路电流冲击值为

$$i_{sh} = 2.55I'' = 2.55 \times 5.3 \approx 13.5\text{kA}$$

短路容量为

$$S_k = \sqrt{3}I_k U_c = 1.732 \times 5.3 \times 10 \approx 91.8\text{ MVA}$$

拟定选用高压真空断路器，断路时间 t_{oc}=0.1s。故短路假想时间为

$$t_{ima} = t_k = t_{op} + t_{oc} = 1.0 + 0.1 = 1.1\text{s}$$

根据选择条件和相关数据，可选用 ZN3—10Ⅰ/630 型高压真空断路器，其技术数据可由相关手册查出。

高压断路器选择和校验结果如表 6-10 所示。

表 6-10　　　　　　　　　　高压断路器选择和校验结果

序号	安装处的电气条件		短路电流校验		
	项目	数据	项目	技术数据	结论
1	U_N	10kV	U_N	10kV	合格
2	I_{30}	57.7A	I_N	630A	合格
3	$I_k^{(3)}$	5.3kA	I_{OC}	16kA	合格
4	$I_{sh}^{(3)}$	13.5kA	I_{max}	40kA	合格

由校验结果可知，所选高压真空断路器满足要求。

另外，高压开关柜和低压配电屏的选择，应满足变配电所一次电路供电方案的要求，依据技术经济指标，选择出合适的形式及一次线路方案编号，并确定其中所有一、二次设备的型号和规格。在向开关电器厂订购设备时，应注意向厂家索要一、二次电路图纸及有关技术资料。

4．低压开关设备的选择与校验

低压一次设备的选择，与高压一次设备的选择一样，必须满足在正常条件下和短路故障条件下工作的要求，同时设备应工作安全可靠、运行维护方便且投资经济合理。低压一次设备的选择校验项目及条件如表 6-9 所示。

低压开关设备的选择与校验，主要是指对低压断路器、低压刀开关、低压刀熔开关以及低压负荷开关的选择与校验。这里重点介绍低压断路器的选择、整定与校验。

低压断路器与高压断路器不同，高压断路器自动跳闸要靠继电保护或自动装置控制其操作机构完成，选择高压断路器无需考虑保护整定计算等问题；而低压断路器结构本身具有保护自动跳闸的功能，因此，低压断路器的选择不仅要满足选择电气设备的一般条件，还要满足正确实现过电流、过负荷及失压等保护功能的要求，另外还应考虑是否选择电动跳、合闸操作机构。低压断路器各种保护功能也应同继电保护装置一样，必须满足选择性、迅速性、灵敏性和可靠性 4 个基本要求。

在变压器低压侧一般都装设低压断路器，且大多配置电动跳、合闸操作机构；在低压配电出线上多数都选择低压断路器，一般不配置电动合闸操作机构；对容量较大的单个用电设备，往往也采用低压断路器控制。

（1）低压断路器过电流脱扣器的选择、整定与校验。

① 低压断路器过电流脱扣器的选择。过电流脱扣器的额定电流应大于或等于线路的计算电流，即 $I_{N.OR} \geq I_{30}$。

② 低压断路器过电流脱扣器的整定。

- 瞬时过电流脱扣器动作电流应躲过和大于线路的尖峰电流，即

$$I_{op(o)} \geq K_{rel} I_{pk} \qquad (6-69)$$

式中，K_{rel} 为可靠系数。对动作时间在 0.02s 以上的 DW 系列断路器可取 1.35；对动作时间在 0.02s 及以下的 DZ 系列断路器宜取 2～2.5。可见，断路器动作时间越短，越不易防止尖峰电流使其动作，所以可靠系数越应取得大点。

- 短延时过电流脱扣器动作电流和时间的整定应使过电流脱扣器的动作电流 $I_{op(s)}$ 躲过线路短时间出现的负荷尖峰电流 I_{pk}，即

$$I_{op(s)} \geq K_{rel} I_{pk} \qquad (6-70)$$

式中，K_{rel} 为可靠系数，取 1.2。

过电流脱扣器的动作时间是指从流过过电流脱扣器电流大于其整定的动作电流开始计时，至脱扣器脱扣的延时时间。短延时过电流脱扣器的动作时间分为 0.2s、0.4s 及 0.6s 三级，通常要求前一级保护的动作时间比后一级保护的动作时间长一个时间级差，即 0.2s，以满足前后级保护选择性配合的要求。前后级保护配合的选择性要求还表现在前后级保护动作电流的差异上。

- 长延时过电流脱扣器动作电流和时间的整定，一般用作过负荷保护，其动作电流只需躲过线路的计算电流 I_{30}，即

$$I_{op(1)} \geq K_{rel} I_{30} \qquad (6-71)$$

式中，K_{rel} 为可靠系数，取 1.1。

长延时过电流脱扣器的动作电流应躲过线路过负荷的持续时间，其动作特性通常为反时限，即过负荷电流越大，动作时间越短，一般动作时间为 1～2h。

- 过电流脱扣器与被保护线路的配合，允许绝缘导线或电缆短时过负荷，过负荷越严重允许运行的时间越短。反之，过电流保护的动作时间越短，过电流保护的动作电流允许整定的越大；动作时间越长，动作电流整定的越小。只有这样，当线路过负荷或短路时，才能避免绝缘导线或电缆因过热烧毁而低压断路器不会跳闸的事故发生，因此要求：

$$I_{op} \leq K_{ol} I_{al} \qquad (6-72)$$

式中，I_{al} 为绝缘导线或电缆的允许载流量。K_{ol} 为绝缘导线或电缆的允许短时过负荷系数。对瞬时和短延时过电流脱扣器，取 4.5；对长延时过电流脱扣器，取 1；对保护有爆炸性气体区域内的线路，应取 0.8。

③ 低压断路器过电流保护的灵敏度校验。为了保证低压断路器的瞬时或短延时过电流脱扣器在系统最小运行方式下在其保护区内发生最轻微的短路故障时就能可靠地动作，过电流脱扣器动作电流的整定值必须满足过电流保护灵敏度的要求。保护灵敏度可按下式进行校验。

$$K_{sen} = I_{k.min} / I_{op} \geq 1.3 \qquad (6-73)$$

式中，I_{op} 为低压断路器瞬时或短延时过电流脱扣器的动作电流。$I_{k.min}$ 为被保护线路末端在系统最小运行方式下的最小短路电流，对 TT、TN 系统取单相接地短路电流；对 IT 系统取两相

短路电流。

（2）低压断路器热脱扣器的选择与整定。

① 低压断路器热脱扣器的选择，应使其额定电流大于或等于线路的计算电流。即

$$I_{N.TR} \geqslant I_{30} \tag{6-74}$$

② 热脱扣器用作过负荷保护，其动作电流需躲过线路的计算电流，即

$$I_{op.TR} \geqslant K_{rel} I_{30} \tag{6-75}$$

式中，K_{rel} 是可靠系数，通常取 1.1，但一般应能通过实际测试进行调整。

（3）低压断路器与低压断路器或熔断器之间的选择性配合。

① 前后级低压断路器之间的选择性配合。低压供电系统，前后两级低压断路器之间应满足前后级保护选择性配合要求。是否符合选择性，宜按其保护特性曲线进行检验。考虑其有 ±20%～±30%的允许偏差范围，即在后级断路器出口发生三相短路时，如果前级断路器保护动作时间在计入负偏差、后级断路器保护动作时间在计入正偏差情况下，前一级的动作时间仍大于后一级的动作时间，则符合实际选择性配合要求。

一般为保证前后两低压断路器之间能选择性动作，前一级低压断路器宜采用带短延时的过电流脱扣器，后一级低压断路器则应采用瞬时过电流脱扣器，而且动作电流也是前一级大于后一级，至少前一级的动作电流不小于后一级动作电流的 1.2 倍。对于非重要负荷，保护电器可允许无选择性动作。

② 低压断路器与熔断器之间的选择性配合。低压供电系统，遇有前后级为低压断路器与熔断器时，同样应满足前后级保护选择性配合的要求。要检验低压断路器与熔断器之间是否符合选择性配合，只有通过保护特性曲线。因前一级是低压断路器，可按 30%的负偏差考虑，而后一级是熔断器，可按 50%的正偏差考虑。在考虑这种可能出现的情况下，等效将断路器保护特性曲线向下平移 30%，将熔断器保护特性曲线向上平移 50%。若前一级的曲线总在后一级的曲线之上，则前后两级保护可实现选择性的动作，而且两条曲线之间留有的裕量越大，则动作的选择性越有保证。

（4）低压断路器型号规格的选择和校验。

低压断路器的选择应满足以下条件。

① 低压断路器的额定电压应不低于安装处的额定电压。

② 低压断路器的额定电流应不低于它所安装的脱扣器额定电流。

③ 低压断路器的类型应符合安装条件、保护性能的要求，并应确定操作方式，即选择断路器的同时应选择其操作机构。

④ 低压断路器还应满足安装处对断流能力的要求。

低压断路器必须进行断流能力的校验。

● 对动作时间在 0.02s 以上的断路器，其极限分断电流 I_{oc} 应不小于通过它的最大三相短路电流周期分量有效值，即

$$I_{oc} \geqslant I_k^{(3)} \tag{6-76}$$

● 对动作时间在 0.02s 及以下的断路器，其极限分断电流 I_{oc} 或 i_{oc} 应不小于通过它的最大三相短路冲击电流 $I_{sh}^{(3)}$ 或 $i_{sh}^{(3)}$，即

$$I_{oc} \geqslant I_{sh}^{(3)} \tag{6-77}$$

或
$$i_{oc} \geq i_{sh}^{(3)} \tag{6-78}$$

5. 熔断器的选择和校验

企业供配电系统中，熔断器主要用于短路保护，也可用于过负荷保护。在小容量变压器高压侧，高压线路常装设 RN1-6、RN3-10、RN5-35、RW4-10(G)、RW10(F)-35 等型号熔断器，用作短路和过负荷保护；RN2-10、RW10-35 等型号熔断器专用于电压互感器作短路保护。对车间低压配电系统，应合理配置低压熔断器。熔断器的选择包括其本体选择及其熔体的选择。

（1）熔体额定电流的选择。熔断器熔体额定电流 $I_{N·FE}$ 应不小于线路的计算电流 I_{30}，使熔体在线路正常工作时不至熔断。即

$$I_{N·FE} \geq I_{30} \tag{6-79}$$

熔体额定电流还应躲过尖峰电流 I_{pk}，由于尖峰电流持续时间很短，而熔体发热熔断需要一定的时间。因此，熔体额定电流应满足下式条件。

$$I_{N·FE} \geq K·I_{pk} \tag{6-80}$$

式中，K 为小于 1 的计算系数，当熔断器用作单台电动机保护时，K 的取值与熔断器特性及电动机启动情况有关。K 系数的取值范围如表 6-11 所示。

表 6-11   **K 系数的取值范围**

线路情况	启动时间	K 值
单台电动机	3s 以下	0.25～0.35
	3～8s（重载启动）	0.35～0.5
	8s 以上及频繁启动、反接制动	0.5～0.6
多台电动机	按最大一台电动机启动情况	0.5～1
	I_c 与 I_{pk} 较接近时	1

熔断器保护还应考虑与被保护线路配合，在被保护线路过负荷或短路时能得到可靠的保护，应满足下式条件。

$$I_{N·FE} \leq K_{ol}·I_{al} \tag{6-81}$$

式中，I_{al} 为绝缘导线和电缆允许载流量；K_{ol} 为绝缘导线和电缆允许短时过负荷系数。当熔断器作短路保护时，绝缘导线和电缆的过负荷系数取 2.5，明敷导线取 1.5；当熔断器作过负荷保护时，各类导线的过负荷系数取 0.8～1，对有爆炸危险场所的导线过负荷系数取下限值 0.8。熔体额定电流，应同时满足上述几个公式的条件。

（2）熔断器断流能力校验。

① 对限流式熔断器（如 RT 系列）只需满足条件

$$I_{oc} \geq I''^{(3)} \tag{6-82}$$

② 对非限流式熔断器应满足条件

$$I_{oc} \geq I_{sh}^{(3)} \tag{6-83}$$

（3）前后级熔断器选择性的配合。低压线路中，熔断器较多，前后级间的熔断器在选择上必须配合，以使靠近故障点的熔断器最先熔断，如图 6.14 所示。

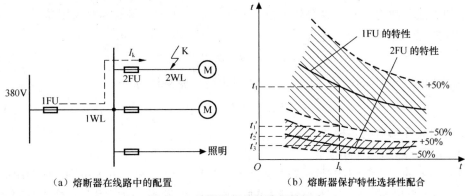

（a）熔断器在线路中的配置　　　（b）熔断器保护特性选择性配合

图 6.14　熔断器保护的选择性配合

如图 6.14（a）所示的 1FU（前级）与 2FU（后级），当 K 点发生短路时 2FU 应先熔断，但由于熔断器的特性误差较大，一般为 ±30%～±50%，所以当 1FU 为负误差（提前动作），2FU 为正误差（滞后动作）时，如图 6.14（b）所示，则 1FU 可能先动作，从而失去选择性。为保证选择性配合，要求：

$$t_1' \geqslant 3t_2' \tag{6-84}$$

式中，t_1' 为 1FU 的实际熔断时间；t_2' 为 2FU 实际熔断时间。

（4）两种简便快捷的校验方法。

① 一般只有前一级熔断器的熔体电流大于后一级熔断器的熔体电流的 2～3 级以上，才有可能保证动作的选择性。

② 实验结果表明，如果能保证前后两级熔断器之间熔体额定电流之比为 1.5～2.4，就可以保证有选择性的动作（熔断）。

6．电流互感器的选择和校验

电流互感器的选择与校验主要有以下几个方面。

（1）电流互感器型号的选择。根据安装地点和工作要求选择电流互感器的型号。

（2）电流互感器额定电压的选择。电流互感器额定电压应不低于装设点线路额定电压。

（3）电流互感器变比选择。电流互感器一次侧额定电流有 20、30、40、50、75、100、150、200、300、400、600、800、1 000、1 200、1 500、2 000（A）等多种规格，二次侧额定电流均为 5A。一般情况下，计量用的电流互感器变比的选择应使其一次侧额定电流 I_{1N} 不小于线路中的计算电流 I_{30}。保护用的电流互感器为保证其准确度要求，可以将变比选得大一些。

（4）电流互感器准确度选择及校验。准确度选择的原则：计量用的电流互感器的准确度选 0.2 级～0.5 级，测量用的电流互感器的准确度选 1.0 级～3.0 级。为了保证准确度误差不超过规定值，互感器二次侧负荷 S_2 应不大于二次侧额定负荷 S_{2N}，所选准确度才能得到保证。准确度校验公式为

$$S_2 \leqslant S_{2N} \tag{6-85}$$

二次回路的负荷 S_2 取决于二次回路的总阻抗 Z_2 的值，即

$$S_2 = I_{2N}^2 \left| Z_2 \right| \tag{6-86}$$

式中，I_{2N} 为电流互感器二次侧额定电流，一般取 5A；$|Z_2|$ 为电流互感器二次回路总阻抗。电流互感器的二次负载阻抗为计算等效阻抗，并不一定等于二次侧实际测量阻抗。

电流互感器动稳定校验条件为

$$K_{es}\sqrt{2}I_{1N} \geqslant I_{sh}^{(3)} \tag{6-87}$$

式中，K_{es} 为电流互感器的动稳定倍数。其热稳定度校验条件为

$$K_t I_{1N} \geqslant I_{\infty}^{(3)}\sqrt{t_{ima}} \tag{6-88}$$

式中，K_t 为电流互感器的热稳定倍数。

7. 电压互感器的选择和校验

电压互感器的二次绕组的准确级规定为 0.1、0.2、0.5、1 和 3 五个级别，保护用的电压互感器规定为 3P 级和 6P 级，用于小电流接地系统电压互感器（如三相五芯柱式）的零序绕组准确级规定为 6P 级。

电压互感器的一次侧与二次侧均有熔断器保护，所以不需要校验短路动稳定和热稳定。

电压互感器的选择标准如下所述。

（1）按装设点环境及工作要求选择电压互感器型号。

（2）电压互感器的额定电压应不低于装设点线路额定电压。

（3）按测量仪表对电压互感器准确度要求选择并校验准确度。

计量用的电压互感器准确度选用 0.5 级以上，测量用的准确度选用 1.0 级～3.0 级，保护用的准确度为 3P 级和 6P 级。

为了保证准确度的误差在规定的范围内，二次侧负荷 S_2 应不大于电压互感器二次侧额定容量，即

$$S_2 \leqslant S_{2N} \tag{6-89}$$

其中

$$S_2 = \left[\left(\sum P_u\right)^2 + \left(\sum Q_u\right)^2\right]^{\frac{1}{2}}$$

式中，$\sum P_u = \sum(S_i\cos\varphi_i)$ 和 $\sum Q_u = \sum(S_i\sin\varphi_i)$ 分别为仪表、继电器电压线圈消耗的总有功功率和总无功功率。

问题与思考

1. 在低压断路器的选择中，为什么过电流脱扣器的动作电流要与被保护的线路相配合？

2. 高低压熔断器、高压隔离开关、高压负荷开关、高低压断路器及低压刀开关在选择时，哪些需校验断流能力？

3. 在熔断器的选择中，为什么熔体的额定电流要与被保护线路相配合？

技能训练一 工厂供配电系统设计基本知识

1. 企业供配电系统设计的基本原则

根据国家标准《供配电系统设计规范》（GB 50052—1995）、《10kV 及以下变电所设计规范》（GB 50053—1994）、《低压配电设计规范》（GB 50054—1995）等的规定，工厂供配电系统设计的基本原则有以下几项。

① 严格遵循规范、规程，做到保障人身安全、供电可靠、技术先进和经济合理，设计中

必须严格遵循国家颁布的各相关规范、标准和有关行业规程。

②　工厂供配电系统设计必须从全局出发，统筹兼顾，按照负荷性质、用电容量、工程特点和地区供电条件，合理确定设计方案，满足供电要求。

③　工厂供配电系统设计应根据工程特点、规模和发展规划，正确处理近期建设和远期发展的关系，做到以近期为主、远近期相结合，适当考虑扩建的可能。

④　工厂供配电系统设计应选用国家推荐的效率高、能耗低、性能先进的新型产品，以节约能源。

2．工厂供配电系统设计基本内容

工厂供配电系统的设计包括两个方面。

①　工厂变配电所的设计。根据工厂的类型不同，工厂变配电所可分为总降压变电所、总配电所与车间变电所。总降压变电所与车间变电所的设计内容基本相同，高压配电所除没有主变压器的选择外，其余设计内容与变电所基本相同。变配电所的设计内容应包括变配电所负荷的计算和无功功率补偿，变配电所所址的选择、变电所主变压器台数和容量、型号样式的确定，变配电所主接线方案的选择，进出线的选择，短路电流计算及开关设备的选择，二次回路方案的确定及继电保护的选择与整定，防雷保护与接地装置的设计，变配电所的照明设计等。最后应编制设计说明书、设备材料清单及工程概算，绘制变配电所主接线图、平面图、剖面图、二次回路图及其施工图。

②　供配电线路的设计。工厂供配电线路设计分为工厂范围供配电线路设计和车间供配电线路设计。

工厂范围供配电线路设计包括高压供配电线路设计及车间外部低压配电线路设计。设计内容有：供配电线路电压等级的确定、线路路径及线路结构形式的确定、负荷的计算、导线或电缆型号和截面的确定、配电设备的选择、架空线路杆位的确定、电杆与绝缘子及其他线路配件的选择、电缆线的敷设方式、线路走向、施工方式及其配件的选择、防雷及接地装置设计计算等。设计最后应编制设计说明书、设备材料清单及工程概算，绘制车间供配电线路系统图、平面图及其他施工图纸。

车间供配电线路的设计通常包括车间供配电线路布线方案的确定、负荷的计算、线路导线及配电设备和保护设备的选择、线路敷设方式的设计等。最后也应编制设计说明书、设备材料清单及工程预算，绘制工厂配电线路系统图、平面图及其他施工图纸。

3．工厂电气照明的设计

工厂供配电系统电气照明设计有室外照明设计、各车间照明设计、工厂内各建筑物的照明设计以及变配电所内的照明设计等。以上各部分的照明设计基本上都包括以下几个内容。

①　照明灯具型号样式的选择与布置。

②　照明光源的选择和照度计算。

③　照明线路的接线方式确定、照明线路的负荷计算、导线及敷设方式的设计。

④　照明配电箱及保护与控制设备的选择等。

最后也要编制设计说明书、设备材料清单及工程预算，绘制照明系统图、平面图及其他施工图纸。

4．工厂供配电系统设计的程序和要求

工厂供配电系统的设计通常分为扩大初步设计和施工设计两个阶段。如果设计规模较小、任务紧迫并经技术论证许可时，可不必进行扩大初步设计而直接进行施工设计。

① 扩大初步设计。扩大初步设计的主要任务是根据设计任务书的要求，进行负荷的统计计算，确定选择工厂的用电容量，选择工厂供配电系统的原则性方案及主要设备，提出主要设备材料清单，编制工程预算，报上级主管部门审批。因此，扩大初步设计资料应包括工厂供配电系统的总体布置图、主接线图、平面布置图等图纸及设计说明书和工程概算等。

② 施工设计。施工设计是在扩大初步设计经上级主管部门批准后，为满足安装施工要求而进行的技术设计，重点是绘制施工图，因此也称为施工图设计。施工设计须对初步设计的原则性方案进行全面的技术经济分析和必要的计算与修订，以使设计方案更加完善和精确。安装施工图是进行安装施工所必需的全套图纸资料。安装施工图应尽可能采用国家颁布的标准图样。

施工设计资料应包括施工说明书、各项工程的平面图、剖面图、各种设备的安装图、各种非标准件的安装图、设备与材料明细表以及工程预算等。

施工设计由于是即将付诸安装施工的最后决定性设计，因此设计时更有必要深入现场调查研究，核实资料，精心设计，以确保工厂供配电工程的质量。

5. 工厂供配电系统设计的基础资料

设计之前应从当地供电部门收集下列资料。

① 对工厂的可供电源容量和备用电源容量。

② 供电电源的电压等级，供电方式是架空线还是电缆、是专用线还是公用线，供电电源的回路数，导线或电缆的型号规格、长度以及进入工厂的方位。

③ 对工厂供电的电力系统在最大和最小运行方式下的短路数据或供电电源线路首端的断路器断流容量。

④ 供电电源首端的继电保护方式及动作电流和动作时限的整定值，向工厂供电的电力系统对工厂进线端继电保护方式及动作时限配合的要求。

⑤ 供电部门对工厂电能计量方式的要求及电费计收办法。

⑥ 对工厂功率因数的要求。

⑦ 电源线路工厂外部设计和施工的工厂应负担的投资费用等。

向当地气象、地质及建筑安装等部门收集下列资料。

① 当地气温数据，如年最高温度、年平均温度、最热月平均最高温度、最热月平均温度以及当地最热月地面下 0.8～1.0m 处的土壤平均温度等，供选择电器和导体用。

② 当地的年平均雷暴日数，供防雷设计用。

③ 当地土壤性质或土壤电阻率，供设计接地装置用。

④ 当地常年主导风向，地下水位及最高洪水位等，供选择变、配电所所址用。

⑤ 当地曾经出现过或可能出现的最高地震烈度，供考虑防震措施用。

⑥ 当地海拔高度、最高温度与最低温度，供选择电器设备参考。

⑦ 当地电气设备生产供应情况，以便就地采购或订货。

⑧ 当地水文地质资料和地形勘探资料。

⑨ 当地环境污染情况，供选择绝缘参考。

必须注意的是，在向当地供电部门收集有关资料的同时，也应向当地供电部门提供一定的资料，如工厂的生产规模、负荷的性质、需电容量及供电的要求等，并与供电部门妥善达成供用电协议。

技能训练二　工厂供配电系统的设计

通过设计，使读者系统地复习、巩固供配电技术课程的基本知识，提高设计计算能力和综合分析能力，为今后的工作打下基础。

设计任务书

设计任务书包括原始基础资料、设计任务与设计安排等部分。下面以降压变电所的设计为例说明如何写设计任务书。

1. 原始基础资料

（1）建设性质及规模。为满足某工厂生产用电需要，计划在工厂范围内新建一座 35kV 降压变电所，电压等级为 35/0.4kV。35kV 线路有两回，其中一回为开发区数家近期待建企业的穿越功率；0.4kV 将设计为多回路，分别送往工厂内车间及其附近的生活区。降压变电所占地东西长为 300m，南北宽为 200m。

（2）供电电源的情况。按照工厂与当地供电部门签订的供电协议，该工厂可从附近 3km 处一电力系统变电所 35kV 母线上取得工作电源。该电源线路将采用 LGJ-35 架空导线送至工厂变电所，并经高压母线穿越送至待建变电所。该架空线为等边三角形排列，线距为 2m。已知该线路定时限过电流保护整定的动作时限为 1.5s，线路首端最大运行方式下三相短路容量为 195.5MVA，最小运行方式下三相短路容量为 150MVA。为满足新建变电所二级负荷的要求，可通过邻近企业变电所向本厂新建变电所的联络线路临时供电，将来也可作为新建变电所高压侧备用电源。同时可采用低压联络线由邻近企业取得备用电源，作为新建变电所及生活用电。已知新建变电所高压侧有电气联系的架空线路总长度达 40km，电缆线路总长度达 5km。

（3）工厂负荷情况。工厂多数车间为两班制。变压器全年投入运行时间为 8 000h，最大负荷利用小时 T_{max} 为 4 000h。新建工厂变电所的负荷统计资料如表 6-12 所示。

表 6-12　　　　　　　　　　新建变电所负荷统计资料表

负荷性质	负荷名称	设备容量（kVA）	功率因数	需要系数	负荷级别
全厂动力	铸造车间	500	0.70	0.4	二
	锻压车间	450	0.65	0.3	三
	金工车间	400	0.65	0.3	三
	工具车间	300	0.65	0.2	三
	电镀车间	400	0.75	0.6	二
	热处理车间	300	1.00	0.5	三
	装配车间	200	0.70	0.4	三
	机修车间	150	0.60	0.3	三
	锅炉房	80	0.70	0.6	二
	仓库	20	0.60	0.3	三
全厂照明	照明	80	0.90	0.85	三
生活照明	宿舍区	300	0.90	0.8	三

（4）新建变电所选址。新建变电所位于工厂区内，该片海拔为 200m，地层以黏土为主，地下水位为 3m，最高气温为 39℃，最低气温为 −10℃，最热月的平均最高气温为 32℃，最热月的平均气温为 28℃，最热月地下 0.8m 处平均温度为 20℃，年主导风向为南风，年雷暴日为 40 天。

（5）电价制度。工厂与当地供电部门达成协议，35kV 输电架空线路由供电部门负责设计、施工，新建变电所按主变压器容量向供电部门一次性交纳供电费用，标准为 x 元/千伏安。电费核算按两部制电价制度，月基本电价按主变压器容量核算，标准为 y 元/千伏安·月；电度电价为 z 元/千瓦时，功率因数标准为 0.90，供电部门每月将根据该变电所月加权平均功率因数对实收电费进行调整（x、y、z 可按当地情况确定）。

2．设计任务

要求在规定的设计时间内独立完成下列工作量。

（1）编写设计说明书。设计说明书包括以下内容。

① 前言。

② 目录。

③ 负荷计算，计算结果应列表。

④ 无功功率补偿，包括补偿方式的选择、补偿容量的计算、接线及电容器型号和台数的选择。

⑤ 变电所位置和型号样式的选择。

⑥ 通过比较确定变压器的容量和台数，指出其节电性能和经济运行方式。

⑦ 设计接线方案的选择。

⑧ 短路电流计算、计算结果应列表。

⑨ 变电所高、低压线路的选择。

⑩ 变电所一次设备的选择与校验。

⑪ 主变压器继电保护整定计算，原理接线图。

⑫ 变电所二次回路方案设计。

⑬ 变电所防雷计算及接地装置设计。

⑭ 参考文献。

（2）绘制设计图纸。绘制设计的图纸包括变电所主接线图 1 张（A2 图纸）、变电所平面布置图 1 张和主变压器继电保护原理图 1 张（A2 图纸）。

3．设计时间

按照教学计划执行，通常为 2～4 周。

4．设计的安排

设计中，应有设计日程表，按日程表有序进行。设计中除正常辅导外，还宜根据日程对重点设计内容进行必要的辅导以及参观有关现场，以保证设计的正确性，按时完成设计。

第7章
高层民用建筑供电及安全技术

　　随着我国国民经济的飞速发展，民用建筑也趋向大面积、高层、超高层方向发展。国家建委规定，高层民用建筑包括 10 层及 10 层以上的住宅建筑和底层设置商业服务网点的住宅建筑，高度超过 24m 的其他民用建筑。

　　由于在高层建筑中设有电梯、生活用水泵、消防用喷洒泵、消火栓用水泵；设有事故照明灯；设有独立的天线系统、电话系统、火灾报警系统，所以与一般建筑相比，高层建筑在电气设计中有很多特殊要求。

　　学习高层民用建筑供电系统及安全技术，就是要适应当前发展的需要，更多地掌握一些从事供配电技术的工程技术人员必需的知识和技能。

学习目标

　　1．熟悉高层民用建筑供电系统的供电电源及变压器的选择。

　　2．掌握高层民用建筑供配电系统的配电方式。

　　3．了解高层民用建筑电气技术中的防雷、电涌及漏电保护等安全技术。

　　4．掌握火灾自动报警与消防联动控制系统的相关技术。

　　5．初步掌握工厂供配电系统设计的相关知识和技能。

7.1 高层民用建筑的配电系统

完善的高层民用建筑是一个以住宅为主体的设施，其主要功能是为居住在其中的居民服务。因此，高层民用建筑的配电系统也要满足其功能的要求。

7.1.1 建筑物的分类

高层建筑物可分为居住建筑和公共建筑，其中居住建筑中 19 层和 19 层以上的高级住宅属于一类建筑，10～18 层的普通住宅属于二类建筑。公共建筑包括医院、百货楼、展览楼、财贸金融楼、电信楼、广播楼、省级邮政楼、高级旅馆、重要办公楼、科研楼、图书馆及档案楼等。这些公共建筑中若建筑高度超过 50m，属于一类建筑。建筑高度不超过 50m 属于二类建筑。

7.1.2 电力负荷

高层民用建筑的电力负荷可分为照明负荷和动力负荷两大类，包括照明、插座、空调等住宅用电和消防设备、保安设备等公共用电两部分。

1. 电力负荷等级

高层民用建筑的用电负荷分为 3 级：一类建筑的消防用电设备为一级负荷；二类建筑的消防用电设备为二级负荷；一、二类建筑中，非消防电梯为二级负荷，其余为三级负荷。

2. 照明负荷的计算

照明的计算负荷采用需要系数法确定。例如，住宅建筑的一般用电水平，需要系数由接在同一相电源上的户数确定。

其中需要系数的选择应遵循以下原则。

① 20 户以下取 0.6 以上。

② 20～50 户取 0.5～0.6。

③ 50～100 户取 0.4～0.5。

④ 100 户以上取 0.4 以下。

功率因数可综合考虑在 0.6～0.9 范围内选取。

3. 动力负荷的计算

动力负荷的计算可用需要系数法确定。但是如果动力设备之间的设备容量差值较大、动力设备的总容量较小或设备台数较少时，宜采用二项式法计算负荷。在进行负荷计算之前，必须对各种动力负荷的运行工况进行分析，使计算的结果更接近于实际。为了保证安全可靠，一般情况下，楼内电梯、空调机组、生活水泵等设备，除备用外，均应全部运行。

问题与思考

1. 高层民用建筑物如何划分一类和二类建筑？

2. 高层民用建筑的电力负荷共划分为几级？如何区分？

7.2　高层民用建筑的供电电源及变压器的选择

7.2.1　高层民用建筑的供电电源

高层民用建筑按其负荷等级选择供电电源。通常一级负荷采用双电源供电，二级负荷采用双回路供电。

1. 双电源供电

由两个独立变电所引来两路电源，或者由一个变电所两台变压器的两段母线上分别引一路电源，保证各路电源的独立性，当一路电源因故障停电时，另一路电源还能保证建筑物的可靠供电。

2. 双回路供电

这种供电方式可以是双电源供电，也可以是单电源双回路供电。当单电源双回路供电时，供电电源或母线发生故障时整个建筑的供电电源将会中断。

为了保证高层民用建筑供电的可靠性，一般采用两个高压电源供电。高压电源的电压等级由当地供电部门所能给出的电压来决定，多为 10kV 或 6kV。有些地区电力供应比较紧张，只能供给高层建筑一个电源时，应在建筑群内设立柴油发电机组作为高层民用建筑的第二电源。

7.2.2　变压器的选择

高层民用建筑的面积比较大，负荷比较重要，供电局通常提供给高层建筑物 10kV 或 6kV 的高压电源，因此高层民用建筑物内必须建立变电所，将高压电源变换为 220/380V 等级的电压，才能供给民用住宅使用。

高层民用建筑物的变电所一般有两条进线、两条出线，其主要技术参数是：高压负荷开关柜两组，每一组一个进线柜，一个出线柜，一个带高压熔断器的变压器馈线柜。变压器容量一般为 630kVA，最大不超过 1 000kVA。低压负荷开关柜、进线及联络柜三面，电容柜两面，出线柜六面。

高层建筑物的变电所一般设在主体建筑物内，也可设在裙房内。

1. 设在主体建筑物内的变电所

这种变电所一般应考虑设在首层，这样高压电源的进线、低压输电线的出路、变压器与开关柜运输、维修都很方便。但由于高层建筑物首层多为大厅或营业用，有时也考虑设在地下层。无论设在首层还是地下层，设计时必须考虑到变电所的防火要求。

设在主体建筑物内的变电所主变，应选择干式变压器或非燃液体变压器，以减少火灾的危险性。若确实需要采用油浸式变压器时，应选择安全部位，采取防火分隔和防止油流散的设施，并应设置火灾自动报警和灭火装置。

2. 设在裙房内的变电所

这种变电所可以采用干式变压器，也可以采用油浸变压器。当采用油浸变压器时，变电间必须为一级耐火等级建筑。各变压器设在独立的小间内，不要将高压负荷开关柜、低压负荷开关柜放在同一个房间里，以免引起火灾。

7.2.3 高层民用建筑的配电系统

高层民用建筑的电力负荷中增加了电梯、水泵等动力负荷，因此提高了建筑物的供电负荷等级。同时，由于设置了消防设备，增加了一系列的消防报警及控制要求。

1. 配电方式

① 对非消防电梯要求双电源供电，双路电源在配电室互投而未要求末端配电箱互投。

② 对消防水系统，要求其配电系统都应为二路电源进线，末端配电箱互投。

③ 对消防电梯要求双电源供电，末端配电箱互投。

④ 在配电设计时，一般将高层住宅的照明配电采用干线分段供电，如图 7.1 所示。在火灾或其他特殊情况出现时，可以将楼层分段停电。

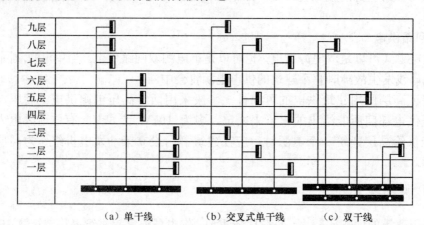

图 7.1　照明配电干线分段供电示意图

2. 配电间

高层建筑一般在每层设置有 1～2 个配电小间，专供电力配电箱、照明配电箱、电话汇接箱、电脑数据采集盘、电力干线、电话线、共用天线、闭路电视系统和电脑控制系统等强电、弱电系统管线的安装和敷设之用。在配电间内的电缆和管线全部为明敷设，用管卡固定在铁支架上，或用电缆托沿墙敷设。

每层的配电间之间以楼板分隔，以满足电气防火的要求。为了维修方便，每层均应设置向外开的小门。为了供电方便，配电间一般设在电梯间旁或墙角，最好在建筑物的中部，如果建筑物太长，可在两端各设一个配电间。

问题与思考

1. 双电源供电和双回路供电有哪些区别？

2. 高层民用建筑物的变电所一般设在哪些场所？

3. 对高层民用建筑配电系统的配电方式有哪些要求？

7.3 高层民用建筑的接地保护

接地就是将电力系统或电气装置的某一正常运行时不带电、而故障时可能带电的金属部分或电气装置外露可导电部分经接地线连接到接地极。

7.3.1　接地的类型和作用

电气接地按其接地的作用，可分为两大类：电气功能性接地、电气保护性接地。电气功能性接地，主要包括工作接地、直接接地、屏蔽接地及信号接地等。电气保护性接地主要包括保护接地、防电击接地、防雷接地、防静电接地、等电位接地及防电化学腐蚀接地等。

1．工作接地

为了保证电力系统的正常运行，防止系统振荡，保证继电保护的可靠性，在交直流电力系统的适当位置进行接地称为工作接地。

2．保护接地

各种电气设备的金属外壳、线路的金属管、电缆的金属保护层及安装电气设备的金属支架等，可能会由于导体的绝缘损坏带电，为了防止这些金属带电而产生过高的对地电压危及人身安全，所设置的接地称作保护接地。

3．防雷接地

将雷电流导入大地，防止建筑物遭到雷电流的破坏，防止人身遭受雷击。此类接地称为防雷接地。

4．屏蔽接地

抑制外来电磁干扰对信息设备的影响，同时减少自身信息设备产生干扰影响其他设备，而采用接地是最有效的方式，将电气干扰源引入大地，此类接地称为屏蔽接地。

5．防静电接地

将静电荷引入大地，防止由于静电积聚而对设备造成危害，此类接地称为防静电接地。

6．信号接地

为了保证信号有稳定的基准电路，不致引起信号量的误差，信号回路中的电子设备，如放大器、混频器、扫描电路等，统一基准电位接地，此类接地称为信号接地。

7．等电位接地

高层建筑中为了减少雷电流造成的电位差，将每层的钢筋网及大型金属物体连接成一体并接地，此类接地称作等电位接地。某些重要场所，如医院的治疗室、手术室，为了防止发生触电危险，将所能接触到的金属部分，相互连接成等电位体，并予以接地，此类接地称作局部等电位接地。

7.3.2　保护接地方式

供电系统中，不论其系统电压等级如何，一般均有两个接地系统。一种是系统内带电导体的接地，即电源工作接地。另一种接地为负荷侧电气装置外露可导电部分的接地，称为保护接地。

我国低压系统接地制式，采用国际电工委员会（IEC）标准，即 TN、TT、IT 3 种接地制式系统。其字母含义如下。

第一个字母表示电源端与地的关系：T 表示电源端有一点直接接地。I 表示电源端所有带电部分不接地或有一点通过阻抗接地。

第二个字母表示电气装置的外露可导电部分与地的关系：T 表示电气装置的外露可导电部分直接接地，此接地点在电气上独立于电源端的接地点。N 表示电气装置的外露可导电部分与电源端接地点有直接电气连接。

在 TN 接地制式系统中，因 N 线和 PE 线的组合方式的不同，又分为 TN-C、TN-S、TN-C-S 3 种。后续字母的含义如下。

C 表示中性导体 N 和保护导体 PE 是合一的，合并成 PEN 线。

S 表示中性导体 N 和保护导体 PE 是分开的。

1．TN 制式系统

在建筑电气中应用较多的是 TN 制式系统。

（1）TN-C 制式系统。这种系统的 N 线和 PE 线合二为一，节省了一根导线。但当三相负载不平衡或中性线断开时，会使所有设备的金属外壳都带上危险电压。一般情况下，若保护装置和导线截面选择适当，该系统是能够满足要求的。

（2）TN-S 制式系统。这种制式系统 N 线和 PE 线是分开的，N 相断线不会影响 PE 线的保护作用，常用于安全可靠性要求较高的场所。如新建的民用建筑、住宅小区，推荐使用 TN-S 系统。

（3）TN-C-S 制式系统。这种制式系统的 N 线和 PE 线有的部分是合一的，有的部分是分开的，兼有 TN-C 和 TN-S 两种制式系统的特点，常用于配电系统末端环境较差或对电磁干扰要求较严的场所。

2．TT 制式系统

系统的电源端有一点直接接地，电气装置的外露可导电部分直接接地，此接地点在电气上独立于电源端的接地点。

当发生相线对设备外露可导电部分或保护导体故障时，其电流较小，不能启动过电流保护电器动作，故应采用漏电保护器保护。

TT 制式系统适用于以低压供电、远离变电所的建筑物，对环境要求防火防爆的场所，以及对接地要求高的精密电子设备和数据处理设备等。如我国低压公用电，推荐采用 TT 接地制式系统。

3．IT 制式系统

系统的电源端带电部分不接地或有一点通过阻抗接地，电气装置的外露可导电部分直接接地。

因为 IT 制式系统为电源端不直接接地系统，故当发生相对其设备外露可导电部分短路时，其短路电源为该相对地电容电流，其值很难计算，不能准确确定其漏电电流运作值，故不应该使用漏电开关作为接地保护。

IT 制式系统适用于有不间断供电要求的场所和对环境有防火防爆要求的场所。

7.3.3 低压接地制式对接地安全技术的基本要求

低压接地制式对接地安全技术的基本要求如下。

（1）系统接地后提供了采用自动切断供电电源这一间接接触防护措施的必要条件。

（2）系统中应实施总电位联结。在局部区域，当自动切断供电电源的条件得不到满足时，应实施辅助等电位连接。

（3）不得在保护回路中装设保护电器或开关，但允许装设只有用工具才能断开的连接点。

（4）严禁将可燃液体、可燃气体管道用作保护导体。

（5）电气装置的外露可导电部分不得用作保护导体的串联过渡接点。

（6）保护导体必须有足够的截面。

7.3.4　接地系统实例分析

【**例 7-1**】　某楼内附 10/0.4kV 变电所，本楼采用 TN-S 接地制式，该站提供给与其相距 100m 的后院中一幢多层住宅楼 0.22/0.38kV 电源，因主楼采用了 TN-S 接地制式，故该住宅楼也只能采用 TN-S 接地制式，是否正确？

分析：无论该住宅楼的供电采用何种接地制式，都是为了安全，为电气保护性接地。如图 7.2 所示的 3 种接地形式配上相应保护设备均可行。图 7.2（b）所示为 TN-C-S 接地制式，比较经济，同时在总 N 线因故拆断时，其 N 线已接地，不会因相负荷不平衡而造成基准电位大的漂浮，而烧坏家电；图 7.2（c）所示为 TT 接地制式，也是经济可行的，但必须设置漏电保护。

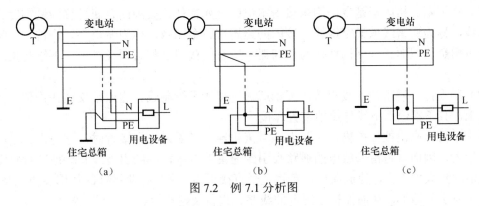

图 7.2　例 7.1 分析图

根据以上分析可知，认为该住宅楼只能采用 TN-S 接地制式是不全面的，而应该采用 TN-C-S 或 TT 接地制式。

【**例 7-2**】　在 TT 接地制式中，N 线和 PE 线接错后的危害是什么？

分析：在 TT 接地制式中，N 线和 PE 线的接地是互相独立的，因此绝对不允许接错。

如图 7.3 所示，假设在 1#设备处接错，2#设备接法正确，其结果是 1#设备为一相一地运行，是不允许的。如果在 N 线 F 点处断开，将造成 1#设备金属外壳对地呈现危险电压，极不安全。

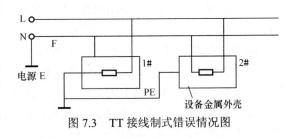

图 7.3　TT 接线制式错误情况图

问题与思考

1．保护接地有哪几种类型？其作用分别是什么？

2．什么叫等电位连接？其作用是什么？

3．某车间供电采用 TN-C 接地制式。为节省投资，使用车间内固定安装的压缩空气管作为 PEN 线，此方案有何错误？

7.4 建筑电气安全技术

高层民用建筑的电气安全技术主要包括防雷保护技术、电涌保护技术和漏电保护技术。

7.4.1 防雷保护技术

高层民用建筑的外部防雷系统装置与工厂供电系统的防雷装置基本相同，都是由接闪器、引下线、接地装置、过电压保护器及其他连接导体组成，是传统的避雷装置。内部防雷装置则主要用来减小高层民用建筑内部的雷电流及其电磁效应。例如装设避雷器和采用电磁屏蔽、等电位连接等措施，用以防止接触电压、跨步电压及雷电电磁脉冲所造成的危害。高层民用建筑的防雷设计必须将外部防雷装置和内部防雷装置视为整体统一考虑。

1. 接闪器、避雷针、引下线

（1）接闪器。接闪器是专门用来接受雷电的金属物体。接闪的金属杆称为避雷针。接闪的金属线，称为避雷线或架空地线。接闪的金属带、金属网，称为避雷带、避雷网。特殊情况下也可用金属屋面和金属构件作为接闪器，所有的接闪器都必须经过上、下线与接地装置相连。

（2）避雷针。避雷针一般用镀锌圆钢或镀锌焊接钢管制成。它通常安装在构架、支柱或建筑物上，其下端经引下线与接地装置焊接。

由于避雷针高出被保护物，又和大地直接相连，当雷云先导接近时，它与雷云之间的电场强度最大，因而可将雷云放电的通路吸引到避雷针本身，并经引下线和接地装置将雷电流安全地泄放到大地中去，使被保护建筑物免受直接雷击。所以，避雷针的作用实质上是引雷，它把雷电波引入地下，从而保护了附近的线路、设备及建筑等。

避雷针的保护范围，以它能防护直击雷的空间来表示，是人们根据雷电理论、模拟试验和雷击事故统计 3 种研究结果进行分析而规定的。

我国过去的防雷设计规范或过电压保护规程对避雷针或避雷线的保护范围是按"折线法"确定的，而新定的国家标准 GB 50057—1994《建筑物防雷设计规范》则参照国际电工委员会IEC 标准规定，采用"滚球法"来确定。

滚球法就是选择一个半径为 h 的球体，沿需要防护直击雷的部位滚动，如果球体只触及接闪器或者接闪器和地面，而不触及需要保护的部位时，则该部位就在这个接闪器的保护范围内。滚球半径 h 就相当于闪击距离。滚球半径较小，相当于模拟雷电流幅值较小的雷击，保护概率就较高。滚球半径是按建筑物的防雷类别确定的。第一类防雷建筑物滚球半径为30m，第二类防雷建筑物滚球半径为 45m，第三类防雷建筑物滚球半径为 60m。

接闪器布置规定及滚球半径的确定如表 7-1 所示。

表 7-1 　　　　　　　　　　　　**接闪器布置规定及滚球半径的确定**

建筑物防雷类别	滚球半径 h/m	避雷网网格尺寸/m
第一类防雷建筑物	30	≤5×5 或≤6×4
第二类防雷建筑物	45	≤10×10 或≤12×8
第三类防雷建筑物	60	≤20×20 或≤24×16

（3）引下线。引下线若采用独立的圆钢或扁钢时，圆钢直径应不小于 8mm；扁钢截面应不小于 45mm²，厚度应不小于 4mm。而利用建筑物钢筋混凝土中的钢筋作引下线时应注意考虑以下两点。

① 当钢筋直径为 16mm 及以上时，应利用两根绑扎或焊接在一起的钢筋作为一组引下线。

② 当钢筋直径为 10mm 及以上时，应利用 4 根绑扎或焊接在一起的钢筋作为一组引下线。

2．建筑防雷设计应考虑的主要因素

（1）接闪功能。在作防雷设计时，除考虑接闪器部分外，还要根据建筑物的性质、构造、地区环境条件和内部存放的设备与物品等来全面考虑防雷方式。

（2）分流影响。设置引下线的数量及其位置，是关系到建筑物是否产生扩大雷击的重要因素。

（3）屏蔽作用。建筑物的屏蔽，不仅可保护室内的各种通信设备、精密仪器和电子计算机等，而且可防止球雷和侧击雷。

（4）等电位。为保证人身安全和各种金属设备不受损坏、建筑物内部不产生反击和危险的接触电压及跨步电压，应当使建筑物的地面、墙面和人们能接触到的部分金属设备及管、线路等，都能达到同一个电位。

（5）接地效果。接地效果的好坏，也是防雷安全的重要保证。

（6）合理布线。必须考虑建筑物内部的电力系统、照明系统、弱电系统等各种金属管线的布线位置、走向和防雷系统的关系。

3．高层民用建筑防雷分级

高层民用建筑的防雷按行业标准可分为 3 级。

一级防雷建筑：特别重要用途的建筑，如国家级会堂、大型铁路客运站、国际性航空港等；国家重点文物保护的建筑和构筑；高度超过 100m 的建筑。

二级防雷建筑：重要的或人员密集的大型建筑；省级重点文物保护的建筑和构筑；19 层以上住宅建筑和高度超过 50m 的民用建筑；省级及以上的大型计算中心和装有重要电子设备的建筑。

三级防雷建筑：当年雷击次数大于或等于 0.05，确认需要防雷的建筑；高度超过 20m 的建筑；雷害事故较多地区的重要建筑。

4．防雷措施

从防雷要求来说，建筑应具备防直击雷、感应雷和防雷电波侵入的措施。一、二级民用建筑应具备防止这 3 种雷电波侵入的措施，三级民用建筑主要应具备防直击雷和防雷电波侵入的措施。

一级民用建筑防直击雷一般采用装设避雷网或避雷带的方法，二、三级民用建筑一般是在建筑易受雷击部位装设避雷带。防雷装置应符合下列要求。

（1）屋面上的任意一点距避雷带或避雷网的最大距离须达到以下要求。

① 一级民用建筑 5m。

② 二级民用建筑 10m。

③ 三级民用建筑 10m。

（2）当有 3 条及以上的平行避雷带时，连接距离须达到以下要求。

① 一级民用建筑，每隔不大于 24m 处需相互连接。

② 二级民用建筑，每隔不大于 30m 处需相互连接。

③ 三级民用建筑，每隔不大于 30～40m 处需相互连接。

（3）冲击接地电阻，防止击雷的冲击须达到以下要求。

① 一级民用建筑，$R_{ch}\leqslant10\Omega$，雷电活动强烈地区，$R_{ch}\leqslant5\Omega$。

② 二级民用建筑，$R_{ch}\leqslant10\Omega$。

③ 三级民用建筑，$R_{ch}\leqslant30\Omega$。

7.4.2 电涌保护技术

信息技术的发展和普及促使我国智能建筑不断发展。智能建筑中各智能化仪器普遍存在绝缘强度低、过电压与过电流耐受能力差及对雷电引起的外部侵入造成的电磁干扰敏感等弱点，如不加以有效防范，则无法保证智能化系统及设备的正常运行。

1．电涌及其危害

电涌是微秒量级的异常大电流脉冲。如果一个电涌导致的瞬态过电压超过一个电子设备的承受能力，可使电子设备受到破坏。半导体器件的集成化逐年提高、元件的间距减小，导致半导体的厚度变薄，使得电子设备受到瞬态过电破坏的可能性越来越大。

雷电是导致电涌最明显的原因，建筑物顶部的避雷针在直击雷时可将大部分雷电流分流入地，避免建筑物的燃烧和爆炸，但不能保护计算机免受电涌的破坏。电力公司每一次切换负载而引起的电涌，同样会缩短各种计算机、通信设备、仪器仪表和 PLC 的寿命。另外，大型电机设备、电梯、发电机、空调、制冷设备等也会引发电涌。

2．电涌保护器

需要设置防电涌保护的建筑，应和外部防雷设计作为整体统一规范考虑。在建筑的不同防雷区界面和所需的特定位置上设置电涌保护器 SPD，是建筑防电涌综合保护措施中至为关键的一项，主要作用是当电涌来临动作后，钳压和泄流以及暂态均压。

SPD 是一种限制瞬态过电压和分走电涌电流的器件，至少含有一个非线性元件。SPD 的工作决定于施加其两端的电压 U 和触发电压 U_d 值的大小，对不同产品，U_d 值为标准给定值，如图 7.4 所示。

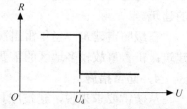

以开关型 SPD 为例，当 $U>U_d$ 时，SPD 的电阻减小到几欧姆，瞬间泄放过电流，使电压突降。当 $U<U_d$ 时，SPD 又呈高阻性。

图 7.4　电涌保护器 SPD 工作原理图

根据上述原理，SPD 广泛应用于低压配电系统，用来限制电网中的大气过电压，使其不超过各种电气设备及配电装置所能承受的冲击电压，保护设备免受由于雷电造成的危害，但不能保护暂时性的工频过电压。

3．电涌保护器的类别

（1）电压开关型 SPD。这类 SPD 当无电涌时为高阻抗，有电压电涌时突变为低阻抗，有时也把这类 SPD 称为"短路开关型"。如放电间隙、充气管以及可控硅和三端双向可控硅开关。

（2）限压 SPD。这类 SPD 当无电涌时为高阻抗，但高阻抗将随电涌电流程电压的加大而连续不断地减小，如压敏电阻的抑制二极管。

（3）混合型 SPD。这类 SPD 将电压开关型元件和限压型元件合并在一起，可以显示开关行为、限压行为或电压开关和限压这两者的行为，这取决于"它们的混合参数"和所加电压的特性。

4．选择和安装电涌保护器

电涌保护器在选择和安装时应考虑以下几个方面。

（1）电涌保护器必须能承受通过它们的雷电流，并应符合通过电涌时的最大限压，有能力熄灭在雷电流通过后产生的工频续流等要求。

（2）在建筑物进线处和其他防雷区界面处的最大电涌电压，即电涌保护器的最大限压加上其两端引线的感应电压，应与所属系统的基本绝缘水平和设备允许的最大电涌电压协调一致。为使最大电涌电压足够低，其两端的引线应做到最短。

（3）不同界面上的各电涌保护器还应与其相应的能量承受能力相一致。

（4）在一般情况下，线路上多处安装了 SPD 且无准确数据时，电压开关型 SPD 与限压型 SPD 之间的线路长度不宜小于 10m，限压型 SPD 之间的线路长度不宜小于 5m。

7.4.3　漏电保护技术

1．漏电保护器的应用

近年国内有相当部分火灾事故是由于电气故障引起的，有关数据统计表明，电气火灾已经成为火灾发生的主要因素之一。漏电保护器可以检测正常泄漏电流和故障时的接地故障电流，因此能有效地预防人身电击或接地电弧等引起的电气火灾。

漏电保护器按其动作原理可以分为电压动作型和电流动作型两大类，电流动作型的又可再分为电磁式、电子式和中性点接地式 3 类。按其工作性质可分为漏电断路器和漏电断电器两大类。按其动作值可分为高速型、延时型和反时限型 3 大类。

电压动作型漏电保护器，是最先发展起来的一种漏电保护器，结构简单、价格低廉，但长期应用中，发现存在许多难以克服的缺点，所以已逐渐被淘汰。

2．漏电保护器选用和设计应用

漏电保护器的选用应当考虑以下因素。

（1）正确选择漏电保护器的漏电动作电流。例如，在浴室、游泳池、隧道等触电危险性很大的场所，应选用高灵敏度、快速型的漏电保护装置，其动作电流不宜超过 10mA。

（2）用于防止漏电火灾的漏电报警器，宜采用中灵敏度漏电保护器。其动作电流可在 25～1 000mA 内选择。

（3）连接室外架空线路的电气设备，应装用冲击电压不动作型漏电保护器。

（4）对于电动机，漏电保护器应能躲过电动机的启动漏电电流而不动作（100kW 的电动机启动漏电电流可达 15mA）。

漏电保护器在设计应用中应当考虑以下因素。

（1）对直接接触的防护。

① 漏电保护器只作为直接接触防护中基本保护措施的附加保护。

② 用于直接触电防护时，应选用高灵敏度、快速动作型的漏电保护器，动作电流不超过 30mA。

（2）对间接接触的防护。

① 在间接接触的防护中，采用自动切断电源的漏电保护器。应正确地与电网系统接地制式相配合。

② 用于间接接触电击防护时，漏电保护器在各类系统接地制式中的正确使用方法如下。

● TN 系统：当电路发生绝缘损坏故障，其故障电流值小于过电流保护装置的动作电流值时，需装漏电保护器。在采用漏电保护器的 TN 系统中，使用的电气设备外露可导电部分可根据电击防护措施具体情况，采用单独接地，形成 TT 系统。

● TT 系统：电气线路或电气设备，应优先考虑设漏电保护器，作为防电击的保护措施。

（3）对电气火灾的防护。

① 为了防止电气设备与线路因绝缘损坏引起的电气火灾，宜装设当漏电电流超过预定值时，能发出声光信号报警或自动切断电源的漏电保护器。

② 为了防止电气火灾而安装的漏电保护器、漏电继电器或报警装置，与末端保护的关系宜形成分级保护。

（4）必须安装漏电保护器的设备和场所。

① 属于 I 类的移动式电气设备及手持式电动工具。

② 建筑施工工地的电气施工机械设备。

③ 安装在潮湿、强腐蚀性等恶劣场所的电气设备。

④ 暂设临时用电的电器设备。

⑤ 宾馆、饭店及招待所的客房内的插座回路。

⑥ 机关、学校、企业、住宅等建筑物内的插座回路。

⑦ 游泳池、喷水池、浴池的水中照明设备。

⑧ 安装在水中的供电线路和设备。

⑨ 医院中直接接触人体的医用电气设备。

⑩ 其他需要安装漏电保护器的场所。

问题与思考

1. 民用建筑和工业建筑的防雷是如何分类的？

2. 电涌带来的损害主要针对哪些电气设备？

3. 采用漏电保护开关与熔断器、断路器的保护形式有何不同？必须安装漏电保护开关的设备和场所有哪些？

7.5　火灾自动报警与消防联动控制系统

如今高层民用建筑的装修用料趋于多样化，用电负荷及燃料消耗量越来越大，随之而来的是火灾发生的次数呈逐年上升趋势，对火灾自动报警系统设计也提出了更高、更严格的要求。

7.5.1　火灾自动报警系统的组成及工作原理

火灾自动报警系统设计已成为高层民用建筑设计中最重要的设计内容之一。完善的消防安全报警和灭火设备，在火灾即将发生时就能发出警报，及时将火势扑灭在萌芽之中，最大限度减少人员伤亡和财产损失。

1．火灾自动报警系统的组成

火灾自动报警系统由火灾区域自动报警器系统、消防末端设备联动控制系统、灭火控制系统、消防用电设备的双电源配电系统、事故照明与疏散照明系统和紧急广播与通信系统组成。火灾自动报警系统的主要设备包括火灾自动报警控制器、各种类型的火灾探测器和联动控制器。

2．火灾自动报警系统的工作原理

火灾自动报警控制器是报警系统的心脏，它接收各种类型探测器、手动报警按钮、水流指示器的信号进行判断，发出声光报警信号，并向末端设备发出指令，阻止火灾蔓延至灭火。

各种类型的火灾探测器接收到烟、温、火焰或气体时，自动向火灾自动报警控制器反馈报警信号。手动报警按钮需人工地向消防值班人员报警。水流指示器动作反馈信号至火灾自动报警控制器，显示某区域喷淋头动作灭火。

火灾自动报警控制器接受各种信号后，联动控制器向消防末端设备发出指令，如启动消防泵、开启防烟烟风阀、联动防烟风机、迫降升降梯、切断非消防电源和降下放火卷帘或关闭防火门等。

7.5.2　火灾自动报警系统的设备设置

1．火灾探测器的设置

敞开或封闭的空间以及楼梯间均应单独划分探测区域，并每隔 2~3 层设置一个火灾探测器。包括防烟楼梯间前室、消防电梯前室、消防电梯、防烟楼梯间合用的前室和走道均应单独划分探测区域，特别是前室与电梯竖井、疏散楼梯间及走道相通，发生火灾时的烟气更容易聚集或流过，是人员疏散和消防扑救的必经之地，故装设火灾探测器十分必要。

电缆竖井装设火灾探测器十分必要，并配合竖井的防火分隔要求，每隔 2~3 层或每层安装一个火灾探测器。电缆竖井容易形成拔烟的通道，发生火灾时火势不易沿电缆延燃，《高层民用建筑设计防火规范》及《民用建筑电气设计规范》分别在建筑上和在电线或电缆的选型上提出了详细的具体规定。

电梯机房设置火灾探测器十分必要，电梯竖井顶部也须设置火灾探测器。因为电梯是重要的垂直交通工具，电梯机房有发生火灾的危险性，电梯竖井存在必要的开孔，如层门开孔、通风孔、与电梯机房或滑轮间之间的永久性开孔等，在发生火灾时，往往电梯竖井成为火势蔓延的通道，威胁电梯机房的设施。

2．手动火灾报警按钮的设置

各楼层的防烟楼梯间前室、消防电梯前室、消防电梯与防烟楼梯间合用的前室等，是发生火灾时人员疏散和消防扑救的必经之地，因此要作为设置手动火灾报警按钮的首选区域。此外，一般电梯前室也应设置手动火灾报警按钮。

在大厅、过厅、餐厅、多功能厅等人员比较集中的公共活动场所及主要通道处，均应在其主要出入口设置手动火灾报警按钮，保证"从一个防火分区内的任何位置到最邻近的一个手动火灾报警按钮的距离不应大于 30m"。

3．火灾应急广播扬声器的设置

大厅、餐厅、走道等公共场所人员相对集中，是主要的疏散通道，因此在这些公共场所应按"从一个防火分区内的任何部位到最邻近的一个扬声器的距离不大于 25m"及"走道内最后一个扬声器至走道末端的距离不应大于 12.5m"的原则设置火灾应急广播扬声器。而且还要在公共卫生间设置火灾应急广播扬声器。

在防烟楼梯间的前室、消防电梯的前室、消防电梯与防烟楼梯间合用的前室等是发生火灾时人员疏散和消防扑救的必经之地，而且有防火门分隔及人声嘈杂，所以也必须设置火灾应急广播扬声器。

4．火灾警报装置的设置

设置火灾应急广播的火灾自动报警系统，包括装设火灾警报装置。火灾警报装置控制程序：警报装置在火灾确认后，采用手动或自动的控制方式统一对火灾相关区域发送警报，在规定的时间内停止警报装置工作，迅速联动火灾应急广播及向人们播放疏散指令。

火灾警报装置的设置位置，应与手动火灾报警按钮的位置相同，其墙面安装高度为距离地面 1.8m 处。

7.5.3　火灾探测器

火灾探测器是火灾自动报警系统的"感觉器官"，是消防火灾自动报警系统中对现场进行探查、发现火灾的设备。当环境中一旦有了火情，火灾探测器就会将火灾的特征物理量，如温度、烟雾、气体和辐射光强等转换成电信号，并立即动作向火灾报警控制器发送报警信号。

1．火灾探测器的形式

火灾探测器形式有以下几种。

感烟探测器：分为离子式编码型和类比型、光电式编码型和类比型。包括光电式感烟分离探测器，感烟分离式光电探测器、红外光速线型感烟探测器等。

感温探测器：分为差定温式编码型和类比型、定温式编码型和类比型。包括烟温组合式探测器；线型感温探测器；缆式感温火灾探测器；分布光纤温度传感器；空气管差温火灾探测器等。

其他还有火焰探测器和可燃气体探测器等。

2．探测区域的划分

探测区域的划分应符合下列几方面要求。

（1）探测区域应按独立房间划分，一个探测区域不超过 $500m^2$。

（2）红外光速线型感烟火灾探测器的探测区域长度不宜超过 100m。缆式感温火灾探测器的探测区域长度不宜超过 200m。空气管差温火灾探测器探测区域长度宜为 20～100m。

（3）下列场所应分别单独划分探测区域。

① 敞开或封闭的楼梯间。

② 防烟楼梯间的前室、消防电梯的前室、消防电梯与防烟楼梯间合用的前室。

③ 走道、坡道、管道井、电缆隧道。

④ 建筑物闷顶、夹层。

3．火灾探测器的分类及选择

根据监测的火灾特性不同，火灾探测器可分为感烟、感温、感光、复合和可燃气体 5 种类型，每个类型又根据其工作原理的不同可分为若干种。

火灾探测器的选择应符合下列要求。

（1）对火灾初期有阴燃阶段，产生大量的烟和少量的热，很少或没有火焰辐射的场所，应选择感烟探测器。

（2）对火灾发展迅速，可产生大量烟和火焰辐射的场所，可选择感温探测器、感烟探测器、火焰探测器或其组合。

（3）对火灾发展迅速，有强烈的火焰辐射和少量烟、热的场所，应选择火焰探测器。

（4）对火灾形成特征不可预料的场所，可根据模拟试验的结果选择探测器。

（5）对使用、生产或聚集可燃气体或可燃液体蒸汽的场所，应选择可燃气体探测器。

4. 典型火灾探测器的设置数量和布置

（1）探测区域内的每个层间至少应设置一只火灾探测器。

（2）感烟探测器、感温探测器的安装，应根据 GB 50116—1998《火灾自动报警系统设计规范》中的规定，再根据探测器的保护面积和保护半径来确定。

（3）一个探测区域内所需设置的探测器数量，不应小于该探测区域面积与探测器保护面积乘以修正系数 K 的比值。其中特级保护对象的修正系数 K 宜取 0.7～0.8，一级保护对象的修正系数 K 宜取 0.8～0.9，二级保护对象的修正系数 K 宜取 0.9～1.0。

（4）在有梁的顶棚上设置感烟探测器、感温探测器，应按《火灾自动报警系统设计规范》，根据具体情况确定。

7.5.4　火灾自动报警系统

火灾自动报警系统有 3 种基本形式。

1. 区域报警系统

适用于建筑面积较小、规模小、消防末端设备较少的系统中，是一个结构简单且应用广泛的系统，系统中可设置简单的消防联动控制设备。一般应用于工矿企业的重要单位及公寓、写字间等二级保护对象的火灾自动报警。其系统结构组成框图如图 7.5 所示。

图 7.5　区域火灾自动报警系统组成图

2. 集中报警系统

集中火灾自动报警控制系统设有一台集中报警控制器和两台以上区域报警控制器。集中报警控制器设在消防室，区域报警控制器设在各楼层。系统中应设置消防联动控制设备。适用于有服务台的综合办公楼、写字楼等二级保护对象的火灾自动报警。

3. 控制中心报警系统

控制中心报警系统是由集中报警控制系统加消防联动控制设备构成的，其消防末端设备较多，系统中至少应设置一台集中火灾报警控制器，一台专用消防联动控制设备和两台及以上的区域火灾报警控制器，以及图形显示器、打印机、记录器等必要设备。适用于特级和一级保护对象的火灾自动报警。

7.5.5　消防联动控制系统

1. 消防联动控制要求

（1）消防联动控制应包括控制消防水泵的启、停，且应显示启泵按钮的位置和消防水泵的工作与故障状态。消火栓设有消火栓按钮时，其电气装置的工作部位也应显示消防水泵的工作状态。

（2）消防联动控制应包括控制喷水和水喷雾灭火系统的启、停，且应显示消防水泵的工作与故障状态和水流指示器、报警阀、安全信号阀的工作状态。此外，对水池、水箱的水位也应进行显示监测。为防止检修信号阀被关闭，应采用带电气信号的控制信号阀以显示其开启状态。

（3）消防联动控制的其他控制及显示功能，应符合国家现行有关标准及规范的具体规定。

2．消防联动控制应包括的内容

（1）消火栓水泵的手动、自动控制。

（2）喷淋水泵的手动、自动控制。

（3）防烟卷帘和防火门的手动、自动控制。

（4）防烟排烟风机与风阀门的手动、自动控制。

（5）280℃防火阀、70℃防火阀，水流指示器，信号闸阀反馈信号。

（6）强切非消防电源的控制。

（7）升降机迫降控制。

（8）手动遥控操作控制。

（9）末端设备控制应符合下列要求。

① 凡启动水泵、防烟排烟风机时，联动控制盘上应有控制水泵、风机的按钮，并显示水泵、风机的工作与故障状态。

② 防火卷帘、防火门、防火阀、水流指示器、信号闸阀、非消防电源断电、升降梯迫降至首层等，应反馈显示信号至主控制室。

3．消防联动控制设备

消防联动控制设备和火灾自动报警设备是一个整体，又各有区别。火灾自动报警设备主要由电子设备组成，属于电子技术范畴。消防联动控制设备的控制对象大多是工作电压为220/380V 的电气设备，属于电气技术范畴。消防联动控制设备从报警系统或联动系统内部接收信号，向消防设备输出控制信号。

（1）消防控制设备的基本要求。

① 控制消防设备的启、停，并显示其工作状态。

② 除自动控制外，还应能手动直接控制消防水泵、防烟排烟风机的启、停，上述设备的控制线路应单独敷设，不宜与报警的模块挂在同一回路上。

③ 显示供电电源的工作状态。

（2）消防联动设备的种类有以下几类。

① 自动灭火控制系统的控制装置。

② 室内消火栓系统的控制装置。

③ 防烟、排烟系统及空调通风系统的控制装置。

④ 常开防火门、防火卷帘的控制装置。

⑤ 电梯回降控制装置。

⑥ 火灾应急广播。

⑦ 火灾报警装置。

⑧ 消防通信设备。

⑨ 火灾应急照明与疏散指示标志。

⑩ 火灾着火区域非消防电源切除装置。

上述 10 类设备因建筑物的不同，不一定全部配置。

（3）消防联动控制设备的电源。控制电源及信号回路电压应采用直流 24V。消防联动设备的输入信号有两个来源：一是火灾报警控制器输出的信号；二是消防联动系统中的控制信号，如消火栓中的启泵手动按钮信号、水喷淋系统中的水流指示器等。

（4）消防联动控制设备的制式。消防联动控制设备制式可分多线性和总线性，其制式的选择对系统的成本有很大影响。消防联动控制系统制式的选择要在布线数量、模块价格及可靠性各方面认真平衡。

① 多线制联动控制设备是指多条控制线与联动设备直接相连。其控制线根据设备的不同分有 2～4 根，其中有一根为公共线，其他 1～3 根可完成启动、停止、接收信号 3 种功能或其中一种功能。多线制联动控制设备由继电器、开关、指示灯等常规电器元件为主组成。设备简单、可靠，适用于 1.5 万平方米以下的建筑物。

② 总线制联动控制设备通过模块将总线和联动设备连接在一起，在总线联动系统中各种模块起着重要的作用。总线制联动系统包括总线-多线联动系统、全总线联动系统、报警/联动合一系统，在大的系统中目前得到了普遍采用。

问题与思考

1．火灾报警装置设置有哪些规定？火灾探测器的分类有哪些？对火灾探测器的选择有哪些要求？

2．火灾自动报警系统供电有哪些要求，其保护对象如何分级？

3．消防控制设备应具有哪些功能？消防联动控制设计有什么要求？

技能训练　接地电阻测量实训

1．实训地点及内容

选择具有接地电阻的户外地点，如教学楼、实验楼等处接地网的接地电阻。测量时可把两位同学分为一组，采用接地电阻测试仪对接地电阻进行测量。

2．ZC-8 型接地电阻测试仪简介

ZC-8 型接地电阻测试仪包括手摇发电机、电流互感器、滑线电阻及检流计等部件，全部机构装于铝合金铸的携带式外壳内，附件有接地探测针及连接导线等。其实物图如图 7.6 所示。

ZC-8 型接地电阻测试仪专供测量各种电力系统、电气设备、避雷针等接地装置的接地电阻，亦可测量低电阻导体的电阻值，还可测量土壤电阻率。其使用环境温度条件为−20℃～+40℃，相对湿度小于等于 80%。

ZC-8 型接地电阻测试仪测量接地电阻时，为了使电流能从

图 7.6　ZC-8 型接地电阻测试仪

接地体流入大地，除了被测接地体外，还要另外加设一个辅助接地体，称为电流极，这样才能构成电流回路。而为了测得被测接地体与大地零电位的电压，必须再设一个测量电压用的测量电极，称为电压极。电压极和电流极必须恰当布置，否则测

得的接地电阻误差较大，甚至完全不能反映被测接地体的接地电阻。

ZC-8型接地电阻测试仪的工作原理采用基准电压比较式。

摇测时，仪表连线与接地极 E′、电位探针 P′和电流探针 C′牢固接触。仪表放置水平后，调整检流计的机械零位，归零。再将"倍率开关"置于最大倍率，逐渐加快摇柄转速，使其达到150r/min。当检流计指针向某一方向偏转时，旋动刻度盘，使检流计指针恢复到"0"点。此时刻度盘上读数乘上倍率挡即为被测电阻值。如果刻度盘读数小于 1 时，检流计指针仍未取得平衡，可将倍率开关置于小一挡的倍率，直至调节到完全平衡为止。如果发现仪表检流计指针有抖动现象，可变化摇柄转速，以消除抖动现象。

3．实训方法和步骤

（1）将被测接地极 E′、电位探针 P′和电流探针 C′依直线彼此相距 20m，且电位探针 P′要插在接地极 E′和电流探针 C′之间。

（2）用导线将接地极 E′、电位探针 P′和电流探针 C′连接于仪表相应端钮 E、P、C。

（3）将仪表放置水平位置，检查检流计的指针是否处于中心线上，否则用零位调整器调整，使其指针指于中心线。

（4）将"倍率标度"置于最大倍数，慢慢转运发电机摇把，同时旋动"测量标度盘"使检流计指针指于中心线。

（5）当检流计指针接近于平衡量时，加快发电机摇把的转速使其达到120r/min 以上，调整"测量标度盘"，使指针指于中心线。

（6）如"测量标度盘"的读数小于 1 时，应将"倍率标度"置于较小的位数，再重新调整"测量标度盘"，使其指针指于中心线，以便得到正确的读数。

（7）用"测量标度盘"的读数乘以"倍率标度"的倍数，即为所测的接地电阻值。

（8）反复测量 3 次，取平均值。

4．实训注意事项

（1）当检流计灵敏度过高时，可将电位探针 P′和电流探针 C′的位置处注水，使其湿润，以减小其接地电阻。

（2）当接地极 E′和电流探针 C′之间直线距离大于 20m 时，电位探针 P′偏离 E′C′直线几米，可不计误差。但接地极 E′和电流探针 C′之间线距离小于 20m 时，则必须将电位探针 P′插在 E′C′直线上，否则将影响测量结果。

5．实训结果

将实训测试的数据记录于下表中。

实训测试数据记录

建筑物接地网名称	规程规定值	实测值			倍率标度数
		1	2	3	测量标度盘读数

6．问题与思考

（1）接地电阻实测结果大小是多少？能否满足一般建筑物的接地电阻规程要求？

（2）为满足接地电阻要求，可采取什么改善措施？

第 8 章
变电站综合自动化

随着供配电系统综合自动化程度的不断发展和提高，利用先进的计算机技术、现代电子技术、通信技术和信号处理技术，实现对供配电系统的输、配电线路及主要设备的自动监视、测量、自动控制、微机保护和调度通信等综合性的自动化功能，进而向智能化发展的趋势，已成为电力系统综合自动化的必然。

学习目标

1. 了解变电站综合自动化的基本概念及其组成。
2. 理解变电站综合自动化体系结构及各部分功能。
3. 了解和熟悉无人值守变电站的运行及管理模式。

8.1 变电站综合自动化

8.1.1 变电站综合自动化系统概述

1．变电站综合自动化系统的基本概念

变电站的综合自动化系统是应用控制技术、信息处理技术和通信技术，利用计算机硬件和软件系统技术将变电所的二次设备，包括控制、信号、测量、保护、自动装置、远动装置等进行功能的重新组合和结构的优化设计，以实现对变电所主要设备和输、配电线路进行自动监视、测量、控制、保护及与调度通信功能的一种综合性的自动化系统。变电站综合自动化系统替代了常规的二次设备，它将传统变电站内各种分立的自动装置集成在一个综合系统内实现，具有采集变配电所内所有模拟量和各种状态量的能力，具有对各种设备的控制能力，并具有运行管理上的制表、分析统计、防误操作、生成实时和历史数据流、安全运行监视、事故顺序记录、事故追忆、实现就地及远方监控等功能，可实现信息共享、不重复采集等。变电站的综合自动化系统，是简化变电站二次接线、提高变电站安全稳定运行水平、降低运行维护成本、提高经济效益、向用户提供高质量电能的一项重要技术措施。

近年来，随着光电式互感器和电子式互感器等数字化电气量测系统、智能电气设备及相关通信技术的发展，变电站综合自动化正朝着数字化、智能化方向迈进。

2．变电站综合自动化系统的基本特征

变电站综合自动化系统是基于微电子技术的智能电子装置 IED 和后台控制系统组成的变电站运行及控制系统，其基本特征如下。

① 功能实现综合化。

② 系统构成模块化。

③ 结构分布、分层、分散化。

④ 通信局域网络化、光缆化。

⑤ 操作监视屏幕化。

⑥ 测量显示数字化。

⑦ 运行管理智能化。

3．变电站综合自动化系统的优越性

变电站综合自动化系统的优越性如下。

① 控制和调节由计算机完成，降低了劳动强度，避免了误操作。

② 简化了二次接线，使整体布局紧凑，减少了占地面积，降低了变配电站建设投资。

③ 通过设备监视和自诊断，延长了设备检修周期，提高了运行可靠性。

④ 变电站综合自动化以计算机技术为核心，具有发展、扩充的余地。

⑤ 减少了人的干预，使人为事故大大减少。

⑥ 提高经济效益。减少占地面积，降低了二次建设投资和变电站运行维护成本；设备可靠性增加，维护方便；减轻和替代了值班人员的大量劳动；延长了供电时间，减少了供电故障。

8.1.2　变电站综合自动化系统的功能

1. 变电站综合自动化系统的功能

变电站综合自动化系统可以完成多种功能，我国变电站综合自动化系统的基本功能体现在以下 5 个方面。

（1）监控子系统

监控子系统是完成模拟量输入、数字量输入、控制输出等功能的子系统，监控子系统取代了常规的测量系统、指针式仪表、常规的报警、中央信号和光字牌及常规的无动装置等，改变了常规的操作机构和模拟盘，监控子系统的功能包括以下几个方面。

① 数据采集。变电站的数据包括模拟量、开关量和电能量。

a. 模拟量的采集。变电站采集的模拟量包括：各段母线电压、线路电压、电流、有功功率和无功功率，主变压器电流、有功功率和无功功率，电容器的电流、无功功率，各出线的电流、电压、功率以及频率、相位和功率因数、主变压器油温、直流电源电压和站用变压器电压等。对模拟量的采集，通常有直流采样和交流采样两种方式。

b. 开关量的采集。变电站采集的开关量包括：断路器的状态、隔离开关状态、有载调压变压器分接头的位置、同期检测状态、继电保护动作信号和运行告警信号等。这些信号都以开关量的形式，通过光电隔离电路以不同的方式输入至计算机。例如，断路器的状态通常采用中断输入方式或快速扫描方式，以保证对断路器变位的采样分辨率在 5ms 之内。对于隔离开关状态和分接头位置等开关信号，通常采用定期查询方式读入计算机进行判断。继电保护的动作信息输入计算机的方式分两种情况，对常规的保护装置和前些年研制成功的微机保护装置来说，由于它们不具备串行通信能力，故其保护动作信息往往取自信号继电器的辅助触点，也以开关量的形式读入计算机中；而近年来新研制成功的微机继电保护装置，大多数具有串行通信功能，因此其保护动作信号可通过串行口或局域网络通信方式输入计算机。

c. 电能量的采集。变电站的电能计量指包括有功电能和无功电能等电能量。

电能量采集的传统的方法是采用机械式电能表，但机械式电能表采集电能量的最大缺陷就是无法和计算机直接接口，而综合自动化系统的电能量采集则改善了这种情况。综合自动化系统采集电能量的方法有以下两种。

电能脉冲计量法：该方法的实质是把传统的感应式电能表与电子技术相结合，即对原来感应式的电能表加以改造，使电能表转盘每转一圈便输出一个或两个脉冲，用输出的脉冲数代替转盘转动的圈数，计算机对输出的脉冲进行计数，将脉冲数乘以标度系数(与电能表常数、TV 和 TA 的变比有关)，从而获得电能量。这种脉冲计量法采用的仪表类型通常是脉冲电能表和机电一体化电能计量仪表。

软件计算法：根据数据采集系统利用交流采样得到的电流、电压值，通过软件计算出有功电能和无功电能。因为 u、i 的采集是监控系统或数据采集系统必需的基本量，因此利用所采集的 u、i 值计算出电能量，无须增加专门的硬件投资，而只需设计好计算程序，故称软件计算法。

② 事件顺序记录。事件顺序记录包括断路器跳、合闸记录和保护动作顺序记录。

微机保护或监控系统采集环节必须有足够的内存，能存放足够数量或足够长时间段的事件顺序记录，确保当后台监控系统或远方集中控制主站通信中断时，不丢失事件信息，并应记录事件发生的时间(一般应精确至毫秒级)。

③ 故障录波和测距、故障记录。变电站的故障录波和测距可采用两种方法实现，一是由微机保护装置兼作故障记录和测距，再将记录和测距的结果送监控机存储及打印输出，或直接送调度主站，这种方法可节约投资，减少硬件设备，但故障记录的量有限；另一种方法是采用专用的微机故障录波器，并且故障录波器应具有串行通信功能，可以与监控系统通信。

故障记录是记录继电保护动作前后与故障有关的电流量和母线电压，记录时间一般可考虑保护启动前(即发现故障前)的两个周波、保护启动后的 10 个周波、保护动作和重合闸等全过程的情况。

④ 操作控制功能。无论是无人值班还是少人值班变电站，在允许电动操作的情况下，操作人员都可通过 CRT 屏幕对断路器和隔离开关进行分、合操作，对变压器分接开关位置进行调节控制，对电容器进行投切控制，同时能够接受遥控操作命令和进行远方操作。

为防止计算机系统故障时无法操作被控设备，设计时应保留人工直接拉、合闸方式。断路器操作应具有断路器操作时的自动重合闸闭锁功能、断路器在当地和远方操作时互相闭锁功能以及断路器与隔离开关间的闭锁功能等。

⑤ 安全监视功能。监控系统在运行过程中，对采集的电流、电压、主变压器温度和频率等量要不断进行越限监视，如发现越限，立刻发出告警信号，同时记录和显示越限时间和越限值。另外，还要监视保护装置是否失电，自控装置工作是否正常等。

⑥ 人机联系功能。人机联系桥梁是 CRT 显示器、鼠标和键盘。变电站采用微机监控系统后，无论是有人值班变电站还是无人值班变电站，最大的特点之一是操作人员或调度员只要面对 CRT 显示器的屏幕，通过操作鼠标或键盘，就可对全站的运行工况和运行参数一目了然，并对全站的断路器和隔离开关等进行分、合操作，彻底改变了传统的依靠指针式仪表和依靠模拟屏或操作屏等手段的操作方式。

CRT 显示画面具有以下几个方面。

a. 显示采集和计算的实时运行参数。监控系统所采集和通过采集信息所计算出来的 U、I、P、Q、$\cos\varphi$ 有功电能、无功电能以及主变压器温度 T 和系统频率 f 等，都可在 CRT 的屏幕上实时显示出来，同时在潮流等运行参数的显示画面上，应显示出日期和时间(年、月、日、时、分、秒)。屏幕刷新周期可在 2～10s(可调)。

b. 显示实时主接线图。主接线图上断路器和隔离开关的位置要与实际状态相对应。进行对断路器或隔离开关的操作时，显示的主接线图上对操作对象应有明显的标记(如闪烁等)，且各项操作都应有汉字提示。

c. 事件顺序记录（SOE）显示。显示所发生事件的内容和时间。

d. 越限报警显示。显示越限设备名、越限值和发生越限的时间。

e. 值班记录显示。

f. 历史趋势显示。显示主变压器负荷曲线和母线电压曲线等。

g. 保护定值和自控装置的设定值显示。

h. 其他。包括故障记录显示和设备运行状况显示等。

变电站投入运行后，随着送电量的变化，保护定值、越限值等需要修改，甚至由于负荷的增长，需要更换原有设备，例如更换 TA 变比。因此在人机联系中，必须有输入数据的功能。需要输入的数据应包括：TA 和 TV 变比、保护定值和越限报警定值、自控装置的设定值、运行人员密码等。

⑦ 打印功能。对于有人值班的变电站，监控系统可以配备打印机，完成报表和运行日志定时打印、开关操作记录打印、事件顺序记录打印、越限打印、召唤打印、抄屏打印和事故追忆打印等打印记录功能。

对于无人值班的变电站，可不设当地打印功能，各变电站的运行报表集中在控制中心打印输出。

⑧ 数据处理与记录功能。监控系统的数据处理和记录是很重要的环节。历史数据的形成和存储是数据处理的主要内容。此外，为满足继电保护专业和变电站管理的需要，必须进行主变和输电线路有功功率和无功功率每天的最大值和最小值以及相应的时间记录，母线电压每天定时记录的最高值和最低值以及相应的时间，计算受、配电电能平衡率，统计断路器动作次数，断路器切除故障电流和跳闸次数的累计数，控制操作和修改定值记录等的数据统计。

⑨ 谐波分析与监视。随着非线性器件和设备的广泛应用，电气化铁路的发展和家用电器的不断增加，电力系统的谐波含量显著增加，并且有越来越严重的趋势。目前，谐波"污染"已成为电力系统的公害之一。为保证电力系统的谐波在国标规定的范围内，变电站综合自动化系统十分重视对谐波含量的分析和监视。对谐波污染严重的变电站，采取适当的抑制措施，降低谐波含量，是一个不容忽视的问题。

（2）保护子系统

在综合自动化系统中，继电保护由微机保护所替代，保护系统是变电站综合自动化系统最基本、最重要的系统。微机保护包括变电所的主要设备和输电线路的全套保护，具有高压线路、主变压器、无功综合补偿装置、母线和配电线路的成套微机保护及故障录波装置等。微机保护在被保护线路和设备故障下，动作于断路器跳闸；线路故障消除后则执行自动重合闸。微机保护与故障测距录波装置都挂在综合系统网络总线上，通过串口与监控主机通信，召唤传送线路和设备经处理运算后的输入模拟量，故障跳闸后传送故障参数与重合闸信息，保护动作信息等。

微机保护的各保护单元除应具备独立、完整的保护功能外，还应具备以下附加功能。

① 具有满足系统的快速性、选择性、灵敏性和可靠性要求的功能。保护装置必须不受监控系统和其他子系统的影响，因此其软、硬件结构要相对独立，而且各保护单元必须有各自独立的 CPU，组成模块化结构；主保护和后备保护由不同的 CPU 实现，重要设备的保护，采用双 CPU 的冗余结构，保证在保护系统中一个功能部件模块损坏，只影响局部保护功能而不能影响到其他设备的保护。

② 具有故障记录功能。当被保护对象发生事故时，能自动记录保护动作前后有关的故障信息，包括短路电流、故障发生时间和保护出口时间等，以利于分析故障。

③ 具有与统一时钟对时功能，以便准确记录发生故障和保护动作的时间。

④ 具有存储多种保护整定值的功能。

⑤ 具有当地显示、多处观察和授权修改保护整定值的功能。对保护整定值的检查与修改要直观、方便、可靠。除了在各保护单元上能够显示和修改保护定值外，考虑到无人值班的需要，通过当地的监控系统和远方调度端，应能观察和修改保护定值。同时为了加强对定值的管理，修改定值要有校对密码措施，以及记录最后一个修改定值者的密码。

⑥ 设置保护管理机或通信控制机，负责对各保护单元的管理。保护管理机或通信控制机

把保护系统与监控系统联系起来，向下负责管理和监视保护系统中各保护单元的工作状态，并下达由调度或监控系统发来的保护类型配置或整定值修改等信息。如果发现某个保护单元出现故障或工作异常以及有保护动作的信息，应立刻上传给监控系统或上传至远方调度端。

⑦ 具有与保护管理机等连接的通信功能。变电站综合自动化系统中，为保证保护管理机或通信控制器与各保护单元之间的通信畅通，各保护单元均设置有能直接与保护管理机和通信控制器之间的通信接口。

⑧ 具有故障自诊断、自闭锁和自恢复功能。每个保护单元应有完善的故障自诊断功能，发现内部故障时能自动报警，并能指明故障部位，以利于查找故障和缩短维修时间。对于关键部位的故障，系统应能自动闭锁保护出口。如果是软件受干扰，造成"飞车"的软故障，应有自启动功能，以提高保护装置的可靠性。

（3）电压和无功综合控制子系统

电力系统为维持供电电压在规定的范围内，保持电力系统稳定和无功功率的平衡，必须对电压进行调节，对无功功率进行补偿，以保证在电压合格的前提下电能损耗最小。

变电站综合自动化系统必须具有保证安全、可靠供电和提高电能质量的自动控制功能。对电压和无功功率进行合理的调节，不仅可以提高电能质量，提高电压合格率，而且可以降低网损。电力系统中电压和无功功率的调整对电网的输电能力、安全稳定运行水平和降低电能损耗有极大影响。因此，要对电压和无功功率进行综合调控，以保证包括电力部门和用户在内的总体运行技术指标和经济指标达到最佳。电压和频率是电能质量的重要指标，因此电压、无功综合控制也是变电站综合自动化系统的一个重要组成部分。

（4）低频减负荷控制

① 低频减负荷控制的概念。电力系统的频率是电能质量重要的指标之一。电力系统正常运行时，必须维持频率在 50Hz±（0.1～0.2）Hz 的范围内。系统频率偏移过大时，发电设备和用电设备都会受到不良影响：轻则影响工农业生产中的产品质量和产量；重则损坏汽轮机、水轮机等重要设备，甚至引起系统的"频率崩溃"，致使大面积停电，造成巨大的经济损失。

系统发生故障时，有功功率严重缺额，系统频率急剧下降，为使频率回升，需要有计划、有次序地切除部分负荷。为尽量减少切除负荷后所造成的经济损失，应保证所切负荷的数量合适，这也是低频减负荷装置的任务。

例如，某变电站馈电母线上有多条配电线路，根据这些线路所供负荷的重要程度，分为基本级和特殊级两大类。通常一般负荷的馈电线路放在基本级里，供给重要负荷的线路划在特殊级里。一般低频减负荷装置基本级可以设定五轮或八轮，随用户选用。安排在基本级中的配电级路，也按重要程度分为一轮，二轮，三轮，……，八轮。当系统发生功率严重缺额并造成频率下降至第一轮的启动值延时时限已到时，低频减负荷装置就会动作，切除第一轮的线路，此时如果频率恢复，则切除动作成功。但若频率还不能恢复，说明功率仍缺额。当频率低于第二轮整定值且动作延时时限已到时，低频减负荷装置将再次启动，切除第二轮的负荷。如此反复对频率进行采样、计算和判断，直至频率恢复正常或基本级的一至八轮的负荷全部切完。

当基本级的线路全部切除后，如果频率仍停留在较低的水平上，则经过一定的时间延时后，启动将切除特殊轮负荷。特别重要的用户，应设为零轮，即低频减负荷装置不会对它们发出切负荷的指令。

可见，实现低频减负荷的方法关键在于测频。

随着电力系统的发展，电网运行方式日益复杂和多样化，供电可靠性的问题更加突出，因此对低频减负荷装置的性能指标要求也相应提高。采用传统的频率继电器构成的低频减负荷装置，已不能适应系统中出现的不同功率缺额情况，不能有效地防止系统的频率下降并恢复频率，难以实现重合闸等功能，以致造成频率的悬停和超调现象。

② 低频减负荷的微机控制。随着变电站综合自动化程度的不断提高，各种类型的微机低频减负荷装置应运而生。目前，用微机实现低频减负荷的方法大体有两种。

a．采用专用低频减负荷装置实现减负荷。这种低频减负荷装置的控制方式如前所述，将全部馈电线路分为一至八轮(也可根据用户需要设置低于八轮的)的基本级和特殊级，然后根据系统频率下降的情况去逐轮切除负荷。

b．把低频减负荷的控制分散装设在每回馈电线路的保护装置中。现在微机保护装置几乎都是面向对象设置的，每回线路增加一个测频环节，配一套保护装置，即可实现低频减负荷控制功能。对各回线路轮次安排考虑的原则同上所述。只要将第 n 轮动作的频率和延时定值，事前在某回线路的保护装置中设置好，则该回线路便属于第 n 轮切除的负荷。

一般第一轮的频率整定为 $47.5 \sim 48.5$Hz，最末轮频率整定为 $46 \sim 46.5$Hz。采用微机低频减负荷装置，相邻两轮间的整定频率差＜0.5Hz，时限差＜0.5s。特殊轮的动作频率可取 $47.5 \sim 48.5$Hz，动作时限可取 $15 \sim 25$s。

（5）备用电源自动投入控制

① 备用电源自动投入控制的概念。备用电源自动投入是保证配电系统连续可靠供电的重要措施。备用电源自投装置是因电力系统故障或其他原因使工作电源被断开后，能迅速将备用电源、备用设备或其他正常工作的电源自动投入工作，使原来工作电源被断开的用户能迅速恢复供电的一种自动控制装置。

② 微机型备用电源自投装置。传统的备用电源自投装置是晶体管型或电磁型的自控装置。随着微处理技术、网络技术和通信技术的发展，微机型的备用电源自投装置已基本取代了常规的自投装置。

微机型备用电源自投装置具有以下特点。

a．综合功能比较齐全，适应面广。

b．备用电源自投装置具有串行通信功能，可以像微机保护装置一样，方便地与保护管理机或综合自动化系统接口，且适用于无人值班变电站。

c．体积小，性能价格比高。

d．故障自诊断能力强、可靠性高且便于维护和检修。微机备用电源自投装置，像微机保护装置一样，其动作判别依据主要决定于软件，因此工作性能稳定。

2．变电站综合自动化系统的结构形式

变电站综合自动化系统自 1987 年在山东威海望岛变电站成功投运以来，变电站综合自动化系统在国内电网已得到广泛的应用，由此促进自动化技术突飞猛进的发展，其结构体系也日趋完善，从变电所综合自动化系统的发展来看，结构形式上可分为集中式、分布式及分散和集中相结合式 3 种。

（1）集中式结构

集中式结构的综合自动化系统，是指采用不同档次的计算机，扩展其外围接口电路，集中采集变电站的模拟量、开关量和数字量等信息，集中进行计算与处理，分别完成微机监控、微机保护和一些自动控制等功能，集中式结构不是指由一台计算机完成保护、监控等全部功能。多数集中式结构的微机保护、微机监控、与调度等通信的功能也是由不同的微型计算机完成的。

如图8.1所示的集中式结构的综合自动化系统，是根据变电站的规模配置相应容量的集中式保护装置、监控主机及数据采集系统，并安装在变电站中央控制室内。

集中式的主变压器和各进出线及站内所有电气设备的运行状态，通过TA、TV经电缆传送到中央控制室的保护装置、监控主机或远动装置。继电保护动作信息往往是取保护装置中信号继电器的辅助触点，通过电缆送给监控主机或远动装置。

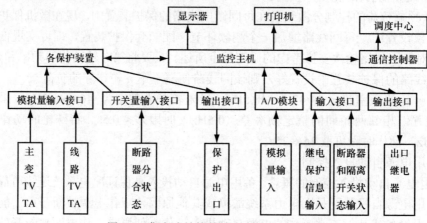

图8.1　集中式结构的综合自动化系统框图

集中式结构的综合自动化系统的主要功能和特点如下。

① 实时采集变电站中各种模拟量、开关量的信息，完成对变电站数据的采集和实时监控、制表、打印和事件顺序记录等功能。

② 完成对变电站主要设备和进、出线的保护任务。

③ 系统具有自诊断和自恢复功能。

④ 结构紧凑、体积小，可大大减少占地面积。

⑤ 造价低、实用性强，尤其对35kV或规模较小的变电站更为有利。

集中式结构的自动化系统也存在一些不足，比如只用一台计算机时，功能相对比较集中，若出故障时影响面会很大，因此须采用双机并联运行的结构才能提高可靠性。另外，集中式结构的软件复杂，修改工作量较大，系统调试烦琐。还有就是集中式结构组态不灵活，对不同主接线或规模不同的变电站，软、硬件都必须另行设计，工作量大。与传统的保护相比，集中式结构的综合自动化系统调试和维护不方便，程序设计麻烦，因此只适用于保护算法比较简单的场合。

（2）分布式结构

分布式结构的综合自动化系统是把整套综合自动化系统按其不同的功能组装成多个屏(柜)。这些屏都集中安装在主控室中，这种形式被称为"分布式结构"。分布式结构的典型结构框图如图8.2所示。

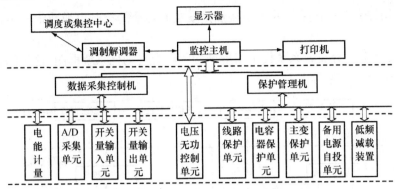

图 8.2　分布式结构的综合自动化系统框图

如图 8.2 所示的分布式综合自动化系统，适用于中、小规模的变电站，其保护单元是按对象划分的，即一回线路或一组电容器各用一台单片机，再把各保护单元和数据采集单元分别安装在各保护屏和数据采集屏上，由监控主机集中对各屏进行管理，然后通过调制解调器与调度中心联系。

分布式结构通常采用按功能划分的分布式多 CPU 系统，其功能单元有：各种高、低压线路保护单元；电容器保护单元；主变压器保护单元；备用电源自投控制单元；低频减负荷控制单元；电压、无功综合控制单元；数据采集与处理单元；电能计量单元等，每个功能单元基本上由一个 CPU 组成。这种结构的系统也有一个功能单元的功能由多个 CPU 完成的，例如主变压器保护，有主保护和多种后备保护，因此往往由两个或两个功能以上 CPU 完成不同的保护功能。

分布式结构的综合自动化系统具有以下特点。

① 分布式结构的综合自动化系统的继电保护相对独立。继电保护装置是电力系统中对可靠性要求非常严格的设备。在综合自动化系统中，继电保护单元宜相对独立，其功能不依赖于通信网络或其他设备。各保护单元要有独立的电源，保护的输入应由电流互感器和电压互感器通过电缆连接，输出跳闸命令也要通过常规的控制电缆送至断路器的跳闸线圈，保护的启动、测量和逻辑功能独立实现，不依赖通信网络交换信息。保护装置通过通信网络与保护管理机传输的只是保护动作信息或记录数据。为了无人值班的需要，也可通过通信接口实现远方读取和修改保护整定值。

② 分布式结构的综合自动化系统具有与系统控制中心通信的功能。综合自动化系统本身已具有对模拟量、开关量、电能脉冲量进行数据采集和数据处理的功能，也具有收集继电保护动作信息、事件顺序记录等功能，因此不必另设独立的 RTU 装置，不必为调度中心单独采集信息，而将综合自动化系统采集的信息直接传送给调度中心，同时也接受调度中心下达的控制、操作命令和在线修改保护定值命令。

③ 分布式结构的综合自动化系统具有模块化结构，可靠性高。由于各功能模块都由独立的电源供电，输入/输出回路都相互独立，任何一个模块故障只影响局部功能而不影响全局，而且由于各功能模块基本上是面向对象设计的，因而其软件结构相对集中式来说简单，调试方便，也便于扩充。

④ 管理维护方便。分层分布式系统采用集中组屏结构，全部屏(柜)安放在室内，工作环境较好，电磁干扰相对较弱，管理和维护方便。

分布式结构综合自动化系统的主要缺点是安装时需要的控制电缆数量较多，相对电缆投资较大。

图 8.3 所示为分层分布式系统集中组屏结构的综合自动化系统框图。这种综合自动化系统比较适用于规模较大的变电站。

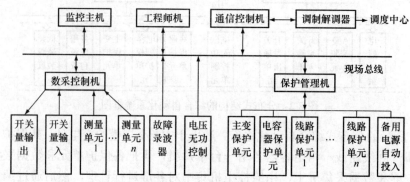

图 8.3　分层分布式系统集中组屏结构的综合自动化系统框图

分层分布式集中组屏结构的综合自动化系统，实质上是一个分布式的计算机系统，其中的各个计算机可以独立工作，分别完成分配给各自的任务，又可以彼此之间相互协调合作，在通信协调的基础上实现系统的全局管理。

分层分布式系统集中组屏结构的综合自动化系统，采取了分层管理的模式，第一层的变电站层，其中的监控主机通过局部网络与保护管理机和数采控制机通信。在无人值班的变电站，监控主机主要负责与调度中心的通信，使变电站综合自动化系统具有 RTU 功能，完成四遥任务。第二层结构的保护管理机和数采控制机处于变电站级和功能单元之间，其中保护管理机管理各保护功能单元，一台保护管理机可以管理 32 个单元模块，这些模块之间可以采用双绞线用 RS-485 接口连接，也可通过现场总线连接；数采控制机负责管理系统中的模拟开关量输入/输出单元和测量单元，负责将各数采单元所采集的数据和开关状态送给监控机和送往调度中心，并接受由调度或监控机下达的命令。系统正常运行时，保护管理机监视各保护单元的工作情况，一旦发现某一单元工作不正常，立即报告监控机，并报告调度中心，如果某一保护单元有保护动作信息，可通过保护管理机，将保护动作信息送往监控机，再送往调度中心，调度中心或监控机也可通过保护管理机下达修改保护定值等命令。总之，第二层管理机的作用是减轻监控机的负担，协助监控机承担对单元层的管理。

（3）分散和集中相结合结构

由于分布集中式的结构，虽具备分层分布式、模块化结构的优点，但因为采用集中组屏结构，因此需要较多的电缆。随着单片机技术和通信技术的发展，特别是现场总线和局部网络技术的应用，以及变电站综合自动化技术的不断提高，对全微机化的变电站二次系统进行优化设计。一种方法是按一条出线、一台变压器、一组电容器等每个电网元件为对象，集测量、保护、控制为一体，设计在同一机箱中。对于配电线路，可以将这个一体化的保护、测量、控制单元分散安装在各个开关柜中，然后由监控主机通过光缆或电缆网络，对这些单元进行管理和交换信息，这就是分层式结构。对于高压线路保护装置和变压器保护装置，仍采用集中组屏安装在控制室内。这种将配电线路的保护和测控单元分层安装在开关柜内，而高压线路保护和主变压器保护装置等采用集中组屏的系统结构，称为分散和集中相结合的结构，其框图如图 8.4 所示，这是当前综合自动化系统的主要结构形式。

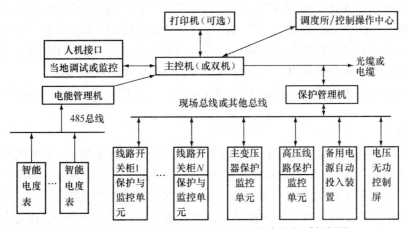

图 8.4　分散与集中相结合的变电站综合自动化系统框图

分散与集中相结合结构的变电站综合自动化系统，通过现场总线与保护管理机交换信息，节约控制电缆，简化了变电站二次设备之间的互连线，缩小了控制室的面积；抗干扰能力强，工作可靠性高，而且组态灵活，检修方便，还能减少施工和设备安装工程量。

由于采用分散式的结构可以降低总投资，所以全分散式的结构是变电站综合自动化系统的发展方向。一方面是分散式的自动化系统具有上述的突出优点；另一方面，随着电-光传感器和光纤通信技术的发展，为分散式的综合自动化系统的研制和应用提供了有力的技术支持。

8.1.3　变电站综合自动化系统的配置

目前，变电站综合自动化的配置最常采用的结构模式是分层分布式的多 CPU 体系结构，其体系结构示意图如图 8.5 所示。

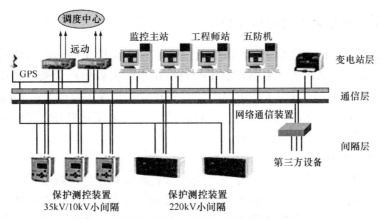

图 8.5　变电站综合自动化系统的体系结构图

该结构从逻辑上将变电站综合自动化系统划分为 3 层，即变电站层、通信层和间隔层（单元层），通过现场总线连接成一个整体，每层由不同设备或不同的子系统组成，完成不同的功能。

1．变电站层

变电站层通常由操作工作站（监控主机）、五防主机、远动主站及工程师工作站组成。变电站层中的监控主机根据接受到的数据按预定程序进行实时计算、分析、处理和逻辑判断，确定一次系统是否正常运行和发生故障，一旦一次系统故障，则发出相应的报警和显示，并发出执行命令，使继电保护和自动装置动作，对设备进行控制和调节。

为保证系统整体的可靠性及功能配置的灵活性、合理性，变电站层设备可采用多种配置模式。

2．间隔层

间隔层主要完成相关设备的保护、测量和控制功能，是继电保护、测控装置层。

间隔层分单元进行设计。间隔单元通过数据采集模块实时采集各设备的模拟量输入信号，并经离散化和模数转换成数字量；通过开关量采集模块采集断路器的开合、电流脉冲量等信息并经电平变换、隔离处理得到开关量信息。这些数字量和开关量将上传给通信层。

当通信层接受到从间隔层发送上来的信息时，会将信息通过网络传送到变电站层监控主机的存储器或数据库中进行处理。同时也将该信息传送至上级调度中心，使得上级调度中心实时掌握该变电站各设备的运行情况，也可由调度中心直接对设备进行远动终端控制和"四遥"功能。

3．通信层

通信层主要完成变电站层和间隔层之间的通信。

通信层支持单网或双网结构，支持全以太网，也支持其他网络。双网采用均衡流量管理，有效地保证了网络传输的实时性和可靠性；通信协议采用电力行业标准规约，可方便地实现不同厂家的设备互连；可选用光纤组网，增强通信抗电磁干扰能力；提供远动通信功能，可以用不同的规约向不同的调度所或集控站转发不同的信息报文；利用 GPS 支持硬件对时网络，减少了 GPS 与设备之间的连线，方便可靠，对时准确。在通信层，可选用屏蔽双绞线、光纤或其他通信介质联网，采用网关代替某些自动化系统中常用的通信控制器。

8.1.4　变电站综合自动化的通信系统

通信是变电站综合自动化系统非常重要的基础功能。借助于通信，各断路器间隔中保护测控单元、变电站计算机系统、电网控制中心自动化系统得以相互交换信息和信息共享，提高了变电站运行的可靠性，减少了连接电缆和设备数量，实现了变电站远方监视和控制。

变电站向控制中心传送的信息称为"上行信息"；而由控制中心向变电站发送的信息通常称为"下行信息"。

1．数据远传信息的通道

变电站中的各种信息源和开关信号等，经过相关元件处理转换成易于计算机处理的信号后，在远距离传输时容易发生衰减和失真。为了增加传输距离，必须对上述信号进行调制以后传送。远距离传输信号的载体称为"信道"。电力系统中远动通信的信道类型较多，一般分为有线信道和无线信道两大类。有线信道包括明线、电缆、电力线载波和光纤通信；无线信道包括短波、散射、微波中继和卫星通信等。

2．通信系统的内容

变电站综合自动化通信系统主要涉及以下几个方面的内容。

① 各保护测控单元与变电站计算机系统通信。

② 各保护测控单元之间互通信。

③ 变电站自动化系统与电网自动化系统通信。

④ 变电站计算机系统内部计算机间相互通信。

实现变电站综合自动化的主要目的不仅仅是用以微机为核心的保护和控制装置来代替传统变电站的保护和控制装置，关键在于实现信息交换。通过控制和保护互连、相互协调，允许数据在各功能块之间相互交换，可以提高它们的性能。通过信息交换，互相通信，实现信息共享，提供常规的变电站二次设备所不能提供的功能，减少变电站设备的重复配置，简化设备之间的互连，从整体上提高自动化系统的安全性和经济性，从而提高整个电网的自动化水平。因此，在变电站综合自动化系统中，网络技术、通信协议标准、数据共享等问题是综合自动化系统的关键问题。

通信的基本目的是在信息源和受信者之间交换信息。信息源，指产生和发送信息的地方，如保护、测控单元。受信者指接收和使用信息的地方。如，计算机监控系统、调度中心 SCADA 系统。

要实现信息源和受信者之间相互通信，两者之间必须有信息传输路径。如电话线、无线电通道等。信息源、受信者和传输路径是通信的三要素。实现和完成通信，需要信息源和受信者合作。如，信息源必须在受信者准备好接收信息时，才能发送信息。受信者一方必须准确知道通信何时开始，何时结束。信息的发送速度必须与受信者接收信息速度相匹配，否则，可能会造成接收到信息混乱。除此之外，信息源和受信者之间还必须制定某些约定。

3．信息传输的通信规约

约定可能包括：信息源和受信者间的传输是否可以同时还是必须轮流，一次发送的信息总量，信息格式，以及如果出现意外（或出现差错时）该做什么。在通信过程中，所传输的信息不可避免地会受到干扰和破坏，为了保证信息传输准确、无误，要求有检错和抗干扰措施。通信规约必须符合部颁的规定，目前国内电网监控系统中，主要采用两类通信规约。

① 循环式数据传送（Cyclic Digital Transmission）规约，简称 CDT 规约。

② 问答式（Polling）传送规约，简称 POLLING 规约。

4．几种通信方式

数字通信系统工作方式按照信息传送的方向和时间，可分为单工通信、半双工通信、全双工通信 3 种方式。

① 单工通信是指消息只能按一个方向传送的工作方式。

② 半双工通信是指消息可以双方向传送，但两个方向的传输不能同时进行，只能交替进行。

③ 全双工通信是指通信双方同时进行双方向传送消息的工作方式。

为完成数据通信，两个计算机系统之间必须有一个高度的协调。计算机之间为协调动作而进行的信息交换一般称为计算机通信。类似地，当两个或更多的计算机通过一个通信网相互连接时，计算机站的集合称为计算机网络。

5．通信的任务

变电站综合自动化系统通信包括两个方面的内容：一是变电站内部各部分之间的信息传递，如保护动作信号传递给中央信号系统报警，也称现场级通信；二是变电站与操作控制中心的信息传递，即远动通信。如向操作控制中心传送变电站的电压、电流、功率的数值大小、断路器位置状态、事件记录等实时信息；接收控制中心下发的断路器操作控制命令以及查询其他操作控制命令。

（1）综合自动化系统的现场级通信

综合自动化系统的现场级通信，主要解决综合自动化系统内部各子系统与上位机（监控主机）之间的数据通信和信息交换问题，其通信范围是在变电站内部。对于集中组屏的综合自动化系统来说，实际是在主控室内部。对于分散安装的综合自动化系统来说，其通信范围扩大至主控室与子系统的安装地（如断路器屏柜间），通信距离加长了。综合自动化系统现场级的通信方式有并行数据通信、串行数据通信、局域网络和现场总线等。

（2）综合自动化系统与上级调度的通信

综合自动化系统必须兼有RTU的全部功能，应能够将所采集的模拟量、断路器状态信息及事件顺序记录等远传至调度端；应能接收调度下达的各种操作、控制、修改定值等命令。即完成新型RTU等全部"四遥"（遥控、遥测、遥信、遥调）功能。

6．数据通信的传输方式

（1）并行数据通信方式

并行数据通信是指数据的各位同时传送，可以用字节为单位（8位数据总线）并行传送，也可以用字为单位（16位数据总线）通过专用或通用的并行接口电路传送，各位数据同时发送，同时接收，其特点如下。

① 传输速度快。有时可高达每秒几十、几百兆字节。

② 并行数据传送的软件和通信规约简单。

③ 并行传输需要传输信号线多，成本高，因此只适用于传输距离较短且传输速度较高的场合。

在早期的变电站综合自动化系统中，由于受当时通信技术和网络技术的限制，变电站内部通信大多采用并行通信方式，而在综合自动化系统的结构上多采用集中组屏的方式。

（2）串行数据通信

串行通信是数据一位一位顺序地传送，串行通信有以下特点。

① 串行通信的最大优点是串行通信数据的各不同位，可以分时使用同一传输线，这样可以节约传输线，减少投资，并且可以简化接线。特别是当位数很多和远距离传送时，其优点更为突出。

② 串行通信的速度慢，且通信软件相对复杂。因此适合于远距离传输，数据串行传输距离可达数千公里。

在变电站综合自动化系统内部，各种自动装置间或继电保护装置与监控系统间，为了减少连接电缆，简化接线，降低成本，常采用串行通信。

7．局域网络通信

局域网络是一种在小区域内使各种数据通信设备互连在一起的通信网络。局部网络可分为以下两种类型。

① 局部区域网络，简称局域网（LAN）。

② 计算机交换机（CBX）。局域网是局部网络中最普遍的一种。局域网络为分散式的系统提供通信介质、传输控制和通信功能的手段。

局域网络的典型特性是：

① 高数据传输速率，0.1～100Mbit/s。

② 短距离，0.1～25km。

③ 低误码率。

8.1.5　工程方案实例

现以东方电子信息产业股份有限公司研制生产的变电站综合自动化系统 DF3300 为例，简要介绍其系统结构组成和特点。

DF3300 变电站自动化系统是一个综合的有机设备系统，它集电力系统、电子技术、自动化、继电保护之大成，以计算机和网络技术为依托，面对变电站通盘设计、优化功能和简化系统，用分散、分层、分布式结构实现面向对象的思想。它用简洁的、利用高性能单片机构成的数字智能电子设备（IED）和计算机主机替代了数量大、功能结构单一的继电器、仪表、信号灯、自动装置、控制屏。用计算机局域网络(LAN)替代了大量复杂的连接电缆和二次电缆。它在遵循数据信息共享、减少硬件重复配置的原则下，做到继电保护相对独立并有一定的冗余，提高了变电站运行的可靠性，减小了维护工作量并提高维护管理水平。

DF3300 变电站自动化系统可满足国际大电网会议对变电站自动化所提出的 7 个功能要求，即：远动功能、自动控制功能（电压无功综合控制、低周减载、静止无功补偿器控制等）、测量表计功能和继电保护功能，还有与继电保护相配套的功能（故障录波、测距、小电流接地选线等）；接口功能（与微机五防、电源、电能表计、全球定位装置等 IED 的接口）；系统功能（与主站通信、当地 SCADA 等）。

显然，DF3300 变电站自动化系统可以实现遥测信息、遥信信息、遥控信息、遥调信息的四遥功能。

DF3300 变电站自动化系统具有以下特点。

（1）统一的新型结构工艺设计，采用嵌入式结构，可以集中组屏，也可以就地安装。

（2）模块支持 IRIG-B 格式硬对钟。

（3）交流采样插件采用 DSP 处理器，可实现高次谐波分析、自动准同期、故障录波等功能。

（4）采用 14 位高性能 A/D 采集芯片，提高了数据采集的分辨率和测量精度。

（5）各装置通信接口采用插卡式，可以保证系统的平滑升级，不同的通信处理插板，可完成 FDKBUS、CANBUS、串行口等不同的接口形式，可适应双绞线、光纤等不同通信介质。

（6）采用先进的工业级芯片，各装置的 CPU 均采用 MOTOROLA 的 32 位芯片，提高了数据采集的分辨率和测量精度。

（7）采用的保护原理成熟可靠，并且已经有丰富的现场运行经验。

（8）模块内的智能处理（可编程逻辑控制）功能。

（9）面向对象软件平台及开放式监控应用平台，内置完善的通信规约库，支持用户控制语言，提供 API 用户应用编程接口。

（10）采用大屏幕液晶显示，汉化菜单操作，使用方便。

该变电站自动化系统采用 3 级分层，按对象设计相对分散的网络构架。针对不同变电站电压等级、规模及具体要求的不同，系统可灵活组成不同的网络结构及应用方案，采用现场总线网络和以太网连接。

DF3300 系统的配置结构如图 8.6 所示。

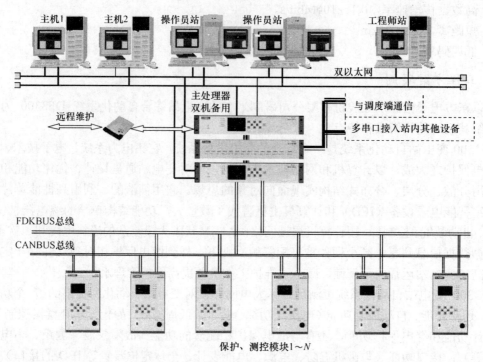

图 8.6　DF3300 变电站自动化系统配置图

　　间隔级通信网有两种通信方式：一种采用 CANBUS 现场总线，其最大通信速率为 1.5MB/s；另一种采用 FDKBUS 现场总线，其最大通信速率为 187.5kB/s，最大通信距离为 1 200m（加中继可扩充到 5km），最大连接接点数为 127 个，通信介质为屏蔽双绞线或光纤。站级通信网采用以太网，速率为 10/100MB/s，通信媒介采用光纤，通信协议采用 TCP/IP 协议。

　　系统采用管理单元同保护、控制、测量模块构成最小单元的自动化系统，并同远方调度主站通信完成运行管理，以满足中小型变电站自动化的需要。系统特别适用于 110KV 及以下无人值班变电站的需要，也可兼容当地单设监控系统。后台机、维护工作站可通过以太网口与通信处理单元相连。

　　问题与思考

　　1. 变电站综合自动化系统从其测量控制、安全等方面考虑，可划分为哪几个系统？

　　2. 何谓变电站综合自动化系统？其结构体系由哪几部分组成？各部分的作用是什么？

　　3. 变电站综合自动化系统的基本功能有哪些？

　　4. 变电站综合自动化系统中通信系统的任务和作用是什么？系统中传输数据的方式有哪几种？

8.2　无人值班变电所

　　随着变电站综合自动化技术的不断发展与进步，变电站综合自动化系统取代或更新传统的变电所二次系统，继而实现无人值班变电所，已成为二十一世纪电力系统发展的方向与趋势。实施变电站的无人值班工作，是电力工业转换机制，改革挖潜，实现减人增效，提高劳动生产率的有效途径，是电力企业适应社会主义市场经济体制的需要，是电力行业建立现代企业制度的内在要求，是大、中型电力企业进一步解放和发展生产力的重要途径，世界各国特别是发达国家及以上电压等级的变电站广泛采用了无人值班。图 8.7 所示为 CBZ-100 型无人值班变电所主控室示意图。

图 8.7　CBZ-100 型无人值班变电所主控室

8.2.1　无人值班变电所在配电自动化中的地位和作用

配电自动化是以提高供电可靠性、缩短事故恢复时间为目的，而实现综合自动化的无人值班变电所不仅减少了值班人员，更主要的是通过变电所综合自动化的先进技术，达到减少和避免误操作、误判断、缩短事故处理时间、提高供电质量和供电可靠性。

实现综合自动化的无人值班变电所集微机监控、数据采集、故障录波及微机保护为一体。实现变电所实时数据采集、电气设备运行监控、开关闭锁、防误操作、小电流接地选线、远动通信、监测保护设备状态，检查和修改保护整定值等功能，解决了各环节在技术上保持相对独立而造成的各行其是，重复投资甚至影响运行可靠性的弊端。

1. 变电站实施无人值班有利于提高电网管理水平

以湖南省电力系统为例，湖南省属发电装机容量在"八五"和"九五"期间，以前所未有的速度发展，其配套输变电容量和变电站座数也急剧增加。以全省年平均投产 30 座变电站速度计算，如不实现变电站的无人值班，则每年需增加变电运行人员 3 000 人左右，而且这些人在正式加入运行岗位前，均必须经过较长时间的技术学习和培训。这从客观上要求新建 110kV 及以下变电站必须实行无人值班，500kV 及以上变电站的运行人员便能从已运行的和已改造为无人值班的 110kV 及以下变电站中去调整。依靠科技进步，走变电站无人值班的道路，是实现电网可持续发展，保证电网稳定、可靠、安全供电的必由之路。

2. 变电站实施无人值班有利于提高电网的安全、经济运行水平

遥控操作具有较高的可靠性和安全性，可以满足电网安全、稳定运行的要求，并大大减少运行人员人为的误操作事故。变电站实现无人值班，实施远方遥控操作，加快了变压、输送负荷的速度，实现了多售电的目标，有利于提高电网的整体经济效益。电网及变电站实施遥控操作，并且与保护测控系统、配网自动化等协同使用，在保持电网安全、稳定、可靠的前提下，必将使电网的安全、优质、经济运行水平达到一个崭新的高度。

3．变电站实施无人值班有利于提高电力企业经济效益

随着电网技术及电网设备的进步与发展，变电站管理必须也应该脱离传统的管理模式，把 110kV 及以下变电站的变电运行人员、甚至于终端变电站的变电运行人员，从简单的、重复的劳动中解脱出来，去充实和补充更高电压等级的变电站的运行值班工作，或从事电力行业以外的新的经济活动，培植新的经济增长点，以实现电力系统最大可能的综合效益。

8.2.2　无人值班变电所的几种常规模式

目前，国内外对无人值班变电所常采用下列几种模式。

（1）传统控制方式不动，常规保护不动，新增变送器屏、远动装置屏、故障录波屏、遥控执行屏，或将这些屏组合成一块远动设备综合屏，并在常规开关跳、合闸回路加遥控分合按钮。

（2）改变传统控制方式，集测量、控制、信号接点为一体的电气集控接口柜，加上远动装置柜，常规保护改为微机保护。

（3）集测量、监控、保护、远动信号以及开关连锁于一体的全分布式系统，反映了变电所的最新水平，也是今后的发展方向。早期的集控台，测量、信号由 CMOS 电路完成，控制部分由系统微机完成、保护由 CMOS 电路构成，直流采样，没考虑远动。现在国内少数厂家和国外厂商推出的集控台，控制、保护、测量、信号、远动全由微机完成，保护也由微机构成，并采用交流采样。目前交流采样多采用 STD 总线方式构成系统。

8.2.3　无人值班变电所的应用特点

无人值班变电所是通过变电所综合自动化实现的，变电所综合自动化是由变电所内微机实现运行功能的多机系统，包括测量、监控、保护、远动、信号等部分，实现变电所的日常运行和事故处理，其范围包含所有的二次部分。它利用计算机的技术综合，统一进行处理，促进各环节的功能协调，主要特点有以下几点。

（1）克服了传统变电所信息容量大、速度慢的缺点，其微机系统保护信息串行通信采用交流采样，大大提高了信息总量，能够根据事件优先级迅速远传变电信息。

（2）实现综合自动化后的无人值班变电所占地面积小，基建投资省。对变电所实现综合自动化可以极大地减小主控室面积，取消传统变电所必需的值班室、更衣室，取消模拟屏、控制台和单独的小电流接地系统与无功电压自动调节装置等，既减小了征地，也大大减少了投资。

（3）变电所综合自动化采用交流采样，速度快、精度高并且克服了直流变送器的弱点。变电所综合自动化系统采用微机采样，微机变送器输入由 CT、PT 提供，直接输入计算机编码，与数据采集微机通信，可传送多种计算量，速度较快、精度较高，是目前数据采集的最佳选择。

（4）变电所综合自动化采用微机保护与监控部分通信，可在调度端查看和修改保护整定值。微机保护与监控部分串行通信不仅可传送保护信息，而且还可以传送保护整定值和测量值，并可由调度端远方修改和下发保护定值。

（5）变电所综合自动化具有对装置本身实时自检的功能，方便维护与维修。综合自动化系统可对其各部分采用查询标准输入检测等方法实时检查，能快速发现装置内部的故障及缺陷，并给出提示，指出故障位置。

8.2.4　实现无人值班的变配电所必须采取的措施

分析无人值班变电所的特点和实际经验，我们可以总结出实现无人值班变电所须采取相应的技术措施，主要包括以下几点。

（1）简化一次主接线。目前新建的城市或企业中 110kV 或 35kV 变电所多为终端变，高压侧（110kV 或 35kV）尽可能采用简化主接线方式，如采用线路—变压器组或内、外桥形接线方式，低压侧（6kV 或 10kV）采用单母线分段并配置 BZT 装置。

（2）提高一次设备可靠性，开关应按无油化选型，110kV 设备可以采用 GIS 和 SF$_6$ 开关；10kV 采用真空断路器，以保证一次设备安全可靠运行，减少检修时间；主变压器选用动作可靠性高和电气寿命较长的有载调压开关。为了减少 10kV 母线的火灾事故，所用变压器选用干式变压器。

（3）直流电源系统应做成免维护的，有条件的地方建议采用免维护电池。控制部分应能自动进行主充、浮充自动切换，并能将电源部分的信号远传到监控系统。目前的可控硅充电方式存在体积大、重量大、效率低、纹波大、响应速度慢等缺点，建议不要采用。

（4）慎重选用继电保护和控制设备，变电所微机综合自动化是今后的发展方向，目前宜选用保护和遥测分用 CPU 的方式，以提高系统的安全性，就地控制选用当地监控机和就地控制开关相配合的方式。

（5）对特殊的信号进行必要的监视、这些信号包括：交直流操作电源的监视；远方、就地控制的切换信号；主变压器增设油枕油位信号；防盗消防安全信号；其他需要调整和控制的信号；PT 断线信号；10kV 接地信号以及火警信号等。

（6）配备合理足够的消防保卫措施，对无人值班变电所，可设置工业电视及烟雾报警系统，一般只报警、不进行自动控制。

8.2.5　无人值班变电站应具有的基本条件

1. 优化的设计

要实施变电站的无人值班，必须有优秀的设计及最优化的方案，以实现电网的安全、可靠、经济运行为基本出发点，保持对变电站运行参数（潮流、电压、主要设备运行状况）的监视。无论是对新建或是对运行中变电站改造为无人值班的变电站设计，都必须贯穿于设计阶段，纳入技术经济比较的范畴运行中变电站实现无人值班，绝不是一项简单的技术改造工作，而是与变电站运行管理方式、电网调度自动化的分层控制以及变电站的自动化水平等一系列问题相互关联的系统工程，必须做好一个地区或一个网络内无人值班变电站工作的总体设计。总体设计工作的第一步，要进行可行性研究和规划，进行技术条件的论证，对管理方式和管理制度的定位，进行效益分析；第二步，要确定控制方式和管理方式，即由调度控制还是由监控中心（基地站）分层分区控制；第三步是要确定实施变电站无人值班的技术装备，包括一次设备、二次设备、监控设备、调度自动化和通信设备等。新建无人值班变电站的设计，除应按照总体方案中所确定的原则外，还必须考虑与电网（主网、配网）的配合，继电保护、自动装置、直流（操作和控制）回路、一次设备等必须满足运行方式的要求。

确定现已在运行中的变电站改造为无人值班变电站的改造方案时，既要考虑现有设备资源的有效利用，还必须考虑原有保护及自动装置与远动的接口、信号的复归，变压器中性点接地开关的改造（使之能够远方改变接地方式），有载调压分接开关分接位置的监视（作为遥信量）和控制等。

2. 要有可靠的一、二次设备

常规变电所改造为无人值班变电所时，既要考虑现有设备资源的有效利用，还必须考虑原有保护及自动装置与远动的接口、信号的复归，变压器中性点的改造（使之能够实现远方改变接地方式），有载调压分接开关分接位置的监视和控制等。在撤人之前，应进行全面、彻底的检修或技术改造，使设备的性能满足变电所无人值班的要求。新建无人值班变电所，在设计时必须考虑选用性能优良、维护工作量小、可靠性高的产品。

3. 可靠的通信通道及所内通信系统

无人值班变电所其通信通道条件及所内通信系统要求更高。反映变电所运行状态的遥测、遥信、事故报警信息要及时发送到集控站，集控站的命令要准确的下发执行，因此必须有可靠的通信通道作保障。选择先进可靠的通信方式及所内通信系统，保证通信质量，提高遥控可靠性，是无人值班变电所建设的重要基础工作。

4. 调度自动化要求

要实现变电所的无人值班，必须有一个能实现远方监视和操作、稳定性好、可靠性高的调度自动化系统，用于完成遥控命令的发送、传输、执行、结果反馈，这是决定变电所能否实现无人值班的关键条件。

5. 行之有效的管理制度

无人值班变电所撤人前，必须建立一套行之有效的运行管理制度，并以此来规约与变电所运行相关的调度部门、集控站、运行部门、检修部门，建立无人值班变电所的正常巡视、维护、倒闸操作及事故处理等与之相适应的运行管理机制。

6. 要有一支招之即来、来之能战的专业队伍

变电所从有人值班转变到无人值班，为了保证变电所的安全、稳定运行，必须有一支高素质的专业队伍。

（1）训练有素的运行人员

运行人员必须按规定周期对无人值班变电所进行巡视，恶劣天气及重要节假日要增加巡视次数，所内设备出现故障时，运行人员必须立即到现场处理，检查设备，恢复送电。运行人员必须掌握所管辖范围内所有设备的运行、操作、事故处理等，这就对运行人员业务素质提出更高的要求。

（2）合格的变电设备检修队伍

无人值班变电所的变电设备，必须保持良好的健康状态。大修或预试后，必须保证设备良好。

7. 外界环境条件的要求

为使无人值班变电所安全运行，必须保证变电所不致发生设备偷盗事故、火灾事故，新建所可按防火防盗的高标准建设，改造的常规所可设专人巡查来解决这个问题。

8.2.6 无人值班变电所的发展方向

1. 功能分散型向单元分散发展

早期微机保护、微机监控、故障录波、事件顺序记录、微机远动装置是按功能分散考虑，一个功能模块管理很多设备，多个单元。近年采用一个模块管一个电气单元，实现地理位置的高度分散，更能满足工业生产现场的需要，系统分散度高，危险性更小，适应性强。

2. 集中控制向分布式网络型发展

它摒弃了传统的 I/O 总线插板结构，采用现场的单元控制装置，将现场信号就近处理和运用数字通信方式，将所有单元控制装置联成网络，经现场总线和适配器与计算机相连进行运算处理，协调控制和监视管理。网络在技术上一般采用总线型结构，也可采用环形结构。单元控制、网络、主机之间实现严格的电气隔离，使网络处于"浮空"状态，彻底解决了传统的"计算机总线"与过程 I/O 之间"共地"引起的地线回流干扰导致可靠性差等问题，并节省了大量的电线电缆，同时使主机负荷率大为减少，使系统对主机的依赖和要求大大降低。目前采用的 RS485 通信网络使分散的单元控制装置之间的通信距离可达 1.2km。

3. 键盘向鼠标控制操作发展

对主站端（或上位机系统），发展的方向是采用汉化 Windows 高速窗口软件，它具有良好的人机界面，具体表现在画面丰富多彩，操作直观形象，一致性好，运行人员使用方便，只需使用鼠标的一个按键，就可进行全部操作。

4. 小型化向机电一体化方向发展

大规模集成电路技术的发展，控制设备逐步趋向小型化，为机电一体化创造了有利条件，控制系统可以与一次设备装在一起，朝着机电一体化方向发展。

5. 智能电子装置方向的发展

智能电子装置（IED）是指一台具有微处理器、输入输出部件及串行通信接口，并能满足不同工业应用环境的装置。典型的智能电子装置有电子电能表、智能电量传感器、可编程逻辑控制器 PLC 等。随着变电站综合自动化程度的不断提高，其间隔层的测控单元、继电保护装置、测控保护综合装置、PTU 等都可发展成 IED 部件，各 IED 部件之间采用工业现场总线或以太网接口。

6. 非常规互感器的发展

与传统的互感器相比，非常规互感器结构简单、体积小、质量轻、易于安装、不含油、无易燃易爆危险。

非常规互感器包括电子式互感器和光电式互感器两种基本类型，其最大特点就是可以输出低电平模拟量和数字信号，可直接用于微机保护和电子式计量设备，省去了很多中间环节，适应变电站综合自动化系统的数字化、智能化和网络化需要，而且动态范围大，适用于保护和测量功能。

问题与思考

1. 什么是无人值班变电站？实现无人值班变电所的优点有哪些？
2. 无人值班变电站应具备的基本条件是什么？
3. 为什么要实现变电站的无人值班？
4. 什么是变电站的发展方向？

8.3 变电站无人值班管理

在变电站控制方面，综合自动化功能的不断实施和完善，为实现变电站无人值班提供了很好的基础。变电站无人值班管理是不同于传统变电管理的一个全新概念，它不仅要求现行的管理方式要发生一定的变化，而且，对变电站的各种硬件设施，特别是新投变电站的选择也提出了更高的要求。

8.3.1 变电站无人值班管理模式

变电站无人值班在我国电力系统中处于起步和发展阶段，由于各地区的经济基础不同、设备水平不同、管理理念不同，形成了变电站无人值班管理的不同模式，概括起来主要有下列3种。

1．少人值班，集中操作

为了弥补运行人员的不足，将一些负荷不重、操作较少的变电站一部分值班人员集中于附近某一大变配电站，负责周围几个所的倒闸操作，驻守变电站的人负责所内设备巡视、检查和维护工作，但变电站发生事故时，集中全所人员迅速赶赴现场会同驻守人员一起处理事故。

2．分层管理，分级控制

这种模式适用于较大规模电网，并且已经实现了多个变电站的无人值班。这种管理模式的特点是除总调度中心外，还在区域或供电区设立若干分区调度，无人值班变电站的监视和操作由分区调度完成。

3．无人值班，集控操作

这种管理模式是建立一个或若干个集控站。它所辐射的各变电站均采用无人值班方式。在集控站就可以对无人变电站实施遥控和遥调。无人值班变电站的倒闸操作由专人进行，操作人员可以设在集控站，也可以设在其他地方。集控站负责某一区域的无人值班变电站的监视和巡视维护，并根据调度命令完成对无人值班变电站的遥控操作。该管理模式下变电站的工作主要由集控中心指挥操作维护队，继而由操作维护队具体执行对无人值班电站的运行管理和检修维护工作。

（1）集控中心的设立。集控中心和操作维护队为班站建制，在行政管理上受变电工区领导，在倒闸操作上、事故及异常处理上受当值调度员领导。生技、安监、调度、人教等有关部门对无人值班变电站、集控中心和操作维护队的安全生产、设备管理、运行管理、运行操作及维护、培训、定员定岗等工作实行专业管理。

集控中心应对各无人值班变电站实现必要的"四遥"（遥测、遥信、遥控，遥调）功能。集控中心的运行值由正值、副值组成，站长领导全站工作，由技术专责负责技术管理工作。

（2）操作维护队的设立。操作维护队的设立原则应与集控中心相对应，可根据实际情况设立在枢纽变电站或本部。操作维护队的运行值由值班长、正值、副值组成，队长领导全站工作，由技术专责负责技术管理工作，根据工作需要可设副队长。操作维护队应配备必要的交通、通信等工具，各无人值班变电站的现场工作由操作维护队负责管理。

8.3.2　调度关系和职责划分

1．调度关系

调度关系就是电力系统中命令调遣的一种上下级关系，如图 8.8 所示。各供电局应根据有关规定，详细划分电气设备调管范围。各级调度和集控中心对各自调管的设备具有调管权，电气设备的倒闸操作、事故处理应由相应设备所属者指挥。

集控中心和操作维护队在电网倒闸操作、事故或异常处理上受当值调度员业务指导，调度命令由集控中心负责执行、回复。操作维护队在倒闸操作、事故及异常处理上受集控中心指挥，负责执行调度和集控中心调令的相关部分。在特殊异常情况下，为加快处理速度，调度也可以直接指挥操作队进行倒闸操作，但处理完毕后应向集控中心说明情况。

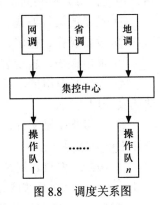

图 8.8　调度关系图

2．集控中心职责

集控中心负责所属变电站的电气设备运行管理工作，具体职责有以下几条。

① 集控中心负责接发、执行调度下达的倒闸操作、事故处理命令，并指挥操作维护队进行倒闸操作和事故处理。

② 集控中心负责对各站电气设备的运行状况进行监测，及时发现设备异常，并执行遥控设备的倒闸操作任务。

③ 负责集控中心的设备运行状况监视及缺陷管理工作。

④ 按时对所属变电站进行运行分析，查找并积极消除电网、电气设备的薄弱环节。

⑤ 受理操作维护队的工作申请并向调度申请工作。

⑥ 按时完成各种报表的报送工作。

3．操作维护队职责

操作维护队的职责主要是遵照集控中心下达的命令，对所辖无人值班变电站的电气设备进行倒闸操作、事故处理，具体职责有以下几条。

① 定期巡视、维护、清扫设备，消除设备缺陷，提高设备健康水平。负责设备缺陷管理，向有关部门上报设备缺陷，进行设备定级，对所管设备进行定期运行分析。

② 受理工作班组工作票，到现场许可工作票，布置安全措施，并验收修试后的设备，终结工作票。

③ 受理修试班及专线用户的工作申请并向集控中心申请工作。

④ 负责各站资料的整理及补充工作，负责各站设备及厂房的大修，更改工作，反馈计划及各种报表的上报。

⑤ 负责维护各站环境。

8.3.3　集控中心运行管理

无人值班变电站的设备运行主要受集控中心管理时，其管理内容有以下 8 个方面。

1．交接班

交接班是集控中心管理人员的一项重要工作，必须严格认真履行交接手续，按时交接。

交班值应提前对本值内的工作进行全面检查和总结，整理各种记录，做好清洁工作，填好交班总结。接班值应提前 10 分钟进入集控室准时交接班，待巡视检查无误且情况全部清楚后，由交接班人员共同在交班总结上签字，交接方告结束。交接班内容如下。

① 设备的运行方式。

② 设备操作、检修、试验、事故处理等情况。

③ 继电保护、自动装置、远动通信的变更情况。

④ 停、复电申请，新收及尚未结束的工作、工作票和未拆除的安全措施，新发现的设备缺陷及处理情况。

⑤ 上级指示及文件，工作的进展和通知情况，调度已批准和未批准的停电申请，调度命令和限电方案等。

⑥ 图纸、资料、记录、工器具应齐全，测试音响和报警系统、通信信号、通道、录音装置及工业电视监视系统应良好。

交接班过程中若发生事故应停止交接，由交班值负责处理，接班值予以协助。交接班时，两值意见不统一，由站长解决，双方必须服从。

2．设备巡视

设备巡视是集控中心值班员的一项主要工作，巡视设备时按以下要求执行。

① 每班两次将各站的接线图和遥测表调出来查看一遍，对设备运行状况、周波、主变压器负荷、温度、重要馈线负荷、母线电压、通信通道等要重点查看。

② 对微机打出的报文，应及时查看和询问。

③ 对装有工业电视监视装置的变电站，每班观察不得少于两次，对重要设备和区域还应加强监视，有异常情况应做记录，并及时汇报有关部门。

④ 对重要节日、重大活动、恶劣天气、特殊运行方式、早晚高峰、重要的或大负荷馈路应进行特殊巡视。

3．操作

无人值班变电站的设备在运行期间需要进行某种操作时，集控中心的值班员必须严格按照操作规程，由值长和正值两人共同执行操作，操作步骤如下。

① 操作前由正值调出操作程序，值长审核，无误后方能操作。

② 操作时值长监护，正值操作，严格按照操作规程一步一步进行。

另外，电容器应每天在 8：00～22：00 时投入运行，如一次没有合好再次投入时，应间隔 3 分钟。值班员应熟悉继电保护和自动装置的投撤情况，如有变动应及时记录。

4．接令、下令和回令

供配电自动化系统的正常运行依赖于各种信息的畅通，这使得正确传递命令成为集控中心管理工作的一个关键环节。集控中心必须对接令、下令和回令人员进行严格的训练，通过上级部门考试的方可授权。在传递上级命令时，按以下要求执行。

① 接令、下令和回令时必须记录双方姓名、命令号和准备时间。

② 值班长接受调度员命令，首先要互通姓名，根据所下命令做好记录，然后向发令人复诵一遍，无误后执行。

③ 副值根据值长的安排拟令，值长审核后签字，副值下令；下令前必须问清对方姓名，下令时值长应在一旁监听，下令后待接令人重复一遍，无误后方许可执行。

④ 调度下的命令应仔细审核预演后再下令,下令时坚持监护制度。

⑤ 集控中心的命令实行连续编号,每月初从一号命令开始,事故令冠以值班员的姓氏,个人连续编号,以月为单位。

5. 缺陷管理

变电站的电气设备在运行的过程中可能出现某种缺陷,虽然设备在缺陷状态下仍能坚持运行,但是若设备长期带缺陷运行将导致系统事故。因此集控中心在对设备进行运行管理时,需要对设备的缺陷及时进行记录、处理和汇报。

① 发现一般缺陷能处理的应自己处理,不能处理的可记在缺陷记录本内,按值移交并汇报站长。发现重大缺陷应立即报告站长和工区,立即处理。

② 站长和专责工程师应经常翻阅设备缺陷记录,每月按时汇报。

③ 对已上报而未消除的缺陷,应督促上级尽快处理。对已消除的缺陷应及时在记录本上消除。

6. 新间隔投运注意事项

变电站自动化系统常采用分布分散式结构体系,它是一种开放式结构,根据用户需要可以增加新间隔,扩充容量。但是新间隔在投运前需要注意以下几个方面。

① 应接到生技处和运行管理部门的正式通知。

② 用户必须持有用电管理部门签字的供电申请。

③ 必须与集控中心签定调管协议。

④ 操作队向调度书面汇报有关设备名称参数。

⑤ 需要有下列班组配合并出示报告记录。

- 操作队验收、操作。
- 开关班做断路器调试。
- 试验班做断路器试验。
- 电缆班组铺设和试验电缆。
- 保护班校验保护。
- 远动班重建一次系统图,数据库进行调试。
- 计量班效验变电站电能表。

⑥ 应做好遥控试验,并检查遥测、报文、一次图编号名称是否齐全正确。

⑦ 把新投间隔的设备参数输入计算机的设备单元、设备配置和设备台账里。

7. 申请、受理和批准工作

集控中心对无人值班变电站进行管理时所做的工作都得按计划进行,操作队应于前一天10:30 以前向集控中心申请工作,集控中心在 11:00 前向上级调度中心申请。得到上级批准后集控中心在 17:00 前通知操作队和各班组并汇报工区运行办,属集控中心自己调管的设备可不申请调度。临时工作应由站长批准或请示工区。

专线用户的设备需要停电检修时,用户应于工作前 3 日向操作队和集控中心提出申请,一式两份,由集控中心批准,操作队和用户分别收执,作为停送电联系的凭证。申请停电检修应包括以下内容。

① 设备检修的日期和时间。

② 工作内容和停电范围。因供电局的工作给用户停电的,应于前一日白班给用户通知,

互报姓名，做好记录。本月的停电计划下来以后，站长和专责工程师应把本中心的工作详细汇总，安排人员输入微机，当值值班员在每天申请工作以前，应调出停电计划查看，该过问的要过问，做到心中有数，但计划停电也应以调度批准或通知为准。

集控中心接到检修负责人因故不能工作时，应及时通知操作队。

8．断路器加运前的注意事项

断路器经过检修以后将投入运行，在投入运行前必须注意以下几个事项。

（1）断路器检修完毕，集控人员应做好遥控试验，并检查遥测、报文、音响是否反应正常。

（2）断路器加运前应得到操作队的汇报，汇报内容：检修工作已结束、地线拆除、网门锁好、人员已撤离、可以供电。

（3）断路器加运前应考虑到，配合此项工作的各个班组是否全部报完工，用户侧或110kV线路的另一端地线是否拆除。

9．微机管理

无人值班变电站自动化系统的各项工作都是通过微机具体执行的，不同的微机担负着不同的工作，如监控系统、站内日常管理工作等。对微机的正确管理关系到整个系统的正常、安全、稳定运行，是相当重要的一项工作。对微机管理须遵循以下原则。

（1）监控机正常运行时，运行人员不得私自遥控设备，也不得私自使用磁盘运行其他程序，严防将病毒带入系统。监控机只做遥控、遥信、遥测、遥调、输送电量报表等工作，运行人员无权改动软件及配置，只有系统管理员有权修改系统配置。监控机上严禁做其他工作。

（2）系统管理机用于系统管理，只用于调度命令的传输、记录收发电文、交接班、操作命令以及各种会议记录，严禁做其他工作。

（3）微机室及监控机必须清洁，每周必须彻底打扫微机室，微机的键盘，显示器必须保持清洁。

（4）值班人员应对自己的操作密码和口令保密，以免造成不应有的损失。

8.3.4 操作队运行管理

1．操作队工作的一般要求

（1）上班期间必须穿工作服，进入变电站内必须戴安全帽。

（2）车辆远行，必须严格控制，未经上级同意，任何人不得私自开车，不得动用公车办私事。

（3）每人的通信设备必须保证24小时开启，不得随意关机，以便应急。

（4）操作队的工作，均需通过队长或技安员许可，经两交底后方可开工，各项工作负责人应在现场再次两交底。

（5）坚决杜绝无票工作，无票操作，有票不用，错票工作，操作及操作中漏洞项、越项、加项；杜绝单人工作、不检查设备位置、不核对设备名称、不核对设备屏头、不验电、只短路不接地或接地不短路等情况。

（6）交接班必须按时进行，交接班是否结束以双方签名为准，不清楚时可询问交班值，必要时要求补交，否则由接班值负全部责任，每日运行方式必须和现场相符。

2．无人值班变电站设备巡视

设备巡视是操作队人员的主要工作，巡视设备时应做到以下几点。

（1）操作队值班人员必须认真地按时巡视设备，对设备异常状态要做到及时发现、认真分析、正确处理、做好记录，对于自己能处理的缺陷应及时处理，对于自己无能力处理的重要或危机缺陷应及时向队长或工区汇报。

（2）对所辖变电站的巡视应按规定的时间、路线进行，一般应包括以下几点。

① 每 3 天至少一次巡视。

② 每半月至少一次熄灯巡视。

（3）值班人员进行巡视后，应及时将各站的检查情况及巡视时间记入记录。

（4）单人巡视设备时，必须遵守《电业安全工作规程》中的有关规定。

（5）正常设备巡视应同设备检测等工作相结合。

3．设备验收制度

（1）凡新建、扩建、大小建、预试的一、二次变电设备，必须经验收合格，手续完备，方可投入系统运行。

（2）凡新建、扩建、大小建、预试的一、二次变电设备验收，均应按部颁发及有关规定的技术标准进行。

（3）设备的安装或检修，在施工过程中，需要中间验收时操作队应指派专人配合进行，其隐蔽部分，施工单位做好记录，中间验收项目应由操作队与施工检修单位共同商定。

（4）设备大小修、预试、继电保护校验、更改及仪表校验后，由有关修试人员将其修试内容、结果记入上述有关记录，并经双方签字后方可结束工作手续。

4．设备缺陷管理

设备缺陷是一种隐患，必须及时发现，记录和处理，故要求操作队值班员在巡视设备时做到以下几点。

（1）对于自己能处理的缺陷应及时处理，不能处理的缺陷应及时上报工区。一般缺陷做好记录，月底统一上报，对于影响安全经济运行的重大及危急缺陷，还应及时向集控中心汇报，并监控其发展情况。

（2）缺陷在未处理前，应加强运行监视，随时报告其发展情况，缺陷处理后应及时做好记录。各操作小组应根据所辖站的设备缺陷状态，每季度进行一次设备定级和运行分析。

（3）操作队应督促有关专业班组及时消除缺陷，并对处理结论进行验收。对于危急缺陷，需进行停电或改变运行方式，降低负荷时，操作队应及时与集控中心取得联系，以免造成事故。

5．无人值班变电站的设备检修管理

（1）设备检修需要停电时，工作负责人应在工作前一日将工作票送到操作队各相关的组上，并向集控中心提出申请，对于自己调管的设备若停电，对调管的设备及运行方式有影响时，集控中心亦应向调度提出申请，集控中心应在工作前一日将停电申请批复情况及时通知操作队有关人员。

（2）专线用户的设备需要检修时，用户应于工作前 3 日向操作队提出书面申请，一式两份。由操作队队长及集控站长共同签字审批，用户留一份，在工作前一天通过电话同相关组长联系，工作当日停电前将另一份交由相关组长，作为停电凭证。专线用户在工作完，需要恢复供电时，亦应持加盖单位印章的供电申请书，注明送电线路名称。申请供电人员必须是原要求停电的负责人。

（3）凡遇周一、周休日或节假日的通电工作，工作负责人均应在星期五或节前 3 日 10 时前办理停电申请。

（4）已停电的设备，只有得到集控中心许可开工的通知后，操作对方可装设自理安全措施，并由操作队在现场履行工作许可手续。检修工作结束后，操作队到现场验收，办理工作终结手续，拆除自理安全措施，方可向集控中心报完工。汇报内容为"××变电站××工作已全部结束，人员已撤离现场，自理安全措施已拆除，常设遮挡已恢复，可以供电"。

（5）集控中心批复的开工时间、内容及许可开工的工作票和报完工的时间，均应记入运行记录内。

（6）已批复的检修申请，因故不能工作时，操作队应提前同集控中心联系。

（7）停电检修工作因故不能按时完成时，操作队应在原计划检修工期未过半时，向集控中心提前打招呼，工作需要延期时，应由检修负责人向集控中心提出申请。

（8）不需停电的修试工作，由工作负责人在工作前一日向集控中心联系，集控中心通知相关操作队组长，妥善安排此项工作。凡当日提出的临时申请，即使不需停电，操作队亦不予受理。

（9）设备检修时，操作队应主动向修试班组介绍设备缺陷，必要时操作队应予以配合。

6．操作队设备维护

操作队应按所辖变电站的设备情况和运行规律，制定本年度、本月的设备维护工作计划，并使其成为程序化。设备维护工作应包括以下几点。

（1）一、二次设备的定期清扫、维护，一、二次标志的补充和检查。

（2）蓄电池及直流设备的定期维护、检查、消缺。

（3）带电测温。

（4）通风系统的维护、检查、消缺。

（5）交、直流保险的定期检查，所用低压系统的检查、消缺。

（6）辅助设备的维护、检查、消缺，灯具、把手及室内外照明的检查、维护、消缺。

（7）消防器材机系统的检查、维护。

（8）安全工器具、仪器、接地线定期试验，检查。

（9）防小动物措施的检查、完善、环境整治。

操作队人员应掌握变电站设置的各种防护用具和消防器材的使用方法，定期进行反事故演习。

7．操作队事故及异常处理

系统事故时，要求对事故尽快处理以恢复系统正常供电，为此操作队人员应做到以下几点。

（1）熟悉和掌握所管辖变电站一、二次设备的结构、工作原理和运行情况，以便及时发现设备隐患。

（2）当发生系统事故时，由集控中心立即汇报调度。属调度的管理，依调管命令及时进行处理。属集控中心调管范围，则自行马上处理，并通知操作队到现场对有关设备进行处理。

（3）操作队在接到事故指令后，任何人均应无条件地以最快速度赶赴事故现场，根据现场制定处理方案，防止事故扩大，尽快恢复供电。

（4）当设备发生异常时，集控中心应立即通知操作队和有关专业班组。操作队应根据设备异常情况，具体分析，尽快赶赴现场进行检查处理，当需要专业班组处理时，集控中心应尽快与其取得联系，操作队协同有关专业人员共同到现场及时处理。

事故异常处理时，可以不用工作票和操作票，但操作队应指派专人监护，并做好必要的安全措施。

问题与思考

1. 集控中心对接令、下令和回令管理的要求是什么？
2. 操作队的设备维护工作应包括哪些内容？
3. 无人值班变电站要求实现的"四遥"功能是指什么？
4. 当系统发生事故时集控中心和操作队应做什么反应？

技能训练　参观实习

1. 参观目的

通过参观，使学生初步了解变电站的结构及设备布置形式，辨识变配电站电气设备的外形和名称，对变配电站形成初步的感性认识。

2. 参观内容

（1）由变配电站电气工程师或技术人员介绍变配电站的整体布置情况及电气一次系统图，提出参观过程中的有关注意事项。

（2）由变配电站电气工程师或技术人员带领参观主控制室、变电区、配电室等供配电系统一次设备的工作情况，了解微机监控系统和微机保护系统的工作原理。

（3）由变配电站电气工程师或技术人员介绍变配电站的管理和运行方式。

（4）由集控中心的电气工程师或技术人员介绍无人值班变电站的结构配置情况，以及各层的作用和功能。

3. 注意事项

参观时一定要服从指挥注意安全，未经许可不得进入禁区，不允许随便触摸任何电气按钮，以防发生意外。

参考文献

[1] 曾令琴. 供配电技术. 北京：人民邮电出版社，2008.

[2] 唐志平. 工厂供配电（第2版）. 北京：电子工业出版社，2009.

[3] 刘介才. 工厂供电（第5版）. 北京：机械工业出版社，2010.

[4] 柳春生. 现代供配电系统实用与新技术问答. 北京：机械工业出版社，2008.

[5] 孙成普. 供配电技术. 北京：北京大学出版社，2006.

[6] 詹红霞. 电力系统继电保护原理及新技术应用. 北京：人民邮电出版社，2011.

[7] 王京伟. 供电所电工图表手册. 北京：中国水利水电出版社，2005.

[8] 李坚，郭建文. 变电运行及设备管理技术问答. 北京：中国电力出版社，2005.

[9] 华东六省一市电机工程（电力）学会. 电气设备及其系统. 北京：中国电力出版社，2002.

[10] 沈胜标. 二次回路. 北京：高等教育出版社，2006.

[11] 沈培坤，刘顺喜. 防雷与接地装置. 北京：化学工业出版社，2006.

[12] 刘介才. 实用供配电技术手册. 北京：中国水利水电出版社，2002.